U0179886

国家社会科学基金教育学一般项目"认知抑制与数学问题解决的实验研究"（BBA170062）

COGNITIVE
Inhibition and Mathematical
Problem Solving

认知抑制与
数学问题解决

李晓东——著

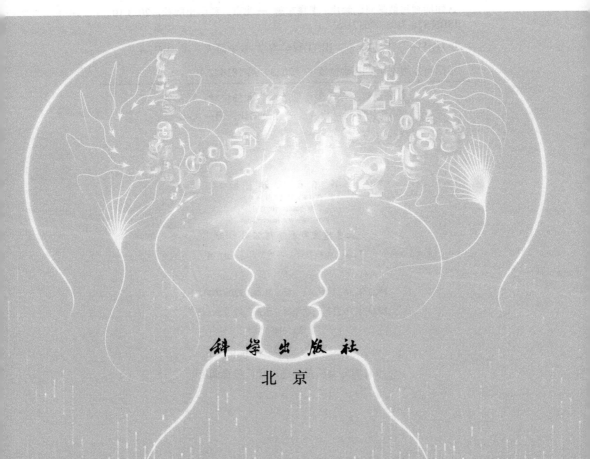

科学出版社

北京

内 容 简 介

数学是中小学的核心课程，教会学生运用数学知识解决问题是数学教育的根本。但是学生在数学问题解决过程中会出现系统性偏差和错误，这些现象并不是单纯地由知识或概念缺失造成的，而是直觉或过度学习的结果。

本书采用行为和脑电技术，对学生在数学学习中常出现的直觉启发式偏差的认知机制进行了系统研究，揭示了数学问题解决的认知机制，也提供了一些干预方法，内容涉及有理数、概率、几何和线性关系等，研究对象有大中小学学生及数学教师。研究显示，认知抑制在数学问题解决中具有重要作用，顺利地解决数学问题不仅需要激活正确的知识，还需要抑制与之竞争的相关知识的干扰。

本书研究成果对教学设计、数学学困生的帮扶干预以及教师专业发展有重要启示意义，对心理学、数学教育领域的研究人员、研究生，以及中小学数学教师、关心孩子数学学习的家长都具有参考价值。

图书在版编目（CIP）数据

认知抑制与数学问题解决 / 李晓东著. —北京：科学出版社，2023.10
ISBN 978-7-03-076371-6

Ⅰ.①认⋯　Ⅱ.①李⋯　Ⅲ.①数学教学-教学研究　Ⅳ.①O1-4

中国国家版本馆 CIP 数据核字（2023）第 181422 号

责任编辑：孙文影　冯雅萌 / 责任校对：张小霞
责任印制：徐晓晨 / 封面设计：润一文化

科 学 出 版 社 出版
北京东黄城根北街 16 号
邮政编码：100717
http://www.sciencep.com

北京建宏印刷有限公司 印刷
科学出版社发行　各地新华书店经销

*

2023 年 10 月第 一 版　开本：720×1000　B5
2023 年 10 月第一次印刷　印张：17
字数：300 000

定价：118.00 元

前　言

FOREWARD

　　数学是学习一切科学的基础。学好数学不仅有利于进一步升学深造，而且很多研究表明数学表现与成人的社会经济地位和生活质量密切相关。但是学生在学习数学的过程中常常会遇到很多困难，这些困难不仅容易导致学生学业失败，而且极易让他们丧失学习的兴趣和信心。对于学生学习上的困境，教师和家长往往将其归因于努力不足和方法不当，因此要求学生多加练习，希望熟能生巧。事实上，学生在数学学习中出现的很多错误是系统性的，是基于直觉甚至是由过度练习导致的，是顽固且持续多年的。例如，很多学生认为"自然数大，则分数大"，"越长的小数越大"，"面积大则周长长"，"目标越多，抽中的概率越大"，"加法和乘法的运算结果会变大，减法和除法的运算结果会变小"，这些认知偏差不仅存在于小学生群体中，在年长的青少年、成人甚至教师群体中也会存在。只有了解学生在数学学习过程中出现的认知偏差及其认知机制，才能有针对性地设计教学和干预方案，从而改善学生的数学表现。

　　笔者从事数学学习心理研究已有20余年。本书是笔者主持的国家社会科学基金教育学一般项目"认知抑制与数学问题解决的实验研究"的原创性研究成果（该课题以优秀等级结题），主要从抑制控制的视角探讨数学问题解决中常见的直觉启发式偏差及其认知机制。抑制控制理论是结合新皮亚杰学派有关认知发展的叠波模型和双加工理论发展而来的，其基本观点为，在任何年龄和任何时间点，个体头脑中都是多种知识、多种策略并存的，面对问题，它们彼此竞争。首先得以激活的是启发式策略，通常个体使用该种策略可以正确解决问题，但是当其与问题冲突时，大脑必须发挥抑制功能来克服直觉启发式的干扰，只有启用分析式系统才能正确解决问题。

　　本书分为4篇，共15章。第一篇是理论研究篇，包含第一至二章，系统介绍了数学问题解决中直觉启发式偏差的类型及相关理论。第二篇是行为研究篇，包含第三至十一章，采用行为研究方法，尤其是负启动的实验范式对数学问题解决中的多种认知偏差进行了系统研究，以回答重要的科学问题，如学生之所以在数学问题解决中失败，是因为没有探测到问题与方法之间的冲突还是虽然能够觉察到冲突但抑制控制能力不佳？在问题解决中，抑制控制是领域一般（domain-general）的还是领域特异（domain-specific）（即只与抑制特定的策略或知识有关）的？学生抑制失败是否与工作记忆资源有限有关？不同学习成绩的学生在抑制控制能力上有无差异？数学教师及师范生是否存在偏差？他们的抑制控制能力与普通大学生有无差别？学生的抑制控制效率是否存在发展性差异？第三篇是神经基础篇，包含第十二章，采用 ERP 技术探索克服直觉启发式偏差的认知神经机制。第四篇是干预篇，包含第十三至十五章，尝试从问题的呈现形式及动机的视角来提高学生在数学问题解决上的表现。

本书是笔者所在课题组近年来科研成果的总结，感谢所有参与本课题研究的学生，他们的加入使课题得以高质量地顺利完成。本书第一至二章由笔者主笔，对其余各章有重要贡献的课题组成员有：江荣焕（第五章，第七章至第十章）；付馨晨（第四章，第六章，第十二章）；陈亚萍（第三章，第七章）；曾劼（第十二章）；毛婷婷（第十章，第十三章）；雷颖（第九章）；陈爽（第五章，第十二章）；蔡梦婕（第十章，第十一章，第十二章）；王颖（第六章）；张振达（第十五章）；刘玲（第十四章）；课题组专职研究员徐平（第五章，第七章，第九章，第十二章）。刘玲、胡思奇、景凡、唐紫霞、杜芸桢、袁萌、鲍洁、杨扬、陈怡、李艺、王若男、莫宗赵等同学参与了全书校对以及图表、参考文献整理工作，感谢他们的辛勤工作。

最后，感谢深圳大学师范学院和心理学院对本书的出版资助，以及科学出版社孙文影、冯雅萌等编辑认真细致的工作。

世上没有完美的科学研究，本书也一定有值得改进、提高之处，恳请同行专家和读者批评指正。

李晓东

2022 年 10 月 25 日

目 录
CONTENTS

第三篇　神经基础篇

第四篇　干　预　篇

第一篇

理论研究篇

第一篇

理论的探讨

第一章

数学问题解决中的直觉启发式偏差

第一节 自然数偏差

有理数知识在数学学习中占有重要的地位，学生对有理数知识的掌握情况可以预测其未来的数学成绩（Bailey et al., 2012；Booth & Newton，2012；Siegler et al.，2011，2013；Torbeyns et al.，2015）。然而，研究发现，小学生、中学生、成人甚至是教师在理解和运用有理数知识方面均存在困难，主要表现在先前学习的与自然数有关的知识与经验无法支持有理数学习。自然数背后的原理和属性与有理数是不同的，如果把自然数的规则和属性不恰当地运用到有理数当中，就会产生错误，这些错误被称为自然数偏差（natural number bias）（Christou et al., 2020）。自然数偏差由整数偏差（whole number bias）概念发展而来（Ni & Zhou，2005）。整数偏差是指学生错误地将自然数的规则应用到分数比较任务中，例如，有的学生认为 1/5>1/4，因为 5>4。之后，学者将整数偏差的概念拓展为自然数偏差，用以解释学生在不同的数学任务中遇到的困难与出现的错误。有理数与自然数主要在密度结构、判断数量大小的决定方式以及算术运算的结果等三个方面不同，这些不同引发了学生的错误（van Hoof et al.，2017）。

一、密度任务中的自然数偏差

自然数是离散的，任意数字之后都有一个确切的数字，比如，1 后面是 2，2 后面是 3，并且任意两个不相等自然数之间的数字个数是有限的，例如，数字 1 和数字 3 之间有且仅有一个自然数 2。与自然数不同，有理数是不遵从续数原则（successor principle）的。对于有理数，我们无法确定一个特定的有理数后面的数字是什么，因为两个给定的有理数之间有无穷多个数（Merenluoto & Lehtinen，2004；Vamvakoussi et al.，2011），例如，1 和 2 之间有无穷多个数字，包括 1.1、

1.2、1.3 等；1.1 和 1.2 之间也有无穷多个数字，包括 1.11、1.12、1.13 等。

研究表明，无论是中小学生还是成人，在理解有理数密度结构时均存在困难，会倾向于将自然数的原则应用到有理数中。例如，对希腊和比利时的学生的调查发现，只有 28.3% 的九年级学生能够正确回答两个分数或两个小数之间有无穷多个数（Vamvakoussi et al.，2011）。Vamvakoussi 和 Vosniadou（2004）发现，有超过一半的九年级学生认为在 3/8 和 5/8 之间只有一个数。还有研究者给被试呈现两类任务，一致任务符合自然数规则，不一致任务不符合自然数规则，如果被试在不一致任务上表现更差，说明其存在自然数偏差。Vamvakoussi 等（2012）考察了受过教育的成年人对密度任务的理解，要求被试对陈述进行判断。一致问题（两个相距"较远"的数字之间有有限个数字）的题目为"2.32 和 2.39 之间有超过 3 个数字"，不一致问题（两个相距"较近"的数字之间有无穷多个数字）的题目为"5.12 和 5.14 之间有超过 4000 个数字"。结果发现，题目的一致性对被试的正确率有显著影响，即一致问题上的正确率显著高于不一致问题，表明成年人在密度任务中依然会受到自然数偏差的影响。van Hoof 等（2015a）采用纸笔测验考察了四、六、八和十二年级学生在密度任务上的表现，要求被试在给定的两个数之间写一个数字。一致问题中的两个数字不连续，如"请写出一个在 1/4 和 3/4 之间的数字"；不一致问题中的两个数字为伪连续，如"请写出一个在 3.49 和 3.50 之间的数字"。结果发现，在密度任务中，自然数偏差现象随着年级的升高逐渐减弱，表现为一致问题与不一致问题的正确率之间的差异越来越小。

二、数量大小比较任务中的自然数偏差

有理数的大小并不总由其所包含的自然数的大小来决定。在分数比较和小数比较任务中，学生经常出现系统性错误，例如，认为分数的大小随着分母增大、分子增大或者二者的同时增大而增大；越长的小数越大，越短的小数越小。

（一）分数比较任务中的自然数偏差

Ni 和 Zhou（2005）最早提出"整数偏差"的概念，它是指儿童在应用分数知识时，使用先前形成的有关整数的独立单元计数图式（single-unit counting scheme）来解释分数的倾向。他们发现儿童在解决分数大小比较问题时，通常将一个分数表征为两个不相关的自然数，而不是将分数的分子、分母视为一个整体。例如，在分数比较任务中，儿童常常错误地认为"分母越大，分数越大"，这就是整数偏差的一个重要表现。大量研究表明，人们在理解分数时容易受到整数知识的影响。一个普遍的错误就是把分数看成两个分离的整数，而非一个整体。学生

最初会把 a/b 的表达形式理解为两个独立的数，只是用"/"间隔开。这会使他们认为，当分子变大、分母变大或二者都变大时，分数的数值都是变大的（Stafylidou & Vosniadou，2004）。此类策略有可能帮助我们做出正确判断，如因为 2<3，所以 2/5<3/5，但也可能导致错误判断，如有些学生认为因为 5<7，所以 2/5<2/7。Meert 等（2010）的研究发现，即使学习过分数知识的学生及成人，在比较分数大小时仍会采用成分加工策略，在不一致任务（同分子异分母）上的反应时比一致任务（同分母异分子）上的反应时长。

Obersteiner 等（2013）发现数学专家也存在自然数偏差现象。他们以拥有数学硕士或博士学位并正从事数学工作的博士生、博士后及教授为研究对象，采用同分母分数、同分子分数、不含共同成分的分数为实验材料进行研究。结果发现，数学专家在面对不同的分数时会采取不同的解题策略，以便提升解题效率，即在面对同分母分数和同分子分数比较题时，采用成分表征策略，仅需比较分子或分母的大小，以缩短反应时；在面对不含共同成分的分数比较题时，采用的是整体表征的策略，以提升正确率。虽然数学专家采取了最有效的策略，并且在正确率上出现了天花板效应，但是对于含共同成分的分数比较题，被试完成一致问题（分子大，分数大）与不一致问题（分母大，分数小）的反应时仍存在显著差异，出现了自然数偏差现象。

（二）小数比较任务中的自然数偏差

自然数位数越多，数值就越大。学生容易将这一属性错误地应用到有理数比较任务中，例如认为"小数越长，数值越大"，"小数越短，数值越小"（Resnick，1989）。Smith 等（2005）访谈了 50 名小学高年级学生，发现他们有同样的错误想法，如 0.65>0.8，因为 65>8；2.09>2.9，因为 209>29。当要求被试圈出哪些数与一个目标小数相等时，如"0.51：0.5100，0.0051，0.510，51"，被试也表现出自然数偏差，即认为长的小数更大、在数的末尾加零使数更大（Durkin & Rittle-Johnson，2015）。

Vamvakoussi 等（2012）考察了成人在小数比较问题上的表现。实验材料分为一致问题（小数越长，数值越大，如 0.89>0.7）和不一致问题（小数越长，数值越小，如 0.25<0.7）。结果发现成人在两类问题上的正确率不存在显著差异，但在不一致问题上的反应时显著长于一致问题，表明成人仍然受自然数偏差的影响。

三、算术运算任务中的自然数偏差

Fischbein 等（1985）最早注意到学生关于算术运算似乎存在一种直觉，即认为加法和乘法会使运算结果变大，而减法和除法会使运算结果变小。其认为学生对于算术运算存在一些初始的、内隐的模型，例如，"加法是合在一起，减法是拿走，乘法是重复加，除法是平均分"。这些初始模型与自然数的运算是相容的，即运算结果取决于运算的性质，而不是所包含的数。但是这些模型如果被应用到包含有理数的算术运算任务中则会导致错误。例如，当给学生这样一道题目："一米布料卖 15000 里拉，如果买 0.75 米，需要多少钱？"学生的答案是 15000/0.75，而不是正确答案 15000×0.75，即当学生预期结果应该比初始数小的时候会避免使用乘法（de Corte et al.，1990；Fischbein et al.，1985）。随后，Vamvakoussi 等（2012，2013）发现算术运算的自然数偏差现象也存在于加减法任务当中。Vamvakoussi 等（2013）要求成人被试对包含字母的算术运算的描述判断正误，实验包含两类问题：一致问题，按照直觉的自然数运算规则去判断可以获得正确答案，如"5+2x 可以比 5 大"；不一致问题，按照直觉的自然数运算规则去判断则会导致错误答案，如"1+10t 总比 1 大"。结果发现，相比不一致问题，被试在一致问题上的正确率更高、反应时更短，说明成人也存在"加法和乘法使结果变大，减法和除法使结果变小"的自然数偏差。采用相似的任务，研究者在中学生中也得到了相似的结果（Obersteiner et al.，2016；van Hoof et al.，2015b）。

有学者认为出现这种包含字母的问题所导致的自然数偏差现象，可能是由于学生理解用字母所表达的变量存在困难，因此会自发地用自然数代入字母。例如，对于"2+4y 总是比 2 小"这个陈述，被试会倾向于用自然数，如 2（而不是有理数−2）去代入来检查陈述是否正确，因此是一种由于字母替代而产生的自然数偏差（Christou & Vosniadou，2012）。Christou 和 Vosniadou（2012）访谈了十年级学生，问学生是否认为 5d 总是比 4/d 大，结果发现大多数学生认为 5d 总是比 4/d 大，这些学生多数使用了自然数代入字母的方法。

Christou（2015）在五、六年级小学生中做了一个纸笔测验的研究，采用含缺失值的等式的形式，要求学生判断等式是否可能成立。Christou 设计了 3 种任务：一是包含自然数和缺失值的一致任务，如 7×_=21；二是包含大于 1 的有理数的一致任务，如 6×_=11，这个任务与算术运算的直觉是一致的，但是要成功判断这一任务，学生需要想出自然数集合以外的数；三是不一致任务，即缺失值是小于 1 的有理数，这个违反了学生关于运算结果的直觉，如对于 2÷_=5，除法结果为一个更大的数。结果发现，学生在包含自然数的一致任务上表现最好，其次是包含大于 1 的有理数的一致任务，在不一致任务上的表现最差，说明这些小学生在缺失值任务上确实存在算术运算的自然数偏差。

van Hoof 等（2015b）也发现，在不含有字母代入的任务中，学生在一致问题

（如"72×3/2 比 72 大还是小？"）上的表现依然比不一致问题（如"72×0.99 比 72 大还是小？"）好。Christou 等（2020）设计了数字一致任务（即只包含自然数）、运算一致任务（即运算与直觉效应一致），如"是否存在一个数，使 3×_=12"，以及运算不一致任务，如"是否存在一个数，令 14.4×_=3.1 成立？"。结果发现，成人被试在数字一致任务和运算一致任务上表现最好，在包含有理数的运算一致任务上（如"是否存在一个数，令 6.1×_=17.2 成立？"）表现较差，而在运算不一致任务上的表现最差。这些结果说明算术运算的直觉效应对被试解决数学问题有独特的作用。

四、自然数偏差的发展特点

van Hoof 等（2015a）考察了 1343 名四、六、八、十和十二年级的中小学生自然数偏差的发展特点。研究采用有理数感测验（Rational Number Sense Test），考察学生在密度、大小和运算方面的自然数偏差的发展特点。

由于密度知识在小学四年级很少涉及，因此数据分析中不包含小学四年级学生的数据。研究发现，各年级在密度任务上的自然数偏差现象都很严重，虽然没有显著的年级差异，但从趋势上看，自然数偏差有随着年级的升高而减弱的趋势。

在大小比较任务上，四、六、八年级学生在一致任务上的成绩显著好于不一致任务，十年级和十二年级学生虽然在一致任务上的正确率高于不一致任务，但差异不显著。按照比值比（odds ratios）计算自然数偏差的强度，研究发现大小比较任务上的自然数偏差现象在四年级学生中表现得最强，六年级有所下降，八年级几乎消失，而十年级和十二年级学生则不存在自然数偏差现象。

在算术运算任务上，所有年级的学生在一致任务上的正确率均显著高于不一致任务。比值比显示，四年级学生的自然数偏差最强，六年级、八年级和十年级学生的偏差变弱，十二年级学生几乎不存在运算的自然数偏差。

总体而言，学生在大小比较任务上的自然数偏差相对较弱，而在算术运算任务上的自然数偏差较强，在密度任务上的自然数偏差最强。

第二节　比例推理的过度使用

比例关系在中小学的数学学习中扮演了重要的角色，从评估量级大小到比例（propotion）概念的学习，从交叉相乘法到基础线性代数的计算，都潜藏着比与比例的关系。在所有的高阶数学知识中，比例性（proportionality）是最为基础的一种，同时它也是所有基础数学知识中最高级的一种（Lesh et al.，1988）。

比例推理（propotion reasoning）虽然重要，但是有研究指出，学生熟练地掌握了比例推理之后容易"无时无刻"地使用比例推理，哪怕他们遇到的数学问题并不具备比例性质，这种现象被称为比例推理的过度使用（the overuse of proportional reasoning）（李晓东等，2014；江荣焕，李晓东，2017）。学生在很多问题上都存在比例推理过度使用的现象，尤以加法问题最为普遍。

一、比例推理在加法问题中的过度使用

对于"Ellen 和 Kim 在同一个跑道上跑步，他们跑步的速度相同，但是 Ellen 比 Kim 后起跑，当 Ellen 跑了 5 圈时，Kim 跑了 15 圈。当 Ellen 跑到 30 圈的时候，Kim 跑了多少圈？"这种本应使用加法解决的问题，大多数六年级学生错误地给出比例答案"30×3=90"，而不是加法答案 30+10=40（de Bock et al.，2002；van Dooren et al.，2010a；Fernández et al.，2011）。

为什么学生在本该使用加法思维的问题上使用了乘法思维（比例推理）？一种看法是教科书上的比例问题常以缺值形式（missing-value format）呈现，即在问题中，依次给出 a、b、c 三个数，要求求出第四个数 x，使得 a/b=c/x，或 a/c=b/x。在缺值形式的问题中，a 与 b、c 与 d 之间或者 a 与 c、b 与 d 之间有相同的线性关系，它们之间的比相等。比如，在"2 盒水果卖 30 元，4 盒水果卖多少钱？"这个问题中，2/4 与 30/? 具有相同的比，而 2/30 与 4/? 也具有相同的比，因此利用已知比就可以求出未知数。学生在长期的练习中，错误地将问题的表面结构当成问题解决的线索，而没有对数量之间的真正关系建立表征。

还有研究表明，题目中数字之间的整数比会诱导个体在测试中使用比例方法，例如，在上面 Ellen 和 Kim 跑步这个题目中，由于 15/5=3，因此个体更容易以 30×3=90 来计算 Kim 跑的圈数。van Dooren 等（2009）的研究证实，如果题目中的数字比为整数，那么学生运用比例策略解题的倾向就会增强，从而导致其在非比例题上的成绩更差。而当题目中的数字比为非整数时，学生较少运用比例策略解题，从而减少了比例推理的误用。李晓东等（2014）对我国 370 名五至八年级学生的研究发现，学生在缺值形式的加法问题上存在过度使用比例推理的现象。数字比与小学生过度使用比例推理有关，当同类量比与不同类量比均为整数时，学生更容易在加法问题上犯比例错误。

以往研究表明，不同文化和教学系统中的学生均存在过度使用比例推理的现

象，但是发展的模式似有不同。例如，van Dooren 等（2010a）发现，小学三至六年级，学生过度使用加法的现象呈下降趋势，与此同时，过度使用比例推理的现象则呈上升趋势，这说明小学低年级学生出现了不考虑问题情境而到处使用加法的情况；而小学高年级学生则到处使用比例方法。Fernández 等（2012b）以四至十年级西班牙学生为对象发现了相似的趋势，但学生比例推理转折点也与比利时学生不同。李晓东等（2014）对五至八年级中国学生的研究则发现，学生在比例问题上的成绩好于加法问题，但表现出过度使用比例推理的现象，以六年级学生最为突出，从七年级开始，比例推理的过度使用开始下降。

　　Jiang 等（2017）对中国和西班牙共 925 名（453 名中国学生，472 名西班牙学生）四至八年级学生进行了跨文化研究，发现两国学生在加法问题和比例问题上有不同的发展趋势。中国学生在比例问题上错误使用加法的情况是随着年级的升高而减少的，四年级中国学生比西班牙学生更多地在比例问题上错误使用加法；而在六至八年级则出现反转，即西班牙学生比中国学生犯更多的错误。除八年级外，中国学生在各年级均比西班牙学生表现出更多的过度使用比例推理的现象。

二、比例推理在几何问题中的过度使用

　　有研究发现，学生会把长度与面积或体积的关系理解为比例关系而非二次方和三次方的关系。例如，de Bock 等（1998）发现，对于七年级、十年级学生，当他们面对"农夫卡尔给一块边长 200 米的正方形农田施肥需要 4 小时，假如他的施肥速度不变，那么他给一块边长 600 米的正方形农田施肥需要多少小时？"这样的问题时，有90%的七年级学生及80%的八年级学生会错误地使用比例的方法来解题，即（600/200）×4 小时=12 小时，而正确答案应该是（600/200）^{2}×4=36 小时。

　　Gagatsis 等（2009）给 653 名九年级、十年级学生呈现了周长、面积和体积 3种不同的几何题目。在他们的研究中，每一个学生都需要完成 3 组题目，每组题目包括 3 种题型：常见题目（usual problem）、伪比例题目（pseudo-proportional problem）、不常见题目（unusual problem）。在常见题目中，学生可以使用比例运算得到正确的答案，如"保罗有一个正方形的泳池，他正在为泳池刷油漆，如果泳池底部需要用 10 公斤的油漆，那么刷完整个泳池需要多少公斤？"在伪比例题目中，学生需要使用面积或体积相关的计算方法才能得到正确的答案，如"小明测量了教室的尺寸（长和宽），并且得出教室地板的面积为 25 平方米，之后他又

测得健身房的尺寸是教室的两倍，请问健身房的面积是多少平方米？"对于不常见的题目，则没有标准答案，如"教室有两块拼在一起的黑板，每一块的周长是20米，问总共需要多少米的缎带才能把两个黑板围起来？"对于这个问题，需要考虑两个黑板的高（拼在一起的那一边）有多长，才能知道正确答案。研究发现，九年级学生在解决伪比例问题时过度使用比例推理的倾向非常强，但是到了十年级这种倾向则有所减弱。

Fernández 等（2014b）以多项选择题的方式给 131 名九年级学生呈现两种类型的几何运算题目，要求学生选择正确的解决方案。其中，第一类题目为周长题目，对于这类题目应该选择比例的算式；第二类题目为面积题目，对于这类题目应该选择二次方的算式。结果发现，即使有多个选项供学生选择，依然有约 20%的学生在解决第二类题目时会选择比例的算式。

三、比例推理的过度使用在其他数学领域中的体现

除了在数学应用题和几何运算领域，学生在解决其他问题时也有出现过度使用比例推理的现象。例如，早期有研究者就发现学生在进行概率运算的时候会错误地使用比例的方法。例如，当学生面对"连续投掷 3 次骰子，至少出现 1 次 6 点向上的概率是多少？"这样的问题时，他们会错误地给出 $1/6 \times 3 = 1/2$ 这样的答案，而正确的答案应该是 $1-(5/6)^3 = 91/216$。另一个比较经典的例子则是"生日悖论"，它是指如果一个班级里有 30 个人，那么这个班级里至少有两个人的生日相同的概率为 $1-(365/365 \cdot 364/365 \cdot 363/365 \cdots 337/365) \approx 1/2$。但是大部分人会认为这一概率是 $30/365 = 0.08$，即运用了比例推理去计算这一概率（de Bock et al.，2007）。

除概率运算之外，学生在理解数学图表时倾向于将其理解为比例关系（或称线性关系）。例如，Markovits 等（1986）发现，如果让 14～15 岁的学生在一些给出的数据点上画出函数关系图，绝大部分学生只画出了穿过原点的直线这种比例关系，即使图上的数据点能够连接成其他函数关系。也有研究发现，当学生判断一个散点数据图中的两种变量是否存在关系时，往往依据图中的数据点是否反映了两个变量之间的比例关系（线性关系）来判断。例如，van Deyck（2001）提供了一个抛物线的散点图，让学生判断图中的两个变量是否有关系，虽然学生在数学课堂上都学习了很多种非线性模型，但是依然认为图中的两个变量没有关系，因为他们没有发现图中的散点呈现出一种线性关系。显然，他

们在看到一个数学图表的时候，就开始搜索图表中的直线模型（比例关系）。

四、非符号比例推理中的直觉偏差

与比例推理有关的另一种直觉偏差表现在非符号推理任务中。研究发现，在完成非符号比例推理任务时，儿童经常会根据目标部分的数量做出错误的推断，认为目标部分越多，其占的比例就越高（Spinillo & Bryant，1991，1999；Boyer & Levine，2012，2015；Jeong et al.，2007；Möhring et al.，2015）。

Begolli 等（2020）在研究中使用了 3 种非符号比例问题的呈现方式，分别是彼此独立、可单独计数的离散形式，由多个组块拼接而成的离散化形式，以及部分与部分之间没有分割线隔开的连续形式（图 1-1），结果发现，相比于离散形式，儿童在连续形式问题上的表现更优。

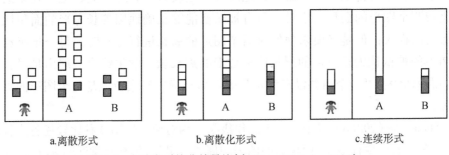

a.离散形式　　　　　b.离散化形式　　　　　c.连续形式

图 1-1　3 种类型的非符号比例（Begolli et al.，2020）

Jeong 等（2007）的研究发现，6～10 岁的儿童能准确地判断连续数量比例，这可能与他们面对可数物体与不可数物体时所使用的策略不同有关。在离散情况下，儿童采用了错误的计数策略，只考虑目标元素的数量，未考虑目标元素与非目标元素之间的关系。在连续条件下，无法提供精确的计数更容易激发儿童对相对数量的考虑，从而使其做出更为准确的判断。Boyer 和 Levine（2012）调查了 161 名幼儿园至小学四年级的儿童在目标比例匹配任务中的表现，结果表明，儿童会受到目标数量（果汁）的影响；儿童在连续形式任务上的表现比离散形式任务好，与之前的研究结果一致（Boyer et al.，2008；Duffy et al.，2005）。Begolli 等（2020）要求 7～12 岁的儿童选择小女孩喜欢的巧克力牛奶浓度，被试被随机给予连续、离散化或离散的空间表征任务。结果发现，儿童在连续形式的任务上得分最高，其次是离散化任务，最后是离散形式的任务。另有研究发现，成人在连续形式任务上的表现也优于离散形式任务（Begolli et al.，2020；DeWolf et al.，2015；Jäger & Wilkening，2001；Newcombe et al.，2018）。关于成年人的眼动研究发现，离散形式引发了指示计数的眼球运动，而连续形式使个体倾向于进行比较和大小估计（Plummer et al.，2017）。

第三节　几何推理任务中的直觉偏差

当要求学生比较两个几何图形的面积与周长时，几乎所有学生都能在面积比较任务上做出正确回答，但在周长比较任务中却容易出错，最容易犯的错误是"面积大，则周长长"，即学生在周长比较中错误地运用了直觉法则 *more A-more B*。

Azhari（1998，转引自 Tirosh & Stavy，1999）给学生呈现两个相同的长方形，每个长方形右上角包含一个小的正方形和一个多边形，将小正方形从其中一个长方形中移走可得到一个多边形。她发现，当要求一、三、五、七、九年级学生比较两个图形的面积大小时，所有被试都能够正确地回答长方形的面积比多边形的面积大；但是当要求他们对两个图形的周长进行比较时，每个年级都有近 70%的被试认为长方形的周长比多边形的周长长，学生给出的理由是"长方形的面积更大""一个角并没有移走"等，而正确的答案应该是两个图形的周长相等。

Babai 等（2006b）以十一、十二年级学生为对象，采用 3 种比较任务进行研究，见图 1-2。一致任务中，面积大的图形的周长也更长，符合直觉法则 *more A-more B*；不一致反转任务中，面积大的图形的周长反而比面积小的图形的周长短；不一致相等任务中，两个图形的面积虽然不同但其周长是相等的。结果发现，学生在面积比较任务上的反应时均显著短于周长比较任务。在面积比较任务中，不一致任务和一致任务的反应时不存在显著差异；但在周长比较任务中，一致任务的反应时显著短于不一致任务。值得注意的是，不一致相等任务的错误率非常高（46.3%），对被试在该任务上的正确反应时和不正确反应时进行比较，发现不正确反应时短于违反直觉的正确反应时，说明与直觉法则一致的反应（导致错误答案）快于与直觉法则不一致的反应（得出正确答案），由此证实了直觉反应的即时性特征。

李晓东和陈亚萍（2014）以小学三、四、五年级学生和大学生为被试进行研究，发现在周长比较中，各年级学生在不一致反转任务上的错误率显著高于一致任务，说明存在 *more A-more B* 直觉偏差。在不一致相等任务中，小学生的错误率（61.97%）和大学生的错误率（61.11%）不存在显著差异，都表现出较高的错误率。

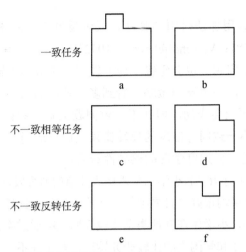

图 1-2　三种类型的周长比较任务样例（Babai et al.，2006b）

一致任务　a　b

不一致相等任务　c　d

不一致反转任务　e　f

第四节　算术应用题中的误导性策略

在小学数学课程体系中，应用题占相当大的比重。解答应用题时，学生需要根据题目中的文字想象出题目所揭示的事实，并从事件的背景中分出条件和关系、已知数和未知数，然后分析它们的关系，把隐含在数量关系中的条件揭示出来，最后才能列出算式进行解答。儿童解决应用题的水平代表了他们应用已有的数学知识和技能去解决现实生活中的实际问题的能力（李晓东，林崇德，2002）。应用题可以分为变化、相等、组合和比较等不同类型，其中以比较问题最难。比较问题由已知条件、关系和问题三个要件组成。在已知条件句中给出一个变量的值，关系句根据一个变量来定义另一个变量，问题是求另一个变量的值。比如，"小明有 3 个弹珠，小刚比小明多 5 个，问小刚有多少个弹珠？"第一句是已知条件，第二句是关系，第三句是问题。根据文字表达和数量关系是否一致，可以将比较问题分为一致问题和不一致问题。在一致问题中，未知数是有关系句的主语，变量关系的文字表达（如比……多）与所需要的算术运算是一致的（如用加法）。在不一致问题中，未知数是关系句的宾语，变量关系的文字表达（如比……少）与所需要的算术运算相冲突（如用加法），如将上题中的关系句"小刚比小明多 5 个"改为"小明比小刚少 5 个"，题目就变成了一道不一致问题（李晓东等，2002）。

虽然解决一致问题与不一致问题所需要的算术运算是相同的，但是研究表明，学生在不一致问题上遇到了相当大的困难。他们在不一致问题上所犯的错误主要是反转错误，即应该用加法时用了减法，或者反过来，应该用减法时用了加法（Lewis & Mayer，1987；Verschaffel et al.，1992）。Hegarty 等（1995）发现，即使是大学生，在不一致问题上也会犯错。他们发现，不成功的解题者在解决比较问题时会使用直译策略，即关键词策略，看到多，就用加法，看到少，就用减法。这种策略在一致问题上会成功，但在不一致问题上就会犯错。Lubin 等（2013）认为，儿童在解决不一致问题出现的反转错误是由于运用了"多即加，少即减"的启发式策略，这是一种过度学习的误导性策略。

李晓东等（2003）对 465 名小学三至六年级儿童的研究发现，各年级儿童在一致算术比较问题上的表现均很好，且显著优于在不一致算术比较问题上的表现。除一致算术比较应用题外，小学生在其他类型比较问题上的通过率都较低。此外，对于小学三年级数学学优生和学困生的比较研究发现，学生在不一致问题上犯的错误主要是反转错误。学优生解决比较问题的表现显著好于学困生，这主要与他们使用的解题策略有关，学困生较多使用"多即加，少即减"的启发式策略（李晓东等，2002）。

第五节　概率推理中的直觉偏差

概率推理指根据不确定事件的可能性推导出结论的推理形式。在日常生活中，我们常常运用概率推理对不确定的结果做出决策。皮亚杰最早对儿童概率推理能力进行了研究（Piaget & Inhelder，1951，1975）。实验者给儿童呈现一个容器，里面有 1 个红色筹码和 3 个白色筹码，问儿童"如果你不看容器就从中取一个筹码，你认为拿到一个红色筹码容易还是白色筹码容易？"6 岁儿童认为拿到一个红色筹码容易。皮亚杰认为年幼儿童只能注意一种可能性（如拿到一个红色筹码），而忽视了它与所有可能性组合的关系（如从 4 个筹码中取 1 个）。皮亚杰认为逻辑和概率推理的发展是平行的。年幼儿童不能对概率问题做出正确的推理是因为他们缺少基本的逻辑能力，特别是 7 岁以下的儿童无法掌握部分与整体的逻辑关系。值得注意的是，皮亚杰询问儿童的并不是一个绝对可能性的评价（拿到一个红色筹码的可能性有多大？），而是问的相对可能性（拿到一个红色筹码容易还是白色筹码容易？），因此儿童是不需要计算概率的，只需要对两个子集进行比较就可以了（de Neys & Osman，2013）。

在概率推理中，直觉扮演了重要角色，关于启发式与偏差的研究也大多与概率推理有关。概率推理根据任务不同，可以分为两大类：符号概率推理和非符号概率推理。

一、符号概率推理任务中的直觉偏差

（一）代表性启发式

代表性启发式（representative heuristic）是指人们在对一个特定事件的可能性进行判断时往往依据总体的特征，即误认为小样本产生的结果比例与总体相同。一个典型的例子是抛硬币，当几次都是正面朝上时，人们就会觉得下一次应该是背面朝上了，因为这与一个随机系列的预期相同，这种现象也叫赌徒谬误（gambler's fallacy）。

（二）等概率偏差

等概率偏差（equiprobability bias）是指人们认为事件的可能性在本质上是相等的，因此会对不同概率的结果发生的可能性做出相等的判断。这种偏差通常发生在学过概率知识的人身上，尤其是对随机性的概念存在理解错误。例如，对于下面的问题：

> 一个班有 13 个男生、16 个女生。每个学生的名字写在一张纸片上，老师把所有纸片都放在盒子中，然后从中抽取一张纸片。请问哪种情况最可能发生？①抽中男生的可能性大于女生；②抽中女生的可能性大于男生；③抽中男生和女生的可能性相等。

很多学过概率的人会做出错误的选择③，认为男生与女生被抽中的概率一样，而缺乏随机过程知识的学生则很少出错（Morsanyi & Szücs，2014）。

（三）比率偏差

比率偏差（ratio bias）是指尽管在数学上两个比例是相等的，但是在判断一个小概率事件的可能性时，人们倾向于认为包含小数字的比例（如 1∶20）比包含大数字的比例（如 10∶200）发生的概率更低。例如，假设有 A 和 B 两个袋子，里面装有红球和白球。A 袋子里有 10 个球，其中 1 个是红色的；B 袋子里 100 个球，其中 10 个是红色的。假如随机抽取一个球，从哪个袋子更可能抽到红色球？尽管被试知道两个袋子抽中红球的概率是相等的，但大多数被试选择了 B 袋子，因为它里面有更多的红球。甚至当 B 袋子比 A 袋子胜出的可能性更小（如 8∶100 vs. 1∶10）时，一半以上的被试仍然选择 100 里有 8 个，而不是 10 个里有 1 个。被试知道自己的选择是违背概率法则的，但他们还是觉得从有较多红球的容器中更容易抽到 1 个红球（Kirkpatrick & Epstein，1992；Alonso & Fernández-Berrocal，

2003；Denes-Raj & Epstein，1994）。

Rudski 和 Volksdorf（2002）以大学生为被试考察文字问题和图片问题对比率偏差的影响，结果表明尽管二者提供的选择信息是相同的，但是当问题以图片形式呈现时引发了更大的比率偏差，他们认为启发式加工过程更可能由图片而非文字呈现形式引发。

（四）忽略基础概率偏差

忽略基础概率偏差（neglect the base rate bias）是指人们在估计事件的后验概率时，低估甚至忽略基础概率信息的倾向（Stengård et al.，2022）。

Kahneman 和 Tversky（1973，转引自卡尼曼等，2013）在一种实验条件下告知被试群体中有 70 个工程师和 30 个律师；在另一种条件下告知被试群体中有 30 个工程师和 70 个律师。给被试一些人格描述，要求被试来推测其是工程师还是律师。结果发现，当人格描述与人们关于工程师的刻板印象一致时，在两种条件下，人们判断是工程师而不是律师的概率几乎相同，说明被试完全忽视了第二种条件下律师先验概率大的事实。而当引入一个完全无用的描述时，如"迪克 30 岁，已婚无子女。他能力强，有干劲，想在自己的领域中成就一番事业。他受同事喜爱"，被试不管群体中工程师的比例是 0.7 还是 0.3，都一概判断为 0.5。这说明有无用证据时，人们会忽视先验概率。对此现象，Kahneman 和 Tversky（1973）的解释是，人们在推理时使用了代表性启发式策略，即人们核验的是人格描述的代表性（或相似性）与职业类别的典型成员匹配的程度。

二、非符号概率推理任务中的直觉偏差

非符号概率推理是指当数量信息以非符号的方式呈现时，个体能够根据目标在总体中所占比例做出最优的选择。非符号概率推理是符号概率推理的基础，儿童在正式学习概率知识之前就对非符号概率有了一定的理解（Denison et al.，2013）。但是，研究发现，无论是儿童还是成人，在完成非符号概率推理任务时，都倾向于根据目标的绝对频数而非比例做出反应。换句话说，就是他们进行判断时忽略了总体。这种现象叫非符号概率推理中的直觉偏差。

研究者设计了两种非符号推理任务，要求被试判断"在有不同数量的黑球和白球的两个盒子中，从哪个盒子第一次能抽取到黑球的概率大"。在一致题目中，抽取到黑球的概率与黑球的数量为协变关系，黑球数量多的盒子抽取到黑球的概率也高，如图 1-3（a）；在不一致题目中，抽取到黑球的概率与黑球的数量相互干扰，黑球数量多的盒子抽取到黑球的概率却小，如图 1-3（b）。

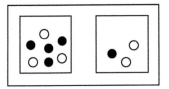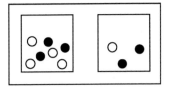

(a) 一致题目　　　　　　　　(b) 不一致题目

图 1-3　非符号概率推理任务样例（Gillard et al.，2009b）

Gillard 等（2009b）为了探究成人在非符号概率判断任务中是基于目标球的绝对数量的大小还是概率的大小，采用二择一的迫选（2-alternative forced-choice，2AFC）任务，在电脑屏幕上呈现两个盒子，分别装有不同数量的黑球和白球，要求大学生选择最有可能拿到黑球的盒子。该研究设计了两种类型的题目，分别是目标球多、概率大的一致题目和目标球多、概率小的不一致题目。一半被试完成80%的不一致题目，另一半被试完成80%的一致题目。研究结果表明，不一致题目的错误率高于一致题目，且反应时长于一致题目。在正确率上，不一致试次少的组一致性效应更大，当不一致题目占80%时，被试在一致题目和不一致题目上正确率的差异为18%；当不一致题目占20%时，二者之间正确率的差异达到33%，同前一种条件相比，被试在不一致题目上的正确率更低。在反应时上，在不一致题目占20%的情况下，被试正确解决不一致题目的反应时明显增加。然而，在不一致题目占80%的情况下，被试不仅正确解决不一致题目的反应时增长，而且正确解决一致题目的反应时也增长。表明大学生在解决非符号概率判断任务时，会受到目标球数量的影响，会启动直觉策略进行判断。

Mevel 等（2015）对大学生进行了有关非符号概率选择任务的纸笔测试，测试包含目标球多、概率大的一致问题（1/10 vs. 16/100），以及目标球多、概率小（1/10 vs. 9/100）的不一致问题。要求被试选择一个最合适的选项，并对自己的选择进行 0～100% 的自信心评定。与 Denes-Raj 和 Epstein（1994）的研究结果一致，大学生被试在完成非符号概率判断任务的时候容易受到目标球数量的干扰，从而做出错误的选择。被试在不一致问题判断错误时的自信心评定值显著低于一致问题判断正确的自信心评定值，表明被试在完成不一致任务时能够探测到任务中的冲突，但无法克服。

第二章

直觉启发式偏差的相关理论

第一节 直觉与直觉法则理论

一、Fischbein 关于数学和科学的直觉理论

Fischbein 认为直觉知识是一种不以科学实证依据或有力的逻辑论证为基础的知识。尽管如此，人们却倾向于认为这种知识是确定的和明确的。Fischbein 一直致力于研究直觉，并将直觉发展成为数学教育中一个重要的研究领域。

Fischbein（1999；转引自 Gillard et al.，2009c）认为学生的学习困难和错误概念不仅是由逻辑缺失导致的，还可能是由与正统知识相冲突的直觉倾向造成的。有些错误则是由于顽固的直觉干扰了正确的推理。直觉之所以强大，是因为它们具有一些根深蒂固的特征，导致人们难以克服。直觉具有以下特征：①内在确定性（intrinsic certainty）、不证自明和即时性（self-evidence and immediacy），如人们确信一些陈述是真实可信的，不需要实证来提供外在的证明就可以直接接受；②顽固性（perseverance），直觉一旦建立起来就非常牢固，难以克服；③强制性（coerciveness），直觉会对个人的推理方式施加强制性影响，使人们抗拒其他的解释，不接受其他可能性并将其排除掉；④整体性（globality），直觉提供一个单一整体的观点，而逻辑思维是外显的、分析的和推论的；⑤外推性（extrapolativeness），过度推论，仅根据有限的信息就间接外推至更大的范围；⑥内隐性（implicitness），直觉过程往往是无意识的，个体只意识到最终结果，且具有一种理论地位。直觉是一种理论，而不是技巧或知觉。人们直觉地接受了一些陈述的必要性和通用性（Fischbein, 1987）。

Fischbein（1987）将直觉分为初级直觉（primary intuitions）和二级直觉（secondary intuitions）。初级直觉是自动产生的，起源于个人经验或者先前的知识。由于首因效应，即最先学习的东西很难忘掉或克服，初级直觉通常也很顽固。二级直觉则是经由某些教育干预获得的，这种直觉没有自然的根基。Fischbein 侧重

于直觉的内容取向，强调学习者先前的知识对其后数学学习成绩的影响。例如，学生在学习自然数运算时会形成"加法和乘法会使结果变大，而减法和除法会使结果变小"的直觉，但这些直觉被运用在有理数运算时就会产生错误。

二、Stavy 和 Tirosh 的直觉法则理论

直觉法则理论采取任务取向的立场，强调具体的任务特征会直接影响学习者在数学和科学任务上的反应。其基本主张是学生对外部特征有一定共性但本质上并无关联的问题（科学的、数学的以及日常的任务）会做出相似的直觉反应（Tirosh & Tsamir，2020）。

直觉法则理论起源于数学和科学教育心理学（Stavy & Tirosh，2000）。该理论认为一些有限数量的法则会在学生中自动诱发。问题的外部特征（即突出的但与任务没有内在的联系）而非内部特征（即问题情境中直接参与的概念）决定了个体的反应。这些法则之所以被称为直觉是因为它们的即时性，并且个体对于自己的答案有高度的自信。直觉法则通常会引导出正确反应，但是有时它会与正确的概念相冲突，从而导致产生错误的答案。

直觉法则理论提供了三条主要的直觉法则，其中两条与学生在完成比较任务时的表现有关并在很多情境中都得到了验证。第一条直觉法则为 *more A-more B*。两个物体在一个突出的属性 A 上的量不等且 $A_1 > A_2$，当要求学生对其另一属性 B 进行比较时，尽管 B_1 并不必然大于 B_2，但学生往往会错误地认为 $B_1 > B_2$，他们的理由是 $A_1 > A_2$，或者 *more A-more B*。在很多任务上都可以观察到该法则的运用，如皮亚杰守恒任务（包括重量、数量、类包含、体积等）以及连续数量的比较（包括密度、温度、浓度等以及其他类型任务，如自由落体、无穷数集、几何等）。

第二条直觉法则为 *same A-same B*，是指两个物体在 A 属性上的量相等（$A_1 = A_2$）但在 B 属性上的量不等，但个体会声称 $B_1 = B_2$，因为 $A_1 = A_2$，或者 *same A-same B*。该现象在几何、百分比、比率和比例问题中都存在。研究发现，大学生也倾向于认为等边六边形的六个角也相等，即 *same A-same B*（等边-等角）（Tirosh & Tsamir，2020）。

直觉法则理论认为，学生在数学和科学领域的一些错误不是由与任务有关的具体内容或概念引起的，而是由任务具体的、外部的特征激活了直觉法则造成的（Stavy et al.，2006a）。直觉法则的应用与刺激的突出性（saliency）直接相关。有两种突出性：一种是自下而上的突出性，指对刺激的注意以及行为资源的分配取决于一个特定刺激及其与其他刺激的关系，特定刺激与其他刺激越不同，它的突出性就越强，就越易产生基于该刺激的反应。此时，个体对任务的反应基于知觉

特征而非概念属性。例如，在皮亚杰数量守恒任务中，空间的长度特征比数量特征要突出，儿童会误认为长度会改变数量，因此会激活 *more A-more B* 的直觉法则，从而得出错误的结论，即认为长的一行硬币更多。直觉法则的激活是刺激驱动的，而非概念驱动的。另一种是自上而下的突出性，指由先前的经验或任务的目标导向知识决定的突出性。一个刺激在其他学习事例中不断重复的经验会产生一种反应，使个体无视它在任务中与其他刺激的关系。是否应用自上而下的突出性的直觉法则取决于当前项目的概念属性与先前相关知识经验的匹配程度。直觉法则是自动激活的，个体无需有意计算就能做出推断，因此，直觉法则不会随着年龄增长和认知发展而消失，而是会一直持续到成年（Osman & Stavy，2006）。

直觉法则被认为具有普遍性，研究发现直觉反应在不同年龄（从学龄前儿童到成年人）、不同文化背景的个体身上（澳大利亚土著居民、中国居民、以色列人），以及在不同领域（数学、物理、化学以及生物）都存在（Babai et al.，2006a，2006b，2010a，2010b；Stavy et al.，2006b）。

第二节　双加工理论

人们有时仅凭直觉就做出判断，似乎没有经过大脑思考决定就直接跳了出来；有时又要经过漫长而又痛苦的思索过程才能下定决心。Kahneman 和 Tversky（1982）发现，人们在不确定和与统计思维有关的条件下所做出的决策很多是非理性的。人们给出的答案往往与"规范性的"（normative）（即数学和统计上的）结论相矛盾，出现启发式和偏差（heuristics-and-biases）。而另外的学者则认为，从演化的角度来看，考虑到遗传、现实条件、人脑有限的计算能力以及决策时有限的信息，人的行为基本上是理性的（Gigerenzer & Todd，1999）。近年来，认知心理学家将上述两种观点整合在一起，提出了双加工理论（dual-process theory）。

一、双加工理论的基本观点

双加工理论认为，人类的认知与行为以两种不同的模式平行运作，分别称为系统 1（system 1，S1）和系统 2（system 2，S2），分别对应启发式系统和分析式系统。双加工理论认为，人们之所以在做判断时经常出现偏差，是因为过度依赖一些带有刻板印象性质的直觉启发式思维，而不是依赖费时费力的、有意识的分析式思维。虽然直觉启发式思维有时是便捷有用的，但它们经常会引起与逻辑推理或概率原理相冲突的反应，使决策产生偏差（de Neys，2012；Evans，2010）。

启发式加工是自动的、快速的和无需努力的，基于联想和平行加工，不需要占用工作记忆，无意识且缺少灵活性。分析式加工是系列的、耗时的、有意的且需要意志努力的（Evans，2008）。双加工理论认为，启发式加工和分析式加工在执行功能、工作记忆资源的参与程度上是不同的。双加工理论有两个假设：第一个假设是关于认知资源利用程度的。启发式加工是自动化的，因此对执行资源没有要求，而分析式加工则高度依赖执行资源。因此，当拥有更多执行资源时，分析式加工就更容易参与问题解决并提供正确的反应。执行工作记忆资源被看作认知容量的核心成分。因此，认知容量与正确的规范反应数量的正相关是对上述观点的支持。另外，认知容量与正确规范反应的频率也有关系：当人们需要解决手头上的主要任务，同时还要完成一项需要注意参与的次要任务时，由于认知容量有限，需要努力的加工就会相互干扰，而无须努力的加工则不受干扰，因此双任务条件下会引发更多的启发式反应。第二个假设是关于加工速度的。启发式加工是平行的，而分析式加工是系列的，因此启发式加工要比分析式加工更快。依赖启发式加工做出反应需要的时间比依赖于分析式加工做出正确反应需要的时间短，因此快速反应任务是一种测量启发式的有效方法。此外，成像技术研究结果也支持双神经路径。研究发现，启发式推理激活的是左侧额叶（left lateral temporal lobe），而分析式推理激活的是双侧上顶叶（bilateral superior parietal lobe）。研究还发现，当人们成功抑制启发式加工并正确完成决策任务时，右侧前额叶（right lateral prefrontal cortex）也被激活（Gillard et al.，2009a）。

启发式加工和分析式加工的主要区别在于易获得性（accessibility），启发式在头脑中容易呈现，而那些不容易呈现和提取的特征即低获得性的信息特征往往被忽略，因此容易获得的信息特征会对决策产生更大的影响。

在一般情况下，我们会首先运用启发式加工并获得正确答案，但在复杂情况下，基于直觉的启发式加工可能会导致错误。Kahneman 和 Frederick（2005）提出属性-替代（attribute-substitution）理论来解释启发式的工作原理：人们在评估一个困难的属性时会用一个比较容易获得的属性加以替换。当无法立即判断目标的属性时，如果利用一个相关的属性也可以产生一个合理的答案（即启发式属性），人们就会用较简单的评价进行替代，这就不可避免地会产生系统性偏差。此时启发式加工和分析式加工存在冲突，只有分析式加工战胜启发式加工，人们才能正确解决问题。

二、启发式加工与分析式加工的相互作用

关于启发式加工和分析式加工是如何相互作用的存在两种观点。

一种是平行竞争模型（parallel-competitive model）（Sloman，1996）。该模型认为，启发式和分析式系统从加工开始就是同时激活的，如果两条路径导致不同的解决方法，引起的冲突就需要解决。由于同时激活了两种加工，因此即使做出的是直觉反应，被试也是会体验到冲突的。显然，这种冲突觉察只发生在不一致项目中，并导致个体对不一致项目错误反应的反应时长于对一致项目正确反应的反应时。个体对一致项目的反应时总是最短的，因为不存在冲突。而个体对不一致项目错误反应的反应时应短于对不一致项目正确反应的反应时，因为后者需要成功抑制启发式反应。

另一种是默认-干预者模型（default-interventionist model）（Evans，2007；Kahneman & Frederick，2005），认为启发式加工首先得到激活，随后分析式加工对启发式加工的结果进行监控。分析式加工既可能接受启发式加工的结果，也可能替代它。该模型通常认为，个体出现直觉推理错误是因为探测能力较差。Evans（2006）认为，启发式加工会引发默认模型，此时只有任务需要的浅层分析式加工。当分析式加工得到激活时，人们会对默认模型进行评价，但倾向于满意该模型（即倾向于采用启发式加工给出的表征，除非有充分的理由放弃它）。这个满意原则（satisficing principle）反映了分析式加工的一种系统性偏差或基本偏差，即接受启发式加工。只有分析式加工真正取代了默认模型时，才会给出分析式反应（Gillard et al.，2009a）。默认-干预者模型虽然也认为启发式反应会快于分析式反应，但不认为个体对不一致项目错误的反应会比对一致项目正确的反应更慢。但该模型也认为个体对不一致项目正确的反应时会长于对不一致项目错误的反应时。

人们在逻辑推理或概率判断时出现的系统性错误，究竟是因为他们没有探测到启发式与问题的冲突，还是因为虽然探测到了冲突但缺少抑制冲突的能力呢？有研究发现，这些系统性错误主要是由抑制而非冲突探测造成的。人们面对与直觉一致的问题时不会有冲突探测发生，因为不存在冲突。但是对于与直觉不一致的问题，个体会体验到冲突。个体对不一致问题的正确反应是其已经探测到冲突，启发式反应被成功抑制的结果（Gillard et al.，2011）

三、心智结构与冲突探测及抑制机制的关系

Stanovich（2018）认为，成功解决启发式和偏差任务离不开头脑中储存的各类知识。以往双加工理论忽略了知识与不同加工成分之间的相互作用。启发式和偏差任务不只是节俭加工（miserly processing）的指标，而且是在有关的心智结构（mindware）中学习深度的指标。事实上，双加工理论中所有错误的反应都是快速

的（节俭加工的结果），所有正确的反应都是慢速的，这一观点是不对的。如图 2-1 所示，系统 1 中也具有通过练习而使规范反应和理性策略达到自动化的心智结构，它可以自动与任何非规范反应进行竞争（且立即取胜）。但是在系统 1 中，不是所有知识都是通过有意识地练习而自动化的，有些知识是通过内隐学习获得的，因而也是自动化的。正确反应的规范心智结构不只是在模拟活动中才能被提取，实际上如果得到充分的练习，它是可以自动在系统 1 和行为表现中直接体现的。因此，快速反应并不一定错误，而正确反应也不一定慢。快慢反应与正误反应分类见表 2-1。

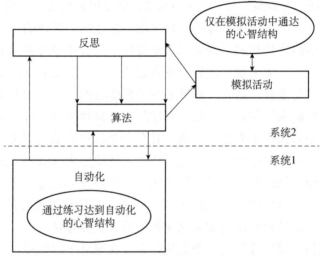

图 2-1　自动化心智结构和模拟活动中心智结构的简单模型（Stanovich，2018）

表 2-1　快慢反应与正误反应分类

类别	快反应	慢反应
错误反应	A：缺少心智结构 B：探测失败	C：抑制失败
正确反应	D：系统 1 储存的自动化的规范反应	E：成功抑制后的规范反应

　　心智结构、冲突探测和抑制机制三者之间是相互依存的关系。首先，当与节俭反应冲突时，有关的（即规范的、合适的）心智结构必须存在。如果产生冲突反应所必要的心智结构不存在，就无法评价冲突探测能力。如果有关的心智结构确实存在，那么冲突探测至少是可能的。然而，即使有关的心智结构存在，如果被试没有探测到有任何理由去克服直觉反应，那么抑制能力也不会起作用。也就是说，心智结构、冲突探测发挥作用在前，抑制机制发挥作用在后。拥有良好心智结构的人所犯的错误更可能是由抑制失败所致，抑制失败的错误不太可能发生

在心智结构不良的人身上。抑制失败是由于不恰当地使用了一条学得很好的规则，而一条学得不好的规则是无法在抑制过程得到提取的，这时所犯的错误不是抑制错误而是知识错误（Stanovich，2018）。

四、双加工理论的个体差异视角——认知-经验自我理论

认知-经验自我理论（cognitive-experiential self-theory，CEST）（Epstein，1994）认为，存在两种信息加工系统——经验系统和理性系统，它们以一种平行但相互影响的方式运行。经验系统是一个学习系统，它是根据启发式法则，在一种潜意识状态下运行的。该系统是具体的、联想的、快速的、整体的，主要依赖于非语言形式并与情绪密切相关。经验系统是直接从经验中学习而来的，且有一个长久的演化历史。一般来说，经验系统是适应性的，但是对于需要逻辑分析和理解抽象关系的问题则不适合。理性系统是推断性的，是根据从文化传递而来的推理法则的理解来运作的。它是有意识的、相对缓慢的、分析的，主要依赖于语言形式，相对来说不受情绪影响，且有一个很短的演化历史。个体的行为是两种系统联合运作的结果。在特定条件下，情境因素（如理性系统主要应对数学问题，而经验系统主要应对人际问题）和个体差异决定了每个系统的相对影响力。从认知-经验自我理论的视角看，当人们体验到思想与情感的差异时，他们正在体验的就是两种信息加工系统的结果。大多数情况下，两个系统是协同活动的，人们感觉好像只有一个系统存在；在另外一些情境中，如当心与脑冲突时，它们的差异则会显现（Alonso & Fernández-Berrocal，2003；Epstein et al.，1996）。

认知-经验自我理论认为，如果存在两种不同的信息加工模式，那么应该存在明显的个体差异，即有些人更依赖理性加工，有些人则更倾向于经验加工（Epstein et al.，1996）。研究发现，人们在理性和经验的思维风格上存在明显的个体差异，理性-经验量表（Rational-Experiential Inventory）的相关研究表明，理性与经验是两个独立的维度。持理性思维风格的个体对自我和世界的基本信念是肯定的，持经验思维风格的个体则倾向于关系信念。研究发现，理性思维风格与比率偏差（即人们倾向于认为小数值的概率也小，如当问及"两个盒子中红球与白球的比例分别为 1：10 和 9：100，从哪个盒子中抽取红球的可能性更大？"时，很多人会选择 9：100 的盒子，其实它的概率要小于 1：10）是负相关的，理性加工的功能是控制不适宜的经验加工（Pacini & Epstein，1999）。

第三节　抑制控制模型

一、从认知发展的阶段论到连续的叠波模型

皮亚杰认为，个体从出生到青少年，其认知发展分为感知运动阶段、前运算阶段、具体运算阶段和形式运算阶段。在前运算阶段，儿童是不具有逻辑能力的。到了具体运算阶段，儿童才开始在数理领域进行逻辑推理，12 岁之后，儿童的推理能力则不限于具体物体，可以进行抽象逻辑推理。但后续研究表明，皮亚杰低估了年幼儿童的逻辑知识，也高估了年长儿童、青少年和成人的逻辑能力，他们在非常简单的逻辑任务上仍然会犯系统性错误。关于婴儿认知的研究发现，婴儿不只是通过感知运动来了解世界，还能够理解简单的加减法、因果关系，并能进行推理（Bryant，1992；Wynn，1992；Gelman，1972；Mehler & Bever，1967）。也有研究发现，认知发展已经达到形式运算阶段的成人依然会在简单的逻辑推理中出现错误（Evans，1998）。这些研究不仅修正了皮亚杰的研究结果，也促进了人们对认知发展的再概念化（reconceptualization），即从把认知发展看作独立的四个阶段到把认知发展看作连续的叠波模型。叠波模型的基本假设是在任何年龄、任一时间点，个体在解决问题时，头脑里都会呈现多种思维方式或策略，它们之间彼此竞争（Houdé，2000；Siegler，1995，2007）。新皮亚杰学派认为认知发展是复杂程度不同的解决策略为了在大脑中获得表达而彼此竞争的结果。前额叶皮质（prefrontal cortex）对复杂程度低的策略的抑制是儿童获得与皮亚杰高级认知发展阶段相关概念的关键（Houdé，2000，2007；Houdé & Borst，2015；Joliot et al.，2009；Leroux et al.，2009）。年长儿童、青少年和成人所犯的逻辑错误往往是依赖优势反应的结果，不合逻辑的直觉或误导性策略（如启发式）不是逻辑算法的结果。克服这些错误直接与抑制直觉形式的思维能力有关（Houdé，2000；Houdé & Borst，2014）。Houdé 等据此提出了认知发展的抑制控制模型并在问题解决领域产生了较大影响（付馨晨，李晓东，2017）。

二、抑制控制模型的基本观点

抑制是一种领域一般的认知过程，它使儿童和成人能够抗拒习惯、自动化、诱惑、分心物或干扰，从而适应存在冲突的情境（Diamond，2013）。在儿童和青

少年阶段,抑制控制效率的发展对不同认知领域概念知识的发展均具有重要贡献。在很多领域,认知能力的提高都与抑制控制效率的改善有直接关系。抑制控制效率的发展是儿童和青少年概念发展的必要而非充分条件(Houdé & Borst,2014)。

在问题解决过程中,儿童和成人都必须根据所处的情境在两种策略中进行选择:一种是启发式(对应系统1);另一种是数理逻辑算法(对应系统2)。前者是基于直觉的,其特点是快速的、基于整体或全局的,无需努力。在很多情况下,这种策略是有效的,但有时也会产生误导,尤其是与逻辑算法冲突的时候;后者则是缓慢的、费力的以及分析的策略,在任何情境下都可以导向正确答案(Kahneman,2011)。一般来说,儿童和成人都会偏向自动运用快速的启发式策略而不是逻辑算法策略,但是,这种选择并不意味着儿童和成人是非理性的。"理性假定"(presumption of rationality)有时是最好的判断。

为什么个体在新生儿及婴儿时已经对数与空间关系有了一些理解,但到6、7岁时在数量守恒任务中却会犯系统性错误?因为发展是非线性的,除非遇到误导性和需要抑制的情境,儿童在成长过程中学习的关于数量的启发式能在大部分情境中正确解决问题。认知发展的抑制控制模型认为,概念变化部分根植于在相互竞争的策略中(即启发式与逻辑算法之间)进行选择抑制的领域一般能力。在任何年龄和情境中,启发式和逻辑算法的强度都是在一种非线性动力系统中波动的,因此,儿童和成人在取得成功后有时仍然会出现错误。儿童或成人在任务上的失败并非因为其缺少相关知识与概念,而是由抑制控制失败造成的(Houdé,2000)。认知发展不仅是指个体获得复杂的概念,还必须能够抑制先前获得的一些经过反复学习和使用的知识与技能。例如,儿童必须能够抑制"长即多"这种基于知觉的直觉概念,才能正确完成数量守恒任务(Borst et al.,2012;Houdé & Guichart,2001)。要阻断直觉的干扰,需要发挥抑制控制的执行功能,这种能力依赖于前额叶皮质。大脑皮质成熟的顺序与认知发展的里程碑是平行的。首先成熟的是初级功能部分,如感知动作系统;其次成熟的是与语言技能和空间注意有关的顶叶皮质;最后才是前额叶皮质及其抑制能力(Casey et al.,2005;Mevel et al.,2015)。抑制启发式策略之所以具有挑战性,是因为与抑制控制能力有关的前额叶皮质在儿童和青少年时期持续发育。年幼儿童在已经具备了一些物理及数量知识的情况下却仍然不能正确完成数量守恒任务,以及青少年和成人在具备了逻辑思维能力后仍然在推理中出错,正是抑制控制能力未能充分发挥作用的表现。抑制控制能力在人的一生中都持续发挥作用,成人也需要抑制直觉或启发式偏差(Houdé,2007;Houdé & Borst,2015)。

第四节 抑制控制的测量

抑制控制是指抑制或推迟对刺激的反应能力，这些刺激可能来自个体内部，如与任务无关的冲动，也可能来自个体外部，如环境中的分心物。测量抑制控制的任务有两类：一类是需要抑制一个优势或习惯反应的任务；另一类是需要抗拒来自先前任务中的分心物干扰的任务（Isquith et al.，2014）。下面是常用的几种测量抑制控制的任务。

一、Go/No-go 任务

Go/No-go 任务是一种非常简单的测量反应抑制的任务。对于 Go 刺激，个体需要在键盘上进行快速的按键动作反应，从而形成一个优势或自动化的反应；但是当 No-go 刺激呈现时，该反应必须被抑制，个体不做反应。例如，如图 2-2 所示，Go 试次（概率为 75%）为一个非 X 的字母（如"O"），No-go 试次（概率为 25%）为字母"X"。当屏幕中央出现 Go 刺激时，要求被试又快又准地进行按键反应，当屏幕中央出现 No-go 刺激时则不做反应。

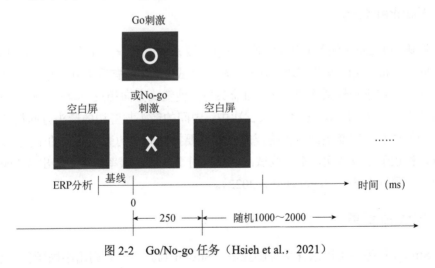

图 2-2 Go/No-go 任务（Hsieh et al.，2021）

二、停止信号任务

停止信号（stop-signal）任务也是测量反应抑制的任务，包括 Go 试次和 Stop 试次。如图 2-3 所示，在 Go 试次（概率为 75%）中，随机呈现箭头，左右方向出现次数相同。Stop 信号（概率为 25%）中有一个红色圆圈的箭头，在 Go 信号出现后 0～450ms 随机出现。要求被试对 Go 信号做出又快又准的反应，而当 Stop信号出现时则不做反应。

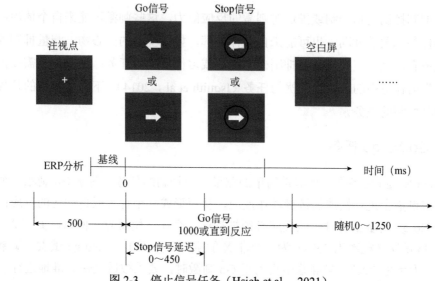

图 2-3　停止信号任务（Hsieh et al.，2021）

三、Flanker 任务

经典的 Flanker 任务（也称侧抑制任务）要求被试在一排箭头中指出中间箭头的方向，中间箭头两侧各有两个箭头。在一致试次中，所有箭头方向相同（<<<<<或>>>>>）；在不一致试次中，中间的箭头与其他箭头方向相反（<<><<或>><>>），实验流程如图 2-4 所示。在不一致试次中，中间的箭头与旁边的箭头方向相冲突，因此如果要对中间箭头做出正确反应，就需要抑制无关的旁边箭头的干扰。通常来讲，相较于一致试次，不一致试次的反应时更长、错误率更高，即出现 Flanker效应或一致性效应（Meijer et al.，2022）。

四、Stroop 任务

Stroop 任务经常用来评价抑制控制。Stroop 刺激由一系列用不同颜色墨水书写的色词组成，包括两个相互冲突的刺激维度：色词和书写颜色。要求被试对其中一种属性做出反应，同时抑制对另外一种属性做出反应。被试对不一致刺激的反应时（如用红色书写的"蓝"）要长于一致刺激（用蓝色书写的"蓝"），即出现"一致性效应"或 Stroop 效应（Portugal et al.，2018）。经典的 Stroop 效应研究发

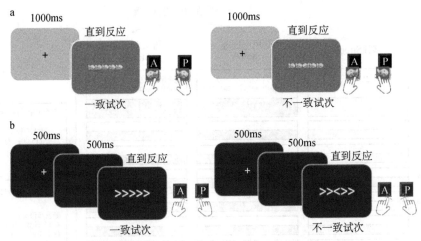

图 2-4 儿童版（a）和学生版（b）Flanker 任务（Meijer et al.，2022）

现，被试读一个与书写颜色不一致的色词（如用蓝色墨水书写的"红"）是快速且准确的，但是命名与色词不同的书写颜色则缓慢而易错，即不一致色词对颜色命名的干扰要比不一致颜色对色词的干扰更大，说明色词的读取是自动化的加工，而颜色命名不是。

虽然经典的 Stroop 范式及其变式在研究中被广泛用于测量抑制控制，但是有研究者指出，被试在完成 Stroop 任务时会通过使用特定的策略来"绕过"抑制控制。例如，在完成颜色 Stroop 任务时，有些被试会使用周边视野（余光）或者只看颜色词的最后一个字母，或者模糊视觉来降低自动激活语义的程度，进而减少了 Stroop 效应的出现（Irwin，1978；Ward et al.，2021）。此外，经典的 Stroop 任务无法区分 Stroop 效应到底是由冲突监测引发的，还是由要抑制特定对象引发的（Parris et al.，2019）。因此，为了让被试在完成 Stroop 任务时使用的无关策略最小化，同时验证 Stroop 效应中对语义加工的抑制，研究者设计了一个 Stroop 双任务范式，见图 2-5。在该范式中，被试需要先完成一个经典的 Stroop 任务作为基线，之后完成 Stroop 双任务。在颜色双任务中，被试在完成经典 Stroop 任务的同时，还要对某个颜色的刺激出现次数计数，但无须关注词义。换句话说，颜色双任务中的第二个任务的目标与单一任务的 Stroop 任务的目标是相容的，即都是对刺激的颜色进行反应，忽略其语义。在语义双任务中，被试在完成经典 Stroop 任务的同时，要对预先指定的词出现的次数计数，同时忽略其颜色。换句话说，语义双任务中的第二个任务的目标与单一任务的 Stroop 任务是不相容的，但与我们要读取语义的优势偏差是高度一致的。由于颜色双任务是相容任务，而语义双任务是不相容任务，因此被试在前者上的表现要好于在后者上的表现。

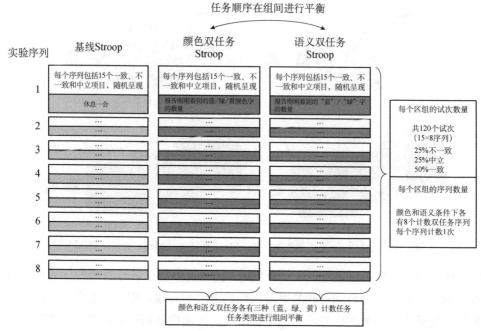

图 2-5　Stroop 双任务范式示意图（Ward et al.，2021）

此外，在语义双任务中，被试基本上无法使用其他策略，因此该任务更适合用来测量抑制控制。

Stroop 任务有很多变式，如在空间 Stroop（spatial Stroop）任务中，两个空间维度相互冲突。例如，要求被试通过按键判断箭头的方向是朝左还是朝右，同时忽略箭头的实际位置。如果箭头的位置与其方向一致（如箭头朝右并呈现在注视点的右侧），被试的反应是又快又准的；但当箭头的位置与其方向不一致（如箭头朝右但是却呈现在注视点的左侧）时会导致被试的反应时变长、错误率提高（Zeligman & Zivotofsky，2020）。

数字 Stroop（numerical Stroop）任务是用来分离执行功能与数字加工过程的一种研究范式，任务流程见图 2-6。任务中所用到的材料包括两种属性：意义属性，即数字代表的值（value）的大小；物理属性，即数字的物理（size）大小。要求被试判断数字的值的大小，同时忽略数字的物理大小。一致条件下，数字的值的大小与其物理大小一致，即"大数字，字号也大"（larger number，larger size）；不一致条件下，数字的值的大小与其物理大小不一致，即"大数字，但字号较小"（larger number，small size）。与中立条件相比（数字的值相同，但物理特征不同），当数字的物理特征与其数值大小一致时，被试的反应时短、错误率低；当数字的物理特征与其数值的大小不一致时，被试的反应时更长、错误率更高，即在一致条件下，反应时和准确性会出现促进效应，而在不一致条件下则出现了干扰效应，这种现象被称为大小一致性效应（size congruity effect）。大小一致性效应被视为认知冲突的指标，可以用来测量自动加工和抑制。干扰反映的是不能抑制无关和冲突的信息。不一致条件下，被试在解决问题或执行任务时需要抑制无关的信息（Soltész et al.，2011）。当比较数字的值的大小时，被试会受到数字物理大小的干扰（如判断一个大字号的 2 与一个小字号的 8 哪个数值更大）；反过来，当比较数字的物理大小时，其也会受到数字的值的大小的干扰（如判断 2 和 8 哪个数字的字体更大）（Zeligman & Zivotofsky，2020）。

图 2-6　数字 Stroop 任务流程示意图（Soltész et al.，2011）

五、反向眼跳任务

注视一个注意线索（朝向眼跳，prosaccade）是一种反射行为，是快速而准确的，但是要求人的注视行为转向注意线索的相反方向（反向眼跳，anti-sacccade）则需要意志努力，同时也需要抑制朝向眼跳，因此容易出现错误，即做出朝向眼跳而不是反向眼跳，同时眼跳的反应时也会增长，这些差异代表了反射行为与意志行为的差异，称为反向眼跳的代价（anti-saccade cost）（Zeligman & Zivotofsky，2020）。反向眼跳任务的实验流程如图 2-7 所示：首先呈现一个中性刺激，然后该刺激从中间向左或向右移动后再回到中间位置，被试的任务是对中间一屏的刺激进行反应，即注视刺激呈现的相反方向（Hoffmann et al.，2022）。

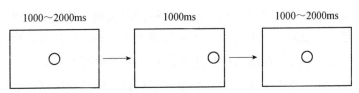

图 2-7　反向眼跳任务流程示意图（Hoffmann et al.，2022）

六、定向遗忘范式

记忆的一个重要功能是对存储在记忆系统中的信息进行更新，通过对那些无关的、过时的信息进行更新，使相关的信息更易通达。头脑里的知识常常是相互竞争的，为了促进对相关信息的提取，个体需要抑制无关的信息（即遗忘）。这种有意识地压抑先前学过的知识的目标导向的加工称为有意遗忘。

有意遗忘的研究范式是定向遗忘范式（directed forgetting paradigm）。经典的任务是词表学习任务。首先让被试学习词表 1，然后要求一半被试忘记该词表（遗忘条件），要求另一半被试记住该词表（记忆条件），两组被试都要学习词表 2，最后要求被试回忆全部词汇（词表 1 和词表 2 中的词汇）。研究发现，当被试被要求遗忘而不是记住时，他们对词表 1 的记忆效果明显变差（遗忘指导语的代价），但对词表 2 的记忆效果比记忆组要好（遗忘指导语的益处），原因是遗忘词表 1 使被试受到的干扰减少。此外，遗忘条件下被试对词表 2 的记忆效果与控制条件下（未学习词表 1）被试的表现相当，说明遗忘组被试好像从未学习过词表 1 一样（McDonough & Ramirez，2018）。

七、负启动范式

人们每天接触到大量的信息，在注意一些信息的同时会忽略其他一些信息，即我们需要选择相关的刺激进行加工，同时抑制无关的刺激，这种能力叫作选择性注意。研究选择性注意机制通常采用负启动范式（negative priming paradigm），该范式关心被忽略的信息或物体是如何表征和加工的。Tipper（1985）认为，如果在启动阶段被忽略的物体影响了被试对与之相同或有语义关联的探测项的加工，就可以推断个体对被忽略物体的内部表征类型以及对该表征的加工方式。例如，如果选择过程是通过抑制被忽略物体的内部表征实现的，那么随后个体对与被忽略物体有关的探测项的加工就会受到损害。在视觉选择性注意负启动范式中，如果前一个试次中分心物的位置被忽略，但在下一个试次中成为目标刺激，那么被试对该刺激的反应会受到损害。图 2-8 是空间负启动范式的一个实验流程图。实验分两个试次进行，每个试次由启动项和探测项构成，被试需要对目标刺激做出反应。重复忽略试次中，探测项中的目标出现在启动项中的分心物的位置；控制试次中，探测项中的目标出现在其他位置（非启动项中的目标和分心物的位置）（Amso & Johnson，2005）。如果被试在重复忽略试次中需要抑制分心物的干扰，则同控制试次相比，探测项上的反应时会增长，错误率会提高。

近年来，负启动范式被应用到学习与问题解决领域，实验逻辑如图 2-9 所示。包括测试试次和控制试次，刺激分为一致问题、不一致问题和中立问题。在测试试次中，启动项为不一致问题，即被试需要抑制启发式（或误导性）策略，探测项为一致问题，被试需要重新激活启发式（或误导性）策略；在控制试次中，启动项为中立项，即被试既不需要激活也不需要抑制启发式（或误导性）策略，探

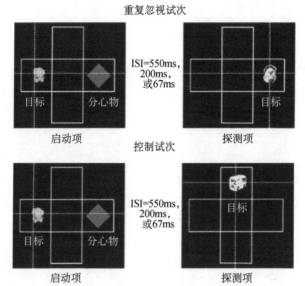

图 2-8 空间负启动范式示意图 (Amso & Johnson, 2005)

注：ISI (interstimulus interval) 指刺激间隔时间

测项为一致问题。如果同控制试次相比，被试在测试试次中在探测项上的反应时增长或错误率提高，则出现了负启动效应，说明被试在解决不一致问题时需要抑制控制的参与。

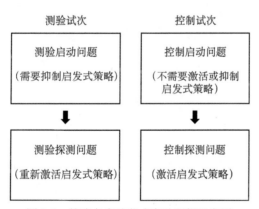

图 2-9 策略负启动范式实验逻辑示意图

第二篇

行为研究篇

第三章

克服分数比较中的自然数偏差：认知抑制的作用

第一节 分数大小比较的研究现状与机制

一、分数大小比较中的自然数偏差及其发展

分数是两个整数的比，用来表达部分与整体的关系（Bonato et al.，2007；Nunes & Csapó，2011）。正确理解分数对于后续高阶数学知识的学习非常关键，因为分数是代数、概率和比例推理的核心知识（Clarke & Roche，2009；Siegler & Lortie-Forgues，2015）。很多研究表明，对分数大小的理解是预测数学成绩的最佳指标（Bailey et al.，2012；Torbeyns et al.，2015）。但是，学生在理解和掌握分数时普遍存在困难（Cramer et al.，2002；Mazzocco & Devlin，2008；Vamvakoussi et al.，2012；Vamvakoussi & Vosniadou，2004），其中最容易产生的一种错误叫作整数偏差，即学生在比较分数大小时，不恰当地使用了自然数的规则。例如，学生错误地认为1/5>1/4，因为5>4（Ni & Zhou，2005；van Dooren et al.，2012）。Stafylidou和Vosniadou（2004）的研究发现，有37.5%的五年级学生认为分数是两个独立的整数，这种错误概念让儿童认为分数的值会随着分子或分母的增大而增大，这种想法与儿童已掌握的自然数知识是一致的。

研究发现，不同年龄的人群在比较分数大小时都存在自然数偏差（即整数偏差）。例如，Meert等（2010）以10岁和12岁的学生为被试，发现他们比较同分子分数的反应时长于比较同分母分数的反应时，说明分母大小对判断分数大小产生了干扰，即出现了自然数偏差。van Dooren等（2012）发现，中学生（12岁和16岁两组被试）比较不一致分数（自然数大，分数小）的反应时长于比较一致分

数（自然数大，则分数大）的反应时。deWolf 和 Vosniadou（2011）考察了大学生在分数比较任务上的表现。在一致条件下，大分数的分子和分母大于或等于小分数的分子和分母，如 2/5 和 6/7；在不一致条件下，大分数的分子和分母小于或者等于小分数的分子和分母，如 3/7 和 2/3，结果显示大学生在一致条件下的正确率更高、反应时更短，说明大学生依然存在自然数偏差。

二、分数大小比较中自然数偏差的理论解释

（一）概念变化理论

概念变化理论（conceptual change theory）认为，人们会利用一个一致的框架来解释和组织日常经验（Vamvakoussi & Vosniadou，2010）。当新信息与初始框架不相容时，人们就需要改变概念，这个过程有难度并容易产生错误概念。儿童在学习有理数之前，早就获得了自然数知识，因此会尝试在自然数框架下理解有理数。当有理数任务与自然数的属性不相符时，自然数偏差（整数偏差）就会产生（van Hoof et al.，2015a）。分数与自然数的概念有很大区别，如分数是从负到正无限大中的数；在任意两个分数之间有无限个其他分数；分数大小取决于分数与分母之间的关系，而不是两者之中的一个数；分数的大小随着分子增大而增大，随着分母增大而减小（Siegler & Pyke，2013）。这些知识与儿童原有的自然数知识有很大区别，因而对其构成了很大挑战。但是这一理论无法解释已经掌握有理数知识的年长学生或者受过教育的成年人为什么依然受自然数偏差的影响（Obersteiner et al.，2013；Vamvakoussi et al.，2012）。

（二）双加工理论

Vamvakoussi 和 Vosniadou（2010）认为，自然数偏差与直觉推理而不是概念理解有关。根据双加工理论，人们有两种加工系统：一种是自动化的启发式系统（系统 1）；另一种是需要付出努力的分析式系统（系统 2）（Evans & Over，1997；Evans & Stanovich，2013）。一般来说，儿童和成人都会自动偏向使用启发式系统（Houdé & Borst，2014），但是启发式系统并不总是导致正确答案，相应地，就需要启用分析式系统来抑制来自启发式系统的错误反应。学生之所以出现自然数偏差，是因为遵从了来自自然数的直觉法则。为了验证双加工理论，Vamvakoussi 等（2012）以大学生为被试，考察他们在两类分数比较任务上的表现：一类是一致任务，这类任务与自然数属性相容，即自然数大，分数大，如 1/5<3/5；另一类是不一致任务，这类任务与自然数属性不相容，即自然数大，分数小，如 1/3>1/6。结

果发现，不一致任务引发了更多的错误和更长的反应时。他们认为被试之所以在不一致任务上的反应时更长，是因为他们需要额外的时间来抑制直觉反应。但这种解释并不是很有说服力，因为反应时长可能反映的是任务更复杂或难度更大（Bentin & Mccarthy，1994；Stuss et al.，2002；Tun & Lachman，2008），人们解决复杂任务所需的时间要长于解决简单任务，因此，反应时长并不一定代表抑制控制参与了问题解决的过程。

三、分数大小比较中的负启动效应

在认知心理学中，负启动范式被用来检验抑制控制是否参与了认知过程。负启动范式不仅被应用到注意和记忆研究领域，也被扩展至问题解决研究领域，其原理是相同的，即如果需要在先前的任务中抑制一个误导性策略，那么需要在随后的任务中重新启动该策略时，被试的表现会下降（Fu et al.，2020）。Meert 等（2010）以分数比较作为启动任务，以整数比较作为探测任务，发现当探测任务与启动任务中的分母相同（如启动任务是比较 1/7 与 1/3 的大小，探测任务是比较 7 和 3 的大小）时，负启动效应出现了。他们认为，成人被试需要在启动任务阶段抑制较大的分母，而在探测任务阶段要重新激活相同的较大数字，这造成了反应时的延长。然而，当探测任务的整数与启动任务中的分母不同时（如启动任务是比较 11/16 和 11/13 的大小，探测任务是比较 7 和 3 的大小），则没有出现负启动效应，这可能是由于被试在启动任务阶段抑制的是具体的数字而非"自然数大，则分数大"的策略。近期的一项采用负启动范式的研究发现，青少年和成人在比较同分子分数大小时需要抑制"整数大，则分数大"的策略，但在控制测验中，启动项是比较两个同分子的分数哪个分母比分子更大（如 4/2 与 4/5），由于两个分数分子是相同的，被试只要比较两个分母的大小即可，即整数大的分数分母更大，这会引发被试对探测项一致任务的启动效应，即"整数大，则分数大"（如 2/6 与 5/6）（Rossi et al.，2019）。因此，该研究中的负启动效应可能受到了污染，降低了研究的说服力。

四、分数大小比较研究中的不足与改进

虽然国外的研究表明，在分数比较任务中，自然数偏差现象普遍存在，且持续至个体成年，还发现抑制控制在克服自然数偏差的过程中起到重要作用，但这类研究在实验材料与设计方面存在缺陷，降低了研究结果的可靠性。此外，不同年龄的学生在抑制控制效率，即负启动量上是否存在差异也缺少探讨。因此，本

研究将从发展的角度，采用标准的负启动范式，对抑制控制在克服分数比较任务中的自然数偏差方面的作用进行考察。

学生学习困难的原因有很多，研究者认为除了外部的教育环境和内部的生理因素，抑制控制能力可能也是一个重要原因。例如，有研究采用 Stroop 颜色命名任务，对学困生和学优生抑制分心物的能力进行了比较，结果发现，学优生存在非常明显的负启动效应，学困生的负启动量很小，未达到显著水平，说明学困生的抑制能力较弱（金志成等，2002）。张丽华和尚小铭（2011）采用负启动范式对小学五年级数学学优生和学困生的分心抑制能力和记忆提取抑制能力进行了比较，结果发现，只有学优生表现出较好的抑制能力。这些研究表明，学优生和学困生在抑制控制能力上的差异很可能是导致他们学业水平出现差异的重要原因。但是，目前没有研究直接考察学业水平是否对学生克服分数比较任务中的自然数偏差有影响。本研究将进一步考察学优生与学困生在分数比较任务中的抑制控制效率（负启动量）是否存在差异。

第二节　抑制控制在克服分数比较中的自然数偏差方面的作用：一项发展性负启动研究

一、实验目的

本实验的目的在于考察我国学生在完成分数比较任务时是否存在自然数偏差，以及抑制控制在克服分数比较任务中的自然数偏差的作用。如果被试在比较不一致分数大小时需要抑制"自然数大，则分数大"的误导性策略，则在随后比较一致分数大小时就会出现负启动效应，表现为反应时的增长或错误率的提高。如果抑制控制效率随着年龄的增长而提高，则小学生和大学生的负启动量应存在显著差异，小学生的负启动量应大于大学生的负启动量。

二、实验方法

（一）被试

小学生被试为深圳市某普通小学的四至六年级学生，其中四年级学生 33 名（男生 17 名，女生 16 名），平均年龄为 9.6±0.5 岁；五年级学生 40 名（男生 20 名，女生 20 名），平均年龄为 10.6±0.6 岁；六年级学生 42 名（男生 24 名，女生 18 名），平均年龄为 11.7±0.5 岁。大学生被试来自深圳大学，共 39 名（男生 17 名，女生 22 名），平均年龄为 21.0±1.7 岁。所有被试无色盲，视力或者矫正视力正常，以前未参加过类似实验。所有被试都学习过分数的基本知识，能够比较分数的大小。

（二）实验材料

实验材料有 3 种：一致项、不一致项和中立项。一致项为同分母异分子的分数，如 5/9 和 8/9，符合"自然数大，则分数大"的策略，共 32 组。不一致项为同分子异分母的分数，如 4/5 和 4/9，使用"自然数大，则分数大"的策略会导致错误答案，共 16 组。中立项要求被试判断哪个"#"下面有横线，如"#""#"。

分数的筛选原则包括四点：第一，所有的分子和分母都为 1～9 中的数字；第二，所有分数都为小于 1 的真分数；第三，所有分数都是最简形式，不能够再约分；第四，两个分数之间的分子或者分母相差小于 5，以控制分数之间的距离效应。

所有实验材料都以图片的形式通过电脑屏幕呈现给被试。要比较的两个分数首先以一号 Cambria Math 字体在 Word 公式编辑器中输入，两个分数之间间隔两个空格，"#"号组以一号 Calibri 字体输入，两个"#"号之间间隔两个空格。

（三）实验程序

被试坐在学校机房的电脑前约 60cm 处，左手食指放在"F"键上，右手食指放在"J"键上。实验材料用 E-prime 2.0 呈现。整个实验大约持续 15min。被试根据电脑屏幕上的实验指导语做出相应的判断。实验共 32 个试次，测试组和中立组分别为 16 个试次，实验中途有短暂的休息。实验指导语如下。

> 欢迎参加我们的实验，实验首先在电脑屏幕上出现一个"+"字，提醒你开始实验：当呈现两个分数时，请比较分数的大小，如果左边分数大，请按"F"键，如果右边分数大，请按"J"键。当呈现的是两个"#"时，当左边"#"号有横线时，按"F"键，当右边"#"号有横线时，按"J"键。当图片是物体时，不用做任何反应。希望你做出又快又准的判断。明白指导语后，请按"Enter"键进入练习阶段。

我们对测试试次和控制试次需要做出的反应做出了平衡，即按"J"键和"F"键的次数是相等的。被试按"Enter"键之后进入练习阶段，共 3 个试次，其中包括 2 个测试试次和 1 个中立试次。因为不一致项目稍难，所以多一组练习。每个试次都由启动项和探测项组成。被试每次判断过后均有正误反馈。当 3 个练习试次结束之后，如果被试觉得自己已经熟悉实验程序，可进入正式实验；如果不熟悉，还可以继续练习。

在正式实验部分，首先呈现800ms的注视点，然后呈现一组分数或者"#"号，被试需要根据指导语在1300ms内做出判断。如果被试没有在相应的时间内做出判断，则会自动跳出空白屏，空白屏呈现时间为500ms。接着呈现另一对分数比较，被试做出相应判断后同样会出现空白屏。最后呈现中性图片，呈现时间为1200ms，以消除可能的学习效应，然后进入下一个试次。具体实验程序见图3-1。

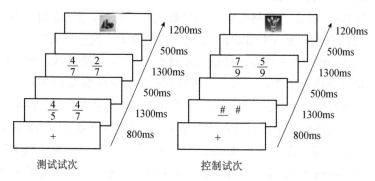

图 3-1　分数比较实验程序

在测试试次中，启动项为不一致项，探测项为一致项。如果被试在启动阶段比较不一致分数时需要抑制"自然数大，分数大"的策略，而在探测阶段需要重新激活该策略，则需要付出代价，表现为反应时的增长或错误率的提高；在控制试次中，启动项为中立项，与分数比较无关，即被试既不需要启动也不需要抑制"自然数大，分数大"的策略，探测项为一致项，被试在探测项上的表现即可作为被试在比较一致分数时的基线。不同试次间用中性图片隔开，以避免学习效应。

测试试次和控制试次伪随机呈现，即同类型的项目不会连续出现3次及以上。探测部分的一致项目是完全随机呈现的，这样可以控制被试在实验中的习惯性反应及组别之间的影响。

三、实验结果

根据负启动实验逻辑，负启动是因为个体在启动阶段成功抑制了启发式策略，因而损害了探测阶段的表现。在不一致项上的错误率高于50%（即正确率低于机遇水平）的被试被剔除，最后的有效被试如下：四年级学生26名（男生14名，女生12名），五年级学生36名（男生20名，女生16名），六年级学生40名（男生23名，女生17名），大学生39名（男生17名，女生22名）。对于反应时数据，只保留启动项和探测项都正确的数据，对反应时在正负3个标准差之外的数据予以剔除，数据剔除率低于3%。描述统计见表3-1。

表 3-1　四至六年级学生和大学生的错误率（%）与反应时（ms）（$M \pm SD$）

因变量			四年级	五年级	六年级	大学生
错误率	启动项	测试	19.47±16.61	17.36±14.18	10.94±9.25	10.90±9.37
		控制	0.48±1.70	0.17±1.04	0.47±1.67	0
	探测项	测试	9.13±9.22	7.81±7.67	7.97±8.25	1.76±3.19
		控制	7.69±8.89	5.90±8.31	4.06±6.10	2.24±3.92
	负启动量		1.44±0.33	1.91±0.64	3.91±2.16	−0.48±0.73
反应时	启动项	测试	1376.81±223.63	1393.72±266.17	1353.97±271.80	1195.24±250.12
		控制	702.26±104.63	656.31±86.87	642.17±68.20	569.12±63.76
	探测项	测试	1346.72±174.14	1331.34±259.54	1277.31±242.45	990.75±147.35
		控制	1276.60±177.12	1187.49±233.96	1151.37±231.03	940.28±148.61
	负启动量		70.12±2.98	143.85±25.58	125.95±11.40	50.47±1.26

注：负启动量=测试试次探测项上的反应时（或错误率）−控制试次探测项上的反应时（或错误率），下同

（一）分数比较中的自然数偏差

为考察被试在解决分数比较任务时是否存在自然数偏差，本研究对测试试次的启动项（不一致项）和控制试次的探测项（一致项）的错误率和反应时分别进行了 2（测试类型：测验、控制）×4（年级：四年级、五年级、六年级、大学生）的重复测量方差分析。结果表明，在错误率上，年级的主效应显著，$F(3, 137)=5.85$，$p<0.01$，$\eta^2=0.11$，事后比较显示：四年级的错误率（13.58%）显著高于六年级（7.50%，$p<0.05$）和大学生（6.57%，$p<0.01$），五年级的错误率（11.63%）显著高于大学生（6.57%），$p<0.05$。测试类型的主效应显著，$F(1, 137)=87.99$，$p<0.001$，$\eta^2=0.39$，不一致任务的错误率高于一致任务，说明各年级均存在自然数偏差；年级和测试类型的交互效应不显著，$F(3, 137)=1.31$，$p>0.05$，$\eta^2=0.03$。

在反应时上，年级的主效应显著，$F(3, 137)=10.55$，$p<0.001$，$\eta^2=0.19$；测试类型的主效应显著，$F(1, 137)=147.14$，$p<0.001$，$\eta^2=0.52$；年级和测试类型的交互效应显著，$F(3, 137)=3.72$，$p<0.05$，$\eta^2=0.08$。简单效应分析发现，在测试不一致任务中，四年级的反应时显著长于大学生，$p<0.05$；五年级的反应时显著长于大学生，$p<0.01$；六年级的反应时显著长于大学生，$p<0.05$。在控制一致任务中，四年级、五年级、六年级的反应时均显著长于大学生，$p<0.001$。在四年级、五年级、六年级和大学生中，测试不一致任务中的反应时显著长于控制一致任务，$p<0.001$。从反应时的数据看，各年级被试也均存在自然数偏差。

（二）抑制控制在克服分数比较中自然数偏差的作用

根据负启动的实验逻辑，重点比较测试试次与控制试次中被试对探测项的反

应。测试试次与控制试次的探测项都是一致项目，同控制试次相比，如果测试试次的错误率更高或反应时更长，说明测试试次中被试在完成不一致启动项时需要抑制启发式策略。为节省篇幅，本书仅对被试在探测项上的统计结果进行报告，后面的章节做相同处理。

本研究对探测项的反应时和错误率分别进行了 2（测试类型：测试、控制）×4（年级：四年级、五年级、六年级、大学生）的重复测量方差分析，结果表明，在错误率上，年级的主效应显著，$F(3, 137)=7.65$，$p<0.001$，$\eta^2=0.14$。事后检验结果显示：四年级的错误率（8.41%）显著高于大学生（2.00%，$p<0.001$）；五年级的错误率（6.86%）显著高于大学生（$p<0.01$）；六年级的错误率（6.02%）显著高于大学生（$p<0.05$）。测试类型的主效应显著，$F(1, 137)=6.09$，$p<0.05$，$\eta^2=0.04$。被试在测试试次中的错误率（6.67%）显著高于控制试次（4.98%，$p<0.05$），表明出现了负启动效应。年级和测试类型的交互效应不显著，$F(3, 137)=1.98$，$p>0.05$，$\eta^2=0.04$。错误率的负启动量不存在年级差异。

在反应时上，年级的主效应显著，$F(3, 137)=21.6$，$p<0.001$，$\eta^2=0.32$。测试类型的主效应显著，$F(1, 137)=74.03$，$p<0.001$，$\eta^2=0.35$。年级和测试类型的交互效应显著，$F(3, 137)=4.07$，$p<0.01$，$\eta^2=0.08$，如图3-2所示。简单效应分析的结果显示：无论是测试试次还是控制试次，四年级、五年级、六年级的反应时显著长于大学生，$p<0.001$。各年级学生测试试次的反应时均显著长于控制试次（四年级，$p<0.01$；五年级和六年级，$p<0.001$；大学生，$p<0.05$），各年级被试都出现了负启动效应。单因素方差分析结果表明，反应时的负启动量存在年级差异，$F(3, 137)=4.07$，$p<0.01$。事后检验发现，五年级的负启动量（143.85ms）显著大于大学生（50.47ms），$p<0.05$。

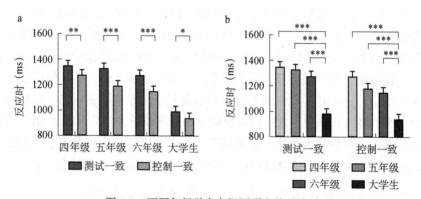

图3-2　不同年级学生在探测项上的反应时

注：图（a）：被试在测验测试和控制试次上的反应时差异。图（b）：被试在测验测试和控制试次上反应时的年级差异。*$p<0.05$，**$p<0.01$，***$p<0.001$，下同

四、讨论

本研究表明，无论是小学生还是大学生，在完成分数比较任务时均出现了自然数偏差，即被试在比较分数大小时受到了"自然数大，则分数大"的误导性策略的影响，表现为在完成不一致分数比较任务时的错误率更高、反应时更长。这说明即使掌握了分数知识，被试在比较不一致分数时仍会受到自然数偏差的影响，说明"自然数大，则分数大"是一种直觉启发式偏差，具有顽固性，不会随着年龄的增长、知识的增加而消失。

本研究发现，克服分数比较任务中的自然数偏差需要抑制控制的参与。被试在测试试次中探测项上的错误率和反应时均显著高于（或长于）其在控制试次中探测项上的错误率及反应时，出现了负启动效应。这说明被试在启动阶段完成不一致任务时，需要抑制"自然数大，则分数大"的误导性策略，而在探测阶段完成一致任务（需要重新激活误导性策略）时，被试需要在错误率和反应时上付出代价。而在控制试次中，启动项为中立项，即不需要抑制与启动"自然数大，则分数大"的策略，因而其对探测项的表现没有影响。被试在控制试次中探测项上的表现可以作为比较一致分数的基线。错误率的负启动量不存在年级差异，反应时的负启动量也仅在五年级和大学生之间存在差异，五年级学生的抑制能力显著低于大学生。但因其他年级未出现相同结果，因此，不能得出抑制效率存在年级差异的结论，未来需要更多的研究提供证据。

第三节　抑制分数比较中的自然数偏差：
年级与数学成绩的影响

一、实验目的

本研究旨在考察小学数学学优生与学困生在解决分数比较问题时是否存在自然数偏差以及抑制控制在克服自然数偏差中的作用，假设学优生与学困生均存在自然数偏差，学优生比学困生的抑制控制能力高。

二、实验方法

（一）被试

被试来自深圳市一所普通小学。每个年级抽取两个平行班（同一数学教师任课），按期末数学考试成绩前 15% 和后 15% 的原则选择数学学优生和学困生，并请数学教师确认名单。这些学生智力正常，无明显学习障碍。其中四年级学生 27 名（男生 16 名，女生 11 名），平均年龄为 9.6±0.6 岁；五年级学生 29 名（男生 16 名，女生 13 名），平均年龄为 10.7±0.4 岁；六年级学生 29 名（男生 13 名，女生 16 名），平均年龄为 11.4±0.5 岁。所有被试无色盲，裸视力或者矫正视力正常，以前都没有参加过类似实验。所有被试都学习过分数的基本知识，能够比较分数的大小。

（二）实验材料和实验程序

同本章第二节。

三、实验结果

根据负启动实验逻辑，负启动是因为个体在启动阶段成功抑制了启发式策略，因而损害了探测阶段的表现（较低的正确率和较长的反应时）。在不一致项上的表现低于机遇水平（即错误率高于 50%）的被试被剔除。最后的有效被试包括：四年级学生 21 名（男生 11 名，女生 10 名），五年级学生 28 名（男生 15 名，女生 13 名），六年级学生 28 名（男生 13 名，女生 15 名）。对于反应时数据分析，只保留启动项和探测项都正确的数据，将反应时在正负 3 个标准差之外的数据剔除，数据剔除率低于 3%。描述统计见表 3-2。

表 3-2　四至六年级学优生和学困生的错误率（%）与反应时（ms）（$M \pm SD$）

因变量			学困生			学优生		
			四年级	五年级	六年级	四年级	五年级	六年级
错误率	启动项	测试	28.75±15.37	19.38±14.86	15.63±12.07	26.14±13.06	17.71±11.98	12.50±11.64
		控制	0	0.63±1.98	0	0	0	0
	探测项	测试	13.13±8.04	7.50±7.10	9.90±8.62	9.09±9.42	12.48±11.94	6.64±6.24
		控制	3.75±5.27	4.38±5.15	6.25±6.53	6.25±8.39	4.86±5.49	3.13±5.59
	负启动效应		9.38±2.77	2.84±1.04	3.13±1.95	7.62±6.45	3.65±2.09	3.52±0.65
反应时	启动项	测试	1577.5±183.39	1572.4±174.50	1254.6±218.01	1452.3±340.21	1523.5±296.38	1320.0±281.19
		控制	697.85±42.22	662.87±40.92	645.91±96.74	688.88±97.10	696.59±103.43	618.16±43.30
	探测项	测试	1565.4±262.91	1433.5±179.94	1525.9±192.03	1412.61±259.45	1289.6±161.38	1249.97±177.82
		控制	1463.7±190.64	1250.5±171.24	1325.9±106.89	1223.8±260.00	1232.3±161.61	1111.35±137.25
	负启动效应		101.69±72.27	199.96±85.14	57.30±0.23	183.04±8.70	188.80±0.55	138.62±40.56

对启动项和探测项的反应时与错误率进行 2（测试类型：测验、控制）×2（数

学成绩：学优生、学困生）×3（年级：四年级、五年级、六年级）的重复测量方差分析，结果如下。

（一）数学成绩、年级对分数比较中的自然数偏差的影响

与本章第二节的研究一样，为考察被试在分数比较任务中是否存在自然数偏差，我们比较了被试在测试条件下不一致任务与控制条件下一致任务上的表现。在错误率上，方差分析结果显示，年级的主效应显著，$F(2, 71)=4.20$，$p<0.05$，$\eta^2=0.11$。数学成绩的主效应不显著，$F(1, 71)=0.43$，$p>0.05$，$\eta^2=0.01$。测试类型的主效应显著，$F(1, 71)=121.66$，$p<0.001$，$\eta^2=0.63$。测试类型和年级的交互效应显著，$F(2, 71)=7.33$，$p<0.01$，$\eta^2=0.17$。简单效应分析的结果显示：在不一致任务上，四年级的错误率显著高于六年级，$p<0.01$；四、五、六年级学生在不一致任务上的错误率均显著高于一致任务，$p<0.001$，表明存在自然数偏差。测试类型和数学成绩的交互效应不显著，$F(1, 71)=0.77$，$p>0.05$，$\eta^2=0.01$。年级和数学成绩的交互效应不显著，$F(2, 71)=0.25$，$p>0.05$，$\eta^2=0.01$。测试类型、年级和数学成绩三者的交互效应不显著，$F(2, 71)=0.28$，$p>0.05$，$\eta^2=0.01$。

在反应时上，方差分析的结果显示，年级的主效应显著，$F(2, 71)=7.63$，$p<0.01$，$\eta^2=0.18$。数学成绩的主效应不显著，$F(1, 71)=3.54$，$p>0.05$，$\eta^2=0.05$。测试类型的主效应显著，$F(1, 71)=64.78$，$p<0.001$，$\eta^2=0.48$。测试类型和年级的交互效应显著，$F(2, 71)=4.64$，$p<0.05$，$\eta^2=0.12$。简单效应分析的结果显示：在测试不一致任务中，四年级的反应时显著长于六年级，$p<0.05$；五年级的反应时显著长于六年级，$p<0.01$。在控制一致任务中，四年级的反应时显著长于六年级，$p<0.01$。在四年级、五年级中，测试不一致任务的反应时显著长于控制一致任务，$p<0.001$；六年级测试不一致任务的反应时显著长于控制一致任务，$p<0.01$，说明各年级学生在比较不一致分数大小时均存在自然数偏差。

测试类型和数学成绩的交互效应显著，$F(1, 71)=5.82$，$p<0.05$，$\eta^2=0.08$。简单效应分析结果显示：在控制一致任务中，学困生的反应时显著长于学优生，$p<0.01$。无论是学优生还是学困生，在测试不一致任务上的反应时均显著长于控制一致任务，$p<0.001$。年级和数学成绩的交互效应不显著，$F(2, 71)=0.71$，$p>0.05$，$\eta^2=0.02$。测试类型、年级和数学成绩三者的交互效应不显著，$F(2, 71)=0.84$，$p>0.05$，$\eta^2=0.02$。

（二）抑制控制在克服分数比较中的自然数偏差的作用：年级与数学成绩的影响

对探测项的反应时和错误率进行2（测试类型：测验、控制）×3（年级：四年

级、五年级、六年级）×2（数学成绩：学优生、学困生）的重复测量方差分析。

在错误率上，方差分析结果显示，年级的主效应不显著，$F(2, 71)=0.34$，$p>0.05$，$\eta^2=0.01$。数学成绩的主效应不显著，$F(1, 71)=0.07$，$p>0.05$，$\eta^2=0.001$。测试类型的主效应显著，$F(1, 71)=30.54$，$p<0.001$，$\eta^2=0.30$，测试一致任务的错误率（9.79%）显著高于控制一致任务（4.77%），$p<0.001$，各年级学生均出现了负启动效应。测试类型和年级的交互效应不显著，$F(2, 71)=0.70$，$p>0.05$，$\eta^2=0.02$。测试类型和数学成绩的交互效应不显著，$F(1,71)=0.16$，$p>0.05$，$\eta^2=0.002$。年级和数学成绩的交互效应不显著，$F(2, 71)=1.33$，$p>0.05$，$\eta^2=0.04$。测试类型、年级和数学成绩三者的交互效应不显著，$F(2, 71)=2.91$，$p>0.05$，$\eta^2=0.08$。

在反应时上，方差分析结果显示，年级的主效应显著，$F(2,71)=8.11$，$p<0.01$，$\eta^2=0.19$。测试类型的主效应显著，$F(1, 71)=91.65$，$p<0.001$，$\eta^2=0.56$。测试类型和年级的交互效应显著，$F(2, 71)=3.69$，$p<0.05$，$\eta^2=0.09$，见图3-3。简单效应分析的结果显示：在测试一致任务中，四年级的反应时显著长于六年级，$p<0.01$，五年级的反应时显著长于六年级，$p<0.01$。在控制一致任务中，四年级的反应时显著长于六年级，$p<0.01$。在四年级、五年级、六年级中，测试一致任务的反应时显著长于控制一致任务，$p<0.001$，表明各年级学生均出现了负启动效应。数学成绩的主效应显著，$F(1, 71)=7.46$，$p<0.01$，$\eta^2=0.10$，学困生的反应时（1400.53ms）显著长于学优生（1280.31ms），$p<0.01$。测试类型和数学成绩的交互效应不显著，$F(1, 71)=2.78$，$p>0.05$，$\eta^2=0.04$。年级和数学成绩的交互效应不显著，$F(2, 71)=0.37$，$p>0.05$，$\eta^2=0.01$。测试类型、年级和数学成绩三者的交互效应不显著，$F(2, 71)=1.07$，$p>0.05$，$\eta^2=0.03$。

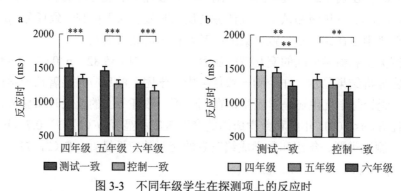

图 3-3　不同年级学生在探测项上的反应时

注：图（a）：各年级在测验测试和控制试次上的反应时差异。图（b）：在不同类型的测试中各年级之间的反应时差异

对错误率负启动量的方差分析结果表明，年级的主效应不显著，$F(2, 71)=$

0.70，$p>0.05$，$\eta^2=0.02$。数学成绩的主效应不显著，$F(1,71)=0.16$，$p>0.05$，$\eta^2=0.002$。年级和数学成绩的交互效应不显著，$F(2,71)=2.91$，$p>0.05$，$\eta^2=0.08$。

对反应时负启动量的方差分析结果表明，年级的主效应显著，$F(2,71)=3.69$，$p<0.05$，$\eta^2=0.09$。事后检验结果显示：五年级的负启动量（194.38ms）显著大于六年级（97.56ms），$p<0.05$。数学成绩的主效应不显著，$F(1,71)=2.78$，$p>0.05$，$\eta^2=0.04$。年级和数学成绩的交互效应不显著，$F(2,71)=1.07$，$p>0.05$，$\eta^2=0.03$。

四、讨论

本研究表明，小学四至六年级学生在解决分数比较任务时均存在自然数偏差，表现为相比于完成中立任务后再完成一致分数比较，当完成不一致分数比较任务后再完成一致分数比较任务，被试的错误率更高、反应时更长，与本章第二节的结果一致。学优生与学困生都存在自然数偏差，说明即使是数学学优生，在完成不一致分数任务时也依然会受到自然数偏差的干扰。在负启动量上，学优生和学困生之间并不存在显著差异，说明两组学生在抑制效率方面的能力是相当的。虽然本研究发现五年级学生的抑制效率低于六年级学生，但在其他年级之间未发现差异，这种差异可能是由样本原因造成的。

本 章 小 结

一、分数比较中自然数偏差的普遍性

本研究以中国学生为样本，发现分数比较任务中的自然数偏差是一种普遍且顽固的现象。本章第二节的研究发现，无论是大学生还是小学生，在比较不一致分数的大小时均出现了自然数偏差，表现为错误率的提高和反应时的增长，这一结果与以往的研究一致（Meert et al.，2010；Vamvakoussi et al.，2012）。本章第三节的研究再一次发现，四、五、六年级的小学生在比较不一致分数大小时均存在自然数偏差，并且进一步发现无论是学优生还是学困生，均存在自然数偏差。这些结果表明，"自然数大，则分数大"是一种直觉性质的启发式策略，具有顽固性和自动性，不会随着年龄的增长和知识经验的增加而消失。

二、克服分数比较中的自然数偏差需要认知抑制的参与

抑制控制模型认为，要克服启发式偏差，需要抑制控制的参与。本研究采用

标准的负启动范式，发现无论是大学生还是小学生，均存在负启动效应，表现为在完成不一致分数比较任务之后再完成一致分数比较任务时，比完成中立任务后再完成一致分数比较任务时的错误率更高、反应时更长，说明被试在启动阶段比较不一致分数时需要抑制"自然数大，则分数大"的启发式策略，当在探测阶段需要重新激活该策略时，被试需要付出认知代价。本研究为抑制控制在克服分数比较任务中的自然数偏差中的作用提供了更加坚实的证据。

根据抑制控制模型，抑制效率应该随着年龄增长而提高，但是本研究并不支持这一假设，错误率的负启动量未发现年级差异，反应时的负启动量也仅在五年级和大学生之间出现显著差异，五年级学生的抑制能力显著低于大学生。但因其他年级未出现相同结果，所以不能得出抑制效率存在年级差异的结论。此外，学优生和学困生在负启动量上也未出现显著差异。本研究结果表明，能够成功解决不一致分数比较任务的小学生与大学生之间、学优生和学困生之间的抑制控制能力是相当的。

三、结论

综上，不同年级、不同数学成绩的学生在完成分数比较任务时都存在自然数偏差。克服分数比较中的自然数偏差需要抑制控制的参与，抑制控制效率不受年级和数学学习成绩的影响。

第四章

克服小数比较中的自然数偏差：认知抑制的作用

第一节 小数比较中的自然数偏差研究现状及机制

一、小数大小比较中的自然数偏差及其发展

学生在比较两个位数不同的小数的大小时通常会感到困难，往往认为位数越多的小数数值越大，如认为0.835>0.87，因为835>87。这种认为"小数越长，数值越大"的直觉偏差也是自然数偏差的一种，即错误地将自然数中适用的"数位越多，数值越大"的法则应用到了有理数中。Durkin和Rittle-Johnson（2015）对297名9～11岁美国儿童的研究发现，在小数比较中错误地应用整数知识是学生存在的最普遍的错误概念，随着教学的推进，这种错误概念会减少。van Hoof等（2015a）采用纸笔测验的方式对1343名四、六、八、十和十二年级学生的研究发现，学生在小数和分数任务上的自然数偏差强度是相同的，但存在发展性差异。四年级和六年级学生的自然数偏差强度一样大，但八年级学生的自然数偏差强度显著下降，十年级学生更低，十年级和十二年级学生的自然数偏差强度没有差别。

二、小数大小比较中的自然数偏差的理论解释

（一）概念变化理论

Durkin和Rittle-Johnson（2015）认为，儿童首先基于自身的日常生活经验形成对世界的框架理论（framework theory），这些框架理论是个体用来理解周围世界的核心概念，这些概念也包括一些数概念。儿童早期的数概念集中在自然数，表征工具（如用手指数数）主要强调的是自然数的属性，如离散性，这些概念在

学生学习关于自然数的加减乘除运算时又受到强化（Vamvakoussi & Vosniadou，2010）。受这些知识的影响，儿童会认为所有数都是离散量，数位越多的数越大。在从自然数向有理数转换的过程中，学生会产生一些错误概念，这些错误概念是一种中间状态，是学生从初始的数概念向科学的数概念转化的桥梁。错误概念可能是根深蒂固的，但概念变化是渐进和耗时的过程。

对小数比较中自然数偏差的研究以纸笔测验方式为主，且这类研究发现小学生的自然数偏差现象更为明显，中学生的自然数偏差显著下降，似乎比较符合概念变化理论的预期。但有研究发现，成人依然存在自然数偏差。例如，Vamvakoussi 等（2012）发现，在小数比较任务中，成人在不一致任务（小数越长，数值越小）上的反应时比一致任务（小数越长，数值越大）上的反应时长，这一结果与概念变化理论的预期不符。

（二）抑制控制模型

抑制控制模型认为，各种知识与策略在头脑中是并存的，在面对问题时，它们彼此竞争，通常启发式策略得以首先激活，当启发式与问题冲突时，就需要抑制控制的参与。学生在比较小数大小时，首先激活的是"小数越长，数值越大"的启发式策略，当该策略不能正确解决不一致小数比较问题时，则需要分析式策略的介入，以抑制"小数越长，数值越大"这一误导性策略。Roell 等（2017）采用负启动实验范式对七年级学生进行的研究发现，被试先完成不一致小数比较任务（如 3.453 vs. 3.6）再完成一致任务（如 5.4 vs. 5.644），与先完成中立任务（如 7.3 vs. 7.6）再完成一致任务相比，其反应时缩短，出现了负启动效应，说明抑制控制起了作用。Roell 等（2019a）采用纯小数，将任务分为一致任务（如 0.826 vs. 0.3）、不一致任务（如 0.9 vs. 0.476）和中立任务（如 0.981 vs. 0.444），研究结果与之前的研究一致，无论是青少年还是成人，同控制条件相比，完成不一致任务后再完成一致任务的反应时均出现了缩短，即出现了负启动效应，表明克服小数比较任务中的自然数偏差需要抑制控制的参与。但是尚未有研究发现青少年和成人在抑制控制效率上存在显著差异。

三、小数大小比较中自然数偏差研究的不足与改进

在 Roell 等（2017，2019a）的研究中，中立任务是两个位数相同的小数。虽然他们认为这个任务既不需要启动，也不需要抑制"小数越长，数值越大"的启

发式策略，但是无法排除被试采用了"自然数大，小数大"的策略，即 7.6>7.3，因为 6>3，或者 0.981>0.444，因为 981>444。这一策略实际上与"小数越长，数值越大"的本质是一样的，如认为 5.4<5.644，因为 4<644；0.826>0.3，因为 826>3。中立项目可能对控制试次中的一致项目起到了启动效应，从而使其反应时变短。为排除相同位数小数可能对探测项所起的启动作用，本研究的中立项目采用"##"的设计。

虽然中国学生的数学水平相对较高，但研究表明中国学生在理解小数时同样存在困难（Liu et al.，2014）。然而目前尚未见到关于中国学生解决小数大小比较问题时认知机制的研究。下一节的研究将以中国学生为被试，考察抑制控制在克服小数比较任务中的自然数偏差方面的作用，以及抑制控制的效率是否存在发展性差异。

第二节　抑制控制在克服小数比较中的自然数偏差中的作用：一项发展性负启动研究

一、实验目的

本研究采用负启动实验范式，探讨儿童和成人在克服小数比较中的自然数偏差时是否需要抑制控制的参与，以及抑制效率是否会随着年龄的增长而提高。如果儿童和成人在克服小数比较任务中的自然数偏差时都需要抑制控制的参与，那么儿童和成人都会出现负启动效应。如果抑制效率随着年龄的增长而提高，那么成人的负启动量会小于儿童。

二、实验方法

（一）被试

被试分为两部分：一部分被试为深圳某小学六年级学生，共 45 名，其中男生 26 名，女生 19 名，平均年龄为 11.1±0.6 岁；另一部分被试为深圳大学本科生，共 33 名，其中男生 15 名，女生 18 名，平均年龄为 19.9±1.6 岁。被试视力或矫正视力正常，无色盲，从未参加过此类型实验。

（二）实验材料

实验材料分为两部分。第一部分为实验任务图片，分为一致项目、不一致项目和中立项目。一致项目是与自然数规则相符合的小数比较问题，如小数位数多且数值大（3.761>3.52）；不一致项目是与自然数规则不相符的小数比较问题，如小数位数多却数值小（1.198<1.4）；中立项目是与自然数规则无关的问题，要求被试判断哪个"#"字符号下面有横线，如"##"。第二部分为缓冲图片，是从中性情绪图片库中选取的 60 张实物图片，经过灰阶处理，用于间隔两种实验条件。所有实验图片经 Adobe Photoshop CS6 软件处理，图片大小、明暗及对比度等属性保持基本一致。最终实验材料包括一致图片 60 张、不一致图片 30 张、中立图片 30 张。

（三）实验程序

实验为 2（实验类型：测试条件、控制条件）×2（年龄：儿童、成人）的混合实验设计。实验类型是组内变量，年龄是组间变量。因变量为被试解题成绩和反应时。采用负启动实验范式，在测试条件下，启动阶段呈现不一致问题，探测阶段呈现一致问题；在控制条件下，启动阶段呈现中性问题，探测阶段呈现一致问题。实验采用伪随机设计，即同种条件下的试次不能连续出现 3 次或者 3 次以上，测试条件与控制条件中的项目完全随机呈现，这有助于平衡实验条件间的顺序效应以及消除被试的习惯化反应。

被试以舒适自然的姿势坐在距离电脑屏幕前约 60cm 处。实验开始前，主试向被试呈现如下指导语：

> 实验开始时电脑屏幕上会出现一个"+"号，提醒你准备开始实验，接着会出现一张图片。当图片里呈现的是两个小数时，你需要判断左右两边小数的大小，如果左边的小数大，请按"F"键，如果右边的小数大，请按"J"键。当图片里呈现的是两个"#"号时，其中一个"#"号会有下划线，你只需要判断有下划线的"#"号是在左边还是在右边，如果在左边，请按"F"键，如果在右边，请按"J"键。请仔细阅读题目，认真作答，把左右手的食指分别放在"F"键和"J"键上。题目作答有时间限制，如果没有及时作答将直接跳到下一题，请又快又准地作答。明白指导语后，请按空格键进入练习阶段。

被试按空格键后开始进入练习阶段，共 3 个试次，包括 2 个测试试次和 1 个控制试次，被试每次判断过后均有正误反馈，以帮助被试充分了解实验过程。练习结束后，被试若有疑问则返回练习，若理解则进入正式实验。在正式实验阶段，电脑屏幕上会呈现一个 800ms 的红色"+"注视点，提示被试实验开始。随后出现一张图片，要求被试根据图片的内容进行按键反应，图片呈现的时间为 5000ms，被试若没有在规定的时间内作答，将进入下一阶段。之后呈现 500ms 的空白屏，然后再出现一张图片，要求被试根据图片的内容进行按键反应，图片呈现的时间为 5000ms，被试若没有在规定的时间内作答，将进入下一阶段。最后呈现缓冲图片，呈现时间为 800ms，随后进入下一试次。整个实验过程中，计算机将会记录被试的正确率和反应时，具体实验流程见图 4-1。

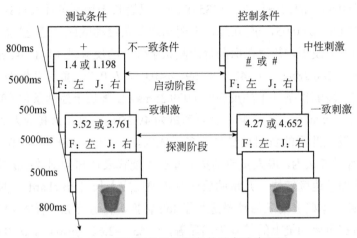

图 4-1 测试条件和控制条件的实验流程图

三、实验结果

错误率高于 50% 的被试数据不进入统计分析，剔除反应时在正负 3 个标准差以外的数据，剔除率为 0.2%。另外，只有在启动阶段和探测阶段都正确作答的反应时才会进入统计分析，数据删除率为 12%。小学六年级学生中，无效被试 2 名，有效被试 43 名，其中男生 26 名，女生 17 名。在校大学生中，无效被试 3 名，有效被试 30 名，其中男生 14 名，女生 16 名。对整理过的数据进行统计，结果见表 4-1。在正确率和反应时上，采用 2（实验类型：测试条件、控制条件）×2（年龄：儿童、成人）的重复测量方差分析，并报告重复测量方差分析效果量 η^2 以及 t 检验效果量 Cohen's d。

表 4-1 测试条件与控制条件下的反应时（ms）和正确率（%）（$M \pm SD$）

类别		反应时		正确率	
		儿童	大学生	儿童	大学生
测试条件	启动项	1385.66±245.61	985.05±115.50	0.946±0.06	0.964±0.04
	探测项	1413.42±256.99	979.35±123.77	0.981±0.02	0.987±0.02
控制条件	启动项	711.24±122.90	586.77±57.57	0.998±0.01	0.998±0.01
	探测项	1286.28±225.02	930.10±109.67	0.985±0.22	0.989±0.02

　　对探测项的方差分析表明，在正确率上，年龄的主效应不显著，$F(1, 71)=1.87$，$p>0.05$，$\eta^2=0.03$；实验类型的主效应不显著，$F(1, 71)=1.15$，$p>0.05$，$\eta^2=0.02$；年龄和实验类型的交互效应不显著，$F(1, 71)=0.26$，$p>0.05$，$\eta^2=0.004$。

　　在反应时上，儿童（1349.85ms）显著长于成人（954.73ms），$F(1, 71)=72.01$，$p<0.05$，$\eta^2=0.50$；测试条件下（1235.03ms）显著长于控制条件（1139.91ms），$F(1, 71)=77.05$，$p<0.05$，$\eta^2=0.52$，表明出现了负启动效应。通过比较儿童和成人的负启动效应发现，儿童在探测阶段测试条件下的反应时（1413.42ms）显著长于控制条件（1286.28ms），$t(42)=8.169$，$p<0.05$，$d=0.57$，负启动量为127.14ms。成人在探测阶段测试条件下的反应时（979.35ms）显著长于控制条件（930.10ms），$t(29)=5.534$，$p<0.05$，$d=0.45$，负启动量为49.25ms。对儿童和成人的负启动量进行对比，发现儿童的负启动量显著多于成人，$t(71)=3.88$，$p<0.05$，$d=0.934$（图4-2）。有学者认为，成人负启动量的减少不能代表认知抑制效率的提高，而是由于成人的加工速度较快，儿童的反应时普遍比成人长（Pritchard & Neumann，2009）。因此，本研究对负启动量进行了log转换，再进行独立样本t检验，发现成人和儿童在负启动量上的差异仍然显著，$t(65)=2.62$，$p<0.05$，$d=0.66$，因此，成人的认知抑制效率要比儿童高。

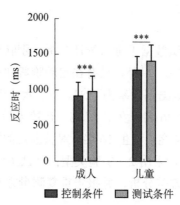

图4-2　探测阶段儿童与成人在测试条件和控制条件下的反应时

本 章 小 结

一、克服小数比较中的自然数偏差需要认知抑制的参与

　　本实验的主要目的是探讨儿童和成人在完成小数比较任务时是否都需要克服

"小数越长，数值越大"的误导性策略，以及儿童与成人在抑制效率方面是否存在差异。结果表明，无论是儿童还是成人，在完成不一致小数比较任务（如 1.415 vs. 1.5）后再完成一致小数比较任务（如 1.32 vs. 1.2）的表现都出现了下降，具体表现为，与先完成中立任务后再完成一致小数比较任务相比，其反应时更长，出现了负启动效应，说明儿童和成人在比较不一致小数大小时均需要抑制控制"小数越长，数值越大"的误导性策略，这与前人的研究结果一致（Roell et al.，2019a；Roell et al.，2017）。

本研究还发现，儿童在小数比较任务中的负启动量是 127.14ms，成人在小数比较任务中的负启动量是 49.25ms，儿童与成人的负启动量差异显著。有学者认为这种负启动量上的差异很有可能是由加工速度导致的，儿童平均反应时的基数大。为了平衡加工速度，我们对儿童和成人的负启动量进行了 log 转换，以降低儿童和成人的负启动量基数，再比较两者之间的差异，结果发现两者的差异仍然存在，儿童的负启动量显著低于成人的负启动量。儿童和成人在探测阶段的正确率没有差异，表明儿童和成人在负启动量上的差异不是由任务难度导致的。成人比儿童的抑制效率高，表明儿童和成人解题的速度不仅与加工速度有关，也与认知抑制效率有关。本研究还发现，儿童和成人在比较不一致小数大小时在抑制效率上存在差异，这与抑制控制模型的预测一致（Houdé & Borst，2015），但与前人关于小数比较研究的结果不一致（Roell et al.，2017，2019a）。一个可能的原因是，本研究中的儿童为小学六年级学生，比 Roell 等（2017，2019a）研究中的七年级学生年龄要小，可能对于七年级学生来讲，通过学校教育，抑制"小数越长，数值越大"已经发展成一种自动化的能力（Roell et al.，2019a）。另一个可能的原因是，在负启动研究中，被试需要抑制的是具体的策略，即在前一阶段需要抑制启发式策略，在后一阶段需要重新激活该策略，抑制效率可能与任务有关。例如，Lubin 等（2013）在解决文字应用题的研究中发现，在抑制"多即加，少即减"的策略时，抑制效率不存在年龄差异。江荣焕和李晓东（2017）在抑制比例推理过度使用的研究中也未发现抑制效率的年龄差异。同样，我们在分数比较任务中也未发现抑制控制效率的年龄差异。但是 Borst 等（2013b）在皮亚杰类包含任务中发现了抑制效率的年龄差异，Lanoë 等（2016）在词汇任务中发现了年龄差异，Aïte 等（2016）在第三人称观点采择任务中发现了年龄差异。Jiang 等（2019b）发现，中国学生学习英语不规则动词时需要抑制控制的参与，大学生的抑制效率比中学生高。这些研究结果的不一致可能与被试完成任务时需要的抑制类型不同有关。抑制可以分为自动抑制和有意抑制。自动抑制主要抑制的是刺激本身的特征，而有意抑制更多的是抑制策略。自动抑制功能比有意抑制功能成熟早，如果一项任务同时需要两种抑制的参与，负启动范式可能不太容易出现发展性差异（Lubin et al.，2013；江荣焕，李晓东，2017）。

二、小数比较中的空间偏差

数量关系常常也包含空间因素。在小数比较时，小数点后数位多的小数，在空间长度上也比小数点后数位少的小数长，因此，个体在比较不一致小数时可能既需要克服自然数偏差的影响，也需要克服空间长度大小的影响。Roell 等（2017）对这个问题进行了探讨。他们同样采用负启动实验范式，在控制条件下，启动项是位数相同的小数；而在测试条件下，启动项是不一致小数。探测项要求被试比较两条线段的长短，结果也出现了负启动效应，说明七年级学生在比较不一致小数时也受到了小数空间长度的干扰。Roell 等（2019b）进一步以七年级学生和大学生为被试，考察了小数的物理属性，即长度对小数比较的影响。他们设计了两种实验条件：一种实验条件与 Roell（2017）中的设计相同，探测项是比较两条线段的长度；另一种实验条件中的探测项要求比较两个圆圈亮度的大小。结果表明，在比较线段长度条件下，青少年和成人均出现了负启动效应，而在亮度条件下没有出现。这两项研究说明，小数比较任务的偏差可能不仅是自然数偏差，也存在视空间偏差。要分离自然数偏差和视空间偏差比较困难，未来研究能否在这方面有所突破是一个重要的议题。

三、结论

无论是小学生还是大学生，在完成不一致小数比较任务时均受到自然数偏差，即"小数越长，数值越大"的影响，要克服自然数偏差，需要抑制控制的参与。在小数比较任务上，小学生的抑制效率比大学生低。

第五章

克服算术运算中的自然数偏差：
认知抑制的作用

第一节　算术运算中的自然数偏差研究现状与不足

一、算术运算中自然数偏差的研究现状

正确理解有理数是数学核心素养的重要组成部分（van Hoof et al.，2015a），学生早期对有理数的理解可以预测其后的数学成绩（Booth & Newton，2012；Siegler et al.，2011）。遗憾的是，学生在解决有理数相关问题时常感到困难，最常见的就是出现自然数偏差，即错误地把自然数的属性应用到有理数中（Ni & Zhou，2005）。以往有关自然数偏差的研究多集中在分数和小数大小比较任务中，近年来有研究者指出有理数算术运算中也存在自然数偏差，学生倾向于认为加法和乘法（乘以大于 1 的数）使结果变大；减法和除法（被 1 以外的数除）使结果变小（Vamvakoussi et al.，2013；van Hoof et al.，2015b），这种看法在自然数的算术运算中是成立的，但在包含有理数的算术运算中则可能会导致错误出现。例如，相对于判断"5+2x 可以大于 5"（一致问题）的表述，当要求学生判断"1+10y 总是小于 1"（不一致问题）的表述是否正确时，无论是中学生还是大学生都出现更多的错误（Vamvakoussi et al.，2013；van Hoof et al.，2015b；Obersteiner et al.，2016），说明无论是青少年还是成人，在算术运算任务中均存在自然数偏差。

上述研究中研究者所采纳的任务都包含字母符号，学生在解决该类问题时可能会自动用自然数代入字母符号来检验诸如"2+4y 总是小于 2"的表达是否正确，如用 2 而不是–2 代替 y。研究还发现，学生倾向于用自然数代入有缺失值的方程

来检验算术运算结果（Christou & Vosniadou，2012）。因此，学生在不一致算术运算任务中的不佳表现既可能是自然数偏差导致的，也可能是采用的代入策略造成的。为澄清此问题，van Hoof 等（2015b）在任务中去掉字母符号，仍发现学生在一致问题（例如，72×3/2 比 72 大还是小）上的表现好于不一致问题（例如，72×0.99 比 72 大还是小），说明算术运算的直觉效应是存在的。近期的一项研究也发现，任务属性不同，被试的表现不同（Christou et al.，2020）。成人被试在含有自然数的运算一致任务（即与直觉效应一致，例如，是否有一个数使 3×_=12 成立）上表现最好，在含有有理数的运算一致任务（例如，是否有一个数使 6.1×_=17.2 成立）上表现较差，在运算不一致任务（例如，是否有一个数使 14.4×_=3.1 成立）上表现最差，说明算术运算的直觉效应对被试数学问题解决表现有独特的作用。

二、算术运算中自然数偏差研究的不足与改进

Christou 等（2020）虽然规避了代入策略，但其采用的是方程。有研究发现，学生会把等号看成得到或发现答案的过程或行动的信号，而不是数量之间的关系（Hattikudur & Alibali，2010；Kieran，1992；Knuth et al.，2006）。因此，等号的出现可能激活了学生计算的倾向，学生在不一致任务中的不佳表现可能是由计算难度造成的。同时，Christou 等（2020）发现，不论问题的性质是什么，被试都可以回答"是"，因为总有一个数（除 0 以外）使等式成立。除此之外，van Hoof 等（2015b）和 Christou 等（2020）的研究中只包含乘除法，没有加减法。因此，本研究的第一个目的是通过设计一种新的实验范式，通过分屏呈现刺激，排除代入和计算的干扰，考察中国学生在四则运算任务上是否存在算术运算的自然数偏差；第二个目的是从双加工理论和抑制控制模型出发，考察抑制控制在克服算术运算任务中的自然数偏差方面的作用。

第二节　算术运算任务中的自然数偏差：
一种新的实验范式

一、实验目的

本研究通过设计一个计算机化的、排除符号代入的实验任务，考察中国学生在含有有理数的算术运算任务中是否存在自然数偏差，即"加法和乘法使结果变大，减法和除法使结果变小"。实验任务要求被试判断当 a 为正整数时表达式是否

正确，如 "a+5 大于还是小于 a？""a+（–1）大于还是小于 a？" 前者是一致问题，即符合直觉效应；后者为不一致问题，即直觉策略会导致错误答案。实验要求被试将表达式与一个未知正整数比较，既不需要用自然数或有理数代入，也不需要计算运算结果。如果被试在不一致任务上的表现差于一致任务，则说明其在算术运算任务中存在自然数偏差。

二、实验方法

采用 2（问题类型：一致、不一致）×3（年级：八年级、十年级、大学生）的混合实验设计，问题类型为被试内变量，年级为被试间变量。

（一）被试

在我国数学课程中，六年级开始学习负数的概念，七年级学习负数的运算。为保证所有被试都理解有理数的概念，本研究中的被试选自八年级、十年级和大学生。其中，八年级学生 38 名（男生 22 名，女生 16 名），来自深圳某初中，平均年龄为 13.7±0.7 岁；十年级学生 34 名（男生 18 名，女生 16 名），来自深圳某高中，平均年龄为 15.4±0.5 岁；在校大学生 36 名（男生 24 名，女生 12 名），来自深圳大学，平均年龄为 20.1±1.9 岁。所有被试视力或矫正视力正常，以前未参加过同类实验。

（二）实验材料

以含有未知数的数学算式（数学等式等号左边部分）作为实验材料，未知数的定义域均为正数。被试需要判断该算式的运算结果与先前的未知数相比是变大了还是变小了。以 a÷5 这道题为例，被试需要判断 a÷5 的结果大于还是小于 a。加、减、乘、除四种基础运算均有涉及，四种运算的比例为 1:1:1:1。在加法和减法算式中，运算符号后面可能会紧接 16 个数字中的一个，这 16 个数字为 2～9 以及–9～–2；在乘法和除法算式中，运算符号后面可能会紧接 24 个数字中的一个，这 24 个数字为 2～9、0.2～0.9 以及 1/9～1/2。根据运算符号后面紧接的数字类型，可以将问题分为两种类型，即一致问题（与非 0、1 的自然数运算结果一致的问题，即结果与对运算符号的直觉相符的问题，如加法和乘法使结果变大，减法和除法使结果变小）和不一致问题（与非 0、1 的自然数运算结果不一致的问题，即结果与对运算符号的直觉相反的问题，如加法和乘法使结果变小，减法和除法使结果变大）。一致问题中，运算符号后面紧接的是自然数；不一致问题中，运算符号后面紧接的是负数、小数或分数。题目类型样例见表 5-1。

表 5-1 题目类型样例

运算方法	一致问题	不一致问题
加法	$a+5$（$>a$）	$a+$（-5）（$<a$）
减法	$a-5$（$<a$）	$a-$（-5）（$>a$）
乘法	$a×5$（$>a$）	$a×0.2$（$<a$）
除法	$a÷5$（$<a$）	$a÷0.2$（$>a$）

注：括号内为正确答案

（三）实验程序

被试以舒适的坐姿坐于距离电脑显示屏前约 50cm 的位置。实验开始前，主试向被试说明指导语：

> 欢迎来到我们的实验！在实验中，屏幕上会依次出现四张图片，首先会出现一个黑色的五角星，提醒你实验开始，接下来会出现一个字母，这个字母是一个取值范围为正数的未知数，之后会出现一个运算符号，可能是加、减、乘、除中的任意一种，最后会出现一个数字。你需要做的是判断第 2、3、4 张图片中的运算结果是小于还是大于最初的字母，比如，在这个例子里，你需要判断"$a÷5$"是小于还是大于"a"，你认为这一题是小于还是大于？（待被试思考后口头回答，并引导他说出正确答案）实验中的每一道题都有唯一正确的答案。最后出现的那张包含数字的图片是你的目标图片，当目标图片出现的时候，你就可以尽快做出判断，我们通过控制两个按键来答题：一个是位于键盘左边的"F"键，它对应目标图片中左下方的"小于"；另一个是位于键盘右边的"J"键，它对应目标图片中右下方的"大于"。在正式实验开始之前会有一个练习阶段，确保你熟悉了我们的实验规则，练习阶段有正误反馈，正式实验阶段则没有。实验过程中仅用左右手的食指按键，双手不要离开键盘，请又快又准地做出你的选择。接下来请按空格键进入练习阶段。

练习阶段共有 8 个试次，加、减、乘、除各 2 道题，左右按键的比例为 1∶1，被试在练习阶段的正确率在 50% 以上才能进入正式实验，并且练习试次不会出现在正式实验中。

练习结束后，屏幕上显示"恭喜你通过了练习阶段，接下来请按空格键进入正式实验。注意：正式实验中将不会出现正误的提示"。正式实验中共有 256 个试次，加、减、乘、除各 64 道题，一致问题与不一致问题各半，左右按键的比例为 1：1，数字与运算符号完全随机呈现。实验采用伪随机设计，即同种类型的题目不会连续出现 3 次及以上，这有助于消除被试的习惯化反应。

正式实验中，首先屏幕中央会出现一个黑色"★"的注视点（为了和加号区分，采用五角星作为注视点），持续 500ms；之后出现字母，持续 500ms；接下来呈现运算符号，持续 500ms；然后呈现数字，即目标图片，持续 3000ms 或直到按键反应；最后呈现一张中性图片作为掩蔽刺激，持续 800ms。完整完成一次实验的总时长在 30min 左右。实验的流程见图 5-1。实验过程中的反应时与错误率由 E-prime 软件自动记录。

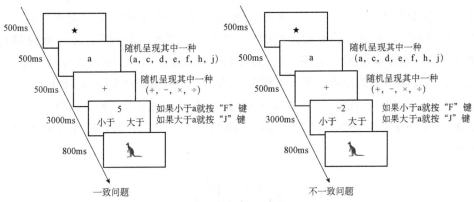

图 5-1　实验流程图

三、实验结果

对于二择一任务来说，随机猜测会导致 50% 的错误率，为了确定猜测的分数区间，我们计算了 95% 置信区间的二项分布，据此排除在一致问题或不一致问题上的错误率都在 40%～60% 的被试。最后，有 10 名八年级被试（占样本的 26.3%）、6 名十年级被试（占样本的 17.6%）和 5 名大学生（占样本的 16.1%）被排除。分别计算每位被试在一致问题和不一致问题上的错误率与反应时，剔除正负 3 个标准差以外的反应时数据，剔除率为 2.04%。描述统计见表 5-2。

表 5-2　被试在不同类型问题上的错误率（%）和反应时（ms）（$M \pm SD$）

因变量		八年级	十年级	大学生
错误率	一致问题	9.00±10.81	5.29±4.39	7.16±6.94
	不一致问题	12.82±10.61	9.90±7.18	13.30±9.16

续表

因变量		八年级	十年级	大学生
反应时	一致问题	821.03.0±134.15	638.36±100.84	688.10±89.57
	不一致问题	904.10±135.72	696.79±104.71	744.33±98.64

错误率的分布不符合正态分布，故进行非参数检验。威尔科克森符号秩检验（Wilcoxon sign-rank test）发现，被试在不一致问题上的表现比在一致问题上的表现差，$z(88)=6.82$，$p<0.01$。克鲁斯卡尔-沃利斯检验（Kruskal-Wallis test）发现，3 个年龄组的被试在一致问题和不一致问题上的表现不存在显著差异[一致问题：$\chi^2(2)=1.06$，$p=0.59$。不一致问题：$\chi^2(2)=2.21$，$p>0.05$]。

夏皮罗-威尔克检验（Shapiro-Wilk test）显示反应时的分布符合正态分布，进行重复测量方差分析，结果表明（图 5-2）问题类型的主效应显著，$F(1,85)=145.49$，$p<0.01$，$\eta^2=0.62$；被试在一致问题上的反应时短于在不一致问题上的反应时。年级的主效应显著，$F(2,85)=24.96$，$p<0.01$，$\eta^2=0.37$，事后检验发现，八年级学生的反应时比十年级学生和大学生的反应时长[八年级和十年级：$t(1,85)=6.79$，$p<0.01$，Cohen's $d=0.72$。八年级和大学生：$t(1,85)=5.18$，$p<0.01$，Cohen's $d=0.55$]。问题类型和年级的交互效应不显著，$F(2,88)=2.43$，$p>0.05$。

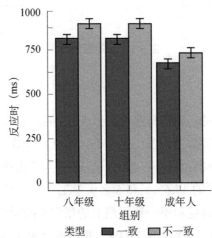

图 5-2　被试在一致问题和不一致问题上的反应时差异

四、讨论

本实验结果表明，被试在一致问题上，即符合"加法和乘法使结果变大，减法和除法使结果变小"的规则的题目上的错误率较低、反应时较短；在不一致问题上的错误率较高、反应时较长，说明本研究创设的新的实验范式对检测自然数偏差敏感。本研究是在排除了字母代入和计算的因素之后得出的上述结果，说明仅通过运算符号就能唤起学生的直觉反应，青少年和成人依然在算术运算任务上存在自然数偏差。

对于本研究的结果可能存在一个质疑，即本研究使用的不一致问题比一致问题难，因为不一致问题中包含有理数，而一致问题中只有自然数。因此，相比不一致问题，被试在一致问题上的反应时较短可能不是由直觉造成的，而是由任务难度低导致的。为了进一步验证算术运算的自然数偏差也存在于包含有理数的一致问题中，我们进行了补充实验（见下一节）。在补充实验中，我们只采用乘法和除法问题，因为一致加法/减法问题是不可能包含负数的。

第三节　新实验范式的补充：基于有理数的设计

一、实验目的

为排除任务难度的影响，本研究考察一致问题和不一致问题中均包含有理数的情况下，算术运算的自然数偏差是否依然存在。

二、实验方法

（一）被试

被试为深圳大学的 30 名在校大学生（男生 13 名，女生 17 名），平均年龄为 19.7±1.3 岁。所有被试视力或矫正视力正常，未参加过类似实验。

（二）实验材料

实验任务与本章第二节相同，但是本次实验任务去掉了加减法，一致问题全部为有理数问题，见图 5-3。

实验材料共包括 128 题，一致问题和不一致问题各 64 道。一致问题采用大于 1 的小数和分数，分数在 11/9～11/2，小数在 1.2～1.9。不一致问题中的分数和小数与本章第二节中的相同（即分数为 1/9～1/2，小数为 0.2～0.9）。一致问题的正确答案符合"乘法使结果变大，除法使结果变小"的直觉法则，不一致问题的正确答案与直觉法则冲突。题目类型的样例见表 5-3。

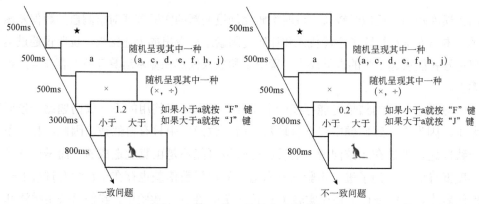

图 5-3　有理数运算的实验流程图

表 5-3　有理数的题目类型样例

运算方法	一致问题	不一致问题
乘法（分数）	$a \times \dfrac{11}{7}$ （>a）	$a \times \dfrac{1}{7}$ （<a）
乘法（小数）	$a \times 1.2$ （>a）	$a \times 0.2$ （<a）
除法（分数）	$a \div \dfrac{11}{7}$ （<a）	$a \div \dfrac{1}{7}$ （>a）
除法（小数）	$a \div 1.2$ （<a）	$a \div 0.2$ （>a）

（三）实验程序

实验程序与本章第二节的实验相同。128 个试次随机呈现，同类问题不会连续出现 3 次及以上。实验包括 2 个区组，每个区组有 64 个试次。实验大约需要 15min。

三、实验结果

剔除在一致问题或不一致问题上的错误率为 40%～60% 的被试。有 3 名大学生（占样本的 10.0%）的数据被剔除。分别计算每名被试在一致问题和不一致问题上的错误率与反应时。对于反应时数据，超出正负 3 个标准差的数据被剔除，剔除率为 0.26%。为进一步考察被试的反应是否会受一致问题中数的性质（自然数 vs. 有理数）的影响，将本章第二节中的被试作为"自然数组"，将本节实验中的被试作为"有理数组"进行分析，描述统计见表 5-4。

表 5-4　不同组别被试在算术问题上的错误率（%）和反应时（ms）（$M \pm SD$）

因变量		自然数组	有理数组
错误率	一致问题	7.32±6.97	9.67±7.35
	不一致问题	13.42±9.12	14.11±7.87

续表

因变量		自然数组	有理数组
反应时	一致问题	688.10±89.57	689.58±95.64
	不一致问题	744.33±98.64	727.31±112.23

由于错误率的分布不符合正态分布，使用非参数检验进行分析。威尔科克森符号秩检验的结果显示，被试在一致问题上的表现比在不一致问题上的表现好，z (58)=4.94，$p<0.01$。克鲁斯卡尔-沃利斯检验结果显示，"自然数组"和"有理数组"在一致问题和不一致问题上的表现没有差异[一致问题：χ^2（1）=1.96，$p>0.05$。不一致问题：χ^2（1）=0.28，$p>0.05$]。

夏皮罗-威尔克检验结果显示，反应时的分布符合正态分布，重复测量方差分析结果表明，问题类型的主效应显著，F（1，56）=82.75，$p<0.01$，η^2=0.60，被试在一致问题上的反应时短于在不一致问题上的反应时；组别的主效应不显著，F（1，56）=0.09，$p>0.05$；组别和问题类型的交互效应不显著，F（1，56）=3.24，$p>0.05$。

四、讨论

本研究表明，被试在与自然数运算规则一致（即乘法使结果变大，除法使结果变小）的问题上表现更好、反应更快，再一次证明被试在由有理数构成的一致问题上依然存在算术运算的直觉效应。此外，本研究没有发现被试在自然数一致问题上和有理数一致问题上的表现有显著差别，说明被试在不一致问题上较低的正确率和较慢的反应时不是由自然数与有理数任务难度的差别造成的，而是由与运算的直觉效应冲突导致的。

这一结果与 Christou 等（2020）的结果不一致。Christou 等（2020）的研究发现，同自然数问题相比（如 3×_=12），学生在小数运算问题上的表现更差，即使运算的方向与自然数的直觉结果一致也是如此（如 6.1×_=17.2）。实际上，在这个方程中，自然数与小数运算的难度差异应归因于计算上的要求。对于自然数，学生可以通过直接在头脑中提取乘法事实完成（Galfano et al.，2003；Verguts & Fias，2005），但是对于小数运算问题来说，提取策略是行不通的。而本研究要求被试判断数量关系，无须计算结果或用一个数量代入来完成任务，因此缩小了自然数和小数问题的差异。此外，以往研究中的自然数和有理数包含多位数，本研究对每种类型任务中的数字都控制了数位的多少（即数位总是相同的），且数字在2~9，这种实验设计简化了问题，也使被试对每种数字类型的数字加工的差异最小化。

总之，本章第二节和第三节的实验结果表明，学生受到算术运算中的自然数偏差的影响，这种效应在没有自然数的任务中依然存在。本章第四节将探讨克服算术运算中自然数偏差的认知机制。

第四节　抑制控制在克服算术运算中的自然数偏差中的作用：一项发展性负启动研究

一、实验目的

本章第二节和第三节的实验结果证明算术运算任务中存在自然数偏差，即被试在符合直觉法则"加法和乘法使结果变大，减法和除法使结果变小"的一致问题上的表现比在与该法则冲突的不一致问题上的表现要好。本实验从双加工理论和抑制控制模型的角度，采用负启动实验范式，考察抑制控制在克服算术运算中的自然数偏差中的作用，以及抑制效率是否存在发展性差异。实验采用2（测试类型：控制、测试）×3（年级：八年级、十年级、大学生）的混合实验设计，测试类型为被试内变量，年级为被试间变量。

二、实验方法

（一）被试

和本章第二节的实验一样，八年级和十年级被试分别来自深圳市某普通初中和某高中。其中，八年级学生38名，男生20名，女生18名，平均年龄为13.7±0.5岁；十年级学生36名，男生20名，女生16名，平均年龄为15.2±0.4岁；来自深圳大学的在校大学生35名，男生18名，女生17名，平均年龄为20.7±2.0岁。所有被试视力和矫正视力正常，未参加过同类实验。

（二）实验材料

根据负启动范式的实验逻辑，如果被试在解决不一致任务时需要抑制控制的参与，那么其随后在一致问题上的表现将会受到损害。实验分为测试试次和控制试次。测试试次中，启动项为不一致问题，探测项为一致问题。在控制试次中，启动项为中立问题，探测项为一致问题。其中，一致问题和不一致问题与本章第二节实验中的材料完全相同，中立项的形式与一致问题和不一致问题相同，运算符号用"#"替代，以排除运算符号的直觉效应。在显示屏上呈现大写或小写的字母，被试需要判断字母是大写的还是小写的。该任务既不需要激活也不需要抑制算术运算的直觉效应，因此，被试在实验试次中的探测项上的表现如果比控制试次中的探测项上的表现差或反应慢，则可以归因于前者在抑制直觉策略后重新启动该策略时需要付出代价。

（三）实验程序

八年级和十年级学生在学校的多媒体教室内进行团体实验，大学生在深圳大学的实验室内进行个别实验。首先向被试介绍题目和回答方式，然后给被试呈现包含 16 个试次的练习（包括一致问题、不一致问题和中立项以及各种运算）。被试可以重复练习直到正确率超过 50%。

正式实验包括测试试次和控制试次，两种试次各包含 64 个试次，4 种运算各16 个试次。试次之间用中性图片掩蔽，以排除迁移的影响。所有试次采用伪随机的方式呈现，即测试试次和控制试次不会连续出现 2 次及以上，实验流程图见图 5-4。为防止疲劳影响，完成 64 个试次后被试可以稍事休息。

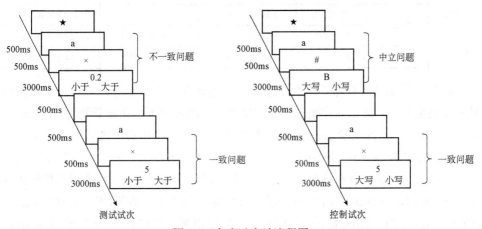

图 5-4 负启动实验流程图

在每个试次中，一致或不一致问题的呈现方式与本章第二节相同，即字母、运算符号、代数表达式的结果按顺序分屏呈现，被试需要又快又准地判断运算结果与字母代表的初始值（正整数）相比是大还是小。中立项也按顺序分屏呈现，被试需要判断字母是大写还是小写。E-prime 软件自动记录错误率和反应时。

三、实验结果

根据本研究的样本量，依靠猜测得到的正确率在 41%～59%（95% 的置信区间），将启动项和探测项的反应在这一区间的被试数据剔除，4 名八年级学生（样本的 10.53%）、3 名十年级学生（样本的 8.33%）和 5 名大学生（样本的 14.29%）的数据被剔除。在负启动范式中，只有被试在不一致问题上回答正确才说明发生了抑制。因此，反应时分析中只包括启动项和探测项均正确的试次（占总试次的 83.69%），正负 3 个标准差以外的反应时数据被剔除，剔除率为 1.76%。记录被试在每个试次类型的启动项与探测项上的错误率和反应时，描述统计见表 5-5。

表 5-5　被试在启动项和探测项上的错误率（%）与反应时（ms）（$M \pm SD$）

因变量			八年级	十年级	大学生
错误率	启动项	测试试次	16.14±9.80	15.91±7.78	15.09±8.41
		控制试次	13.72±9.96	7.39±6.41	4.85±3.60
	探测项	测试试次	11.21±8.93	9.66±6.45	9.16±6.10
		控制试次	12.58±9.49	8.62±5.05	7.70±4.34
反应时	启动项	测试试次	988.93±212.89	715.64±86.66	718.89±99.38
		控制试次	618.89±103.83	544.14±55.20	548.66±63.81
	探测项	测试试次	804.96±138.93	664.29±86.04	674.94±90.70
		控制试次	745.66±139.03	651.88±85.46	660.67±89.39
	负启动量		59.30±79.09	12.42±30.27	14.27±35.56

探测项的错误率分布不符合正态分布，因此做非参数检验。威尔科克森符号秩检验结果显示，被试在控制试次和测试试次上的表现不存在显著差异，$z(96) = 0.39$，$p > 0.05$。克鲁斯卡尔-沃利斯检验结果显示，三个年级组之间不存在显著差异，在控制条件下，$\chi^2(2) = 4.04$，$p > 0.05$；在测试条件下，$\chi^2(2) = 15$，$p > 0.05$。

探测项的反应时分布符合正态分布，重复测量方差分析表明，测试类型的主效应显著，$F(1, 93) = 26.93$，$p < 0.01$，$\eta^2 = 0.20$；年级的主效应显著，$F(2, 93) = 12.63$，$p < 0.01$，$\eta^2 = 0.21$；测试类型与年级的交互效应显著，$F(2, 93) = 7.98$，$p < 0.01$，$\eta^2 = 0.12$。简单效应分析表明，所有年级的被试在测试试次下探测项上的反应时都长于控制试次[八年级学生：$F(1, 93) = 19.12$，$p < 0.01$；十年级学生：$F(1, 93) = 5.55$，$p < 0.05$；大学生：$F(1, 93) = 4.67$，$p < 0.05$]。单因素方差分析表明，负启动量存在年级差异，$F(2, 93) = 7.98$，$p < 0.01$，$\eta^2 = 0.15$。事后比较发现，八年级学生的负启动量显著大于十年级学生[$t(93) = 3.55$，$p < 0.01$，Cohen's $d = 0.78$]和大学生[$t(93) = 3.30$，$p < 0.01$，Cohen's $d = 0.72$]。十年级学生和大学生之间的负启动量不存在显著差异，如图 5-5 所示。Pritchard 和 Neumann（2009）提出，负启动效应的年龄差异可能是由总的加工速度导致的。他们建议用对数转换的反应时来控制一般

反应速度的年龄差异。我们对数据进行对数转换后进行单因素方差分析，得到了同样的结果，即八年级学生的负启动量依然比十年级学生和大学生大，$F(2, 93) = 9.73$，$p<0.01$，$\eta^2 =0.17$。

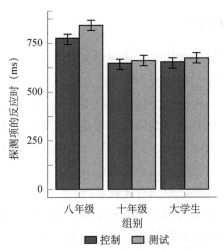

图 5-5　被试在探测项上的反应时差异

四、讨论

本实验表明，三个年级的被试在测试试次下的探测项上的反应时长于控制试次，出现了负启动效应，说明个体在完成不一致问题时需要抑制算术运算中的自然数偏差，这一结果与其他研究一致（Fu et al.，2020；Lubin et al.，2013）。同时，本研究发现抑制干扰效率存在年级差异，八年级学生比十年级学生、大学生的效率低，表明良好的问题解决表现不仅受到知识水平的影响，也受到抑制误导性策略的能力的影响。

本 章 小 结

一、认知抑制在克服算术运算任务中自然数偏差的作用

以往虽有学者提出克服算术运算中自然数偏差可能需要抑制控制的参与（Vamvakoussi et al.，2012，2013），但这类研究要么采用纸笔测验，要么是直接比较一致问题和不一致问题的反应时。虽然证实了算术运算中自然数偏差的存在，但是无法提供抑制控制参与了加工过程的直接证据。本研究设计了一种新型的分

屏序列呈现任务,有效地避免了代入及计算可能带来的干扰。通过采用负启动实验范式,本研究发现被试在解决不一致算术运算问题时需要抑制"加法和乘法使结果变大,减法和除法使结果变小"这一误导性策略,支持了抑制控制模型。

二、抑制效率的年龄差异

从有意抑制的发展轨迹观点看,本研究显示抑制效率的变化可能发生在八至十年级学生中,八年级学生的抑制效率比十年级学生低,后者则与成人的抑制效率相当。这个结果与 Lanoë 等(2016)的结果一致,他们采用的是动词时态变化任务,发现六年级学生的负启动效应比九年级学生和成人大,而九年级学生和成人的负启动效应不存在显著差异。Jiang 等(2019b)也发现八年级学生比大学生在英语过去分词任务上有更大的负启动效应。

关于负启动的年龄差异,目前有 3 种解释。

一是把它看成抑制效率的指标(Borst et al.,2013b),如抑制控制模型所主张的抑制能力是随着年龄增长而增长的(Houdé & Borst,2014,2015)。抑制能力尚未成熟的儿童需要更大的抑制能力来抗拒误导性策略的干扰,从而需要更大的努力来重新激活先前抑制的策略,因而导致比成人大的负启动效应(Borst et al.,2013b)。本研究发现,八年级学生抑制效率低于十年级学生和大学生,而十年级学生和大学生之间则不存在显著差异,这一结果是支持抑制控制模型的。

二是儿童比青少年和成人更经常地遇到直觉法则问题,因而比成人更经常地需要抑制直觉法则,出现了更大的负启动效应(Borst et al.,2013b),换句话说,负启动的年龄差异可能是由抑制频率而不是抑制效率导致的。

三是混合双加工模型(hybrid dual-process)所做的解释。第二种解释与混合双加工模型的解释一致。该模型认为当不一致问题出现时,逻辑反应也可以被自动激活,这与启发式反应类似(Bago & de Neys,2019)。根据这一理论,学生对问题的初始反应取决于逻辑反应和启发式反应的相对激活强度。因此,有些学生能够在第一时间就产生正确的直觉逻辑反应,此时就不需要有意地克服不正确启发式的加工(Bago & de Neys,2017,2019;Pennycook et al.,2015)。按照这个理论解释,本研究中的十年级学生和大学生可能比八年级学生更容易形成正确的逻辑直觉反应,因此对抑制启发式反应的需要较弱。八年级学生的负启动效应反映出其对抑制控制有更强的需要而不是较低的抑制效率。但是本章第二节和第三节的实验显示,十年级学生、大学生与八年级学生在算术运算中的自然数偏差程度是相同的,说明在解决不一致问题时,被试对有意加工的需要是没有年龄差异的。因此，本研究在负启动效应上的年龄差异不能归因于抑制频率。

三、结论

中国学生在算术运算任务中存在自然数偏差。克服算术运算中的自然数偏差需要抑制控制的参与。抑制效率存在年级差异，八年级学生比十年级学生和大学生的抑制效率低。

第六章

克服非符号概率比较中的直觉偏差：
认知抑制的作用

第一节　非符号概率比较中的直觉偏差
研究现状与不足

一、非符号概率比较中的直觉偏差研究现状

概率是对不能通过因果或决定性手段解释事件的一种描述方式，是对事件发生的可能性的一种判断。Fischbein 和 Gazit（1984）认为概率推理是用来处理不确定情境的，在不同的可能性之间进行预测和决策（批判性解释）、问题解决（有目的的行动）以及发展出与决定性思维不同的思维能力。概率思维也是人们在日常生活和工作中常常需要用到的一种素养（Clarke & Beck，2021），如抽奖、天气预报、风险预测等都与概率有关。近年来，概率知识已经成为各国中小学数学课程的重要组成部分，但是研究发现，无论是儿童还是成人，在进行概率判断时均经常受直觉影响而出现错误。

概率判断是指个体能够根据目标在整体中所占的比例做出最优的选择（Spinillo，2002；Szkudlarek & Brannon，2021）。最早对概率思维进行研究的是皮亚杰和英海尔德（Piaget & Inhelder，1951，1975），他们关注的是概率思维和直觉的结构及发展趋势。他们在实验中采用非符号判断任务，给儿童观看两个装有两种颜色芯片的盒子，要求儿童判断从哪个盒子中更可能抽中某种颜色的芯片。结果发现，儿童往往只根据"目标"的数量而不是所占比例进行判断。因此，皮亚杰认为儿童在前运算阶段是不能理解概率的。这种"目标越多，概率越大"是一种受到知觉影响的直觉偏差（*more A-more B* 的直觉法则）。有研究者认为，儿

童在概率上的不佳表现是因为他们的错误概念，即儿童只考虑了元素的数量，而没有考虑不同元素之间的关系（Hoemann & Ross，1971；HodnikČadež & Škrbec，2011）。Falk 等（2012）对 6～12 岁儿童的研究也发现，年幼儿童常常选择目标物最多的集合而忽略了物体的总量。儿童从 8 岁开始注意到各种可能的结果而不只是目标的数量。Alonso-Díaz 等（2018）的研究表明，成人在赌博任务中也倾向于选择有更多目标球的容器，说明非符号概率判断中的直觉偏差具有顽固性，并不会随着年龄增长而消失。

二、非符号概率比较中的直觉偏差的理论解释

双加工理论认为，个体在决策时有两种系统：一种是快速的、无须努力的启发式系统；另一种是缓慢的、受制于工作记忆容量的分析式系统。人们在决策时有一种依赖于启发式系统而不是分析式系统的倾向。根据双加工理论，个体在非符号概率判断任务中出现的只比较目标的绝对频数的错误是基于直觉或启发式加工的结果，而基于比例的判断则需要分析式加工（Gillard et al.，2009b）。但是对于启发式加工和分析式加工在概率比较任务中的作用过程，目前存在不同的解释。平行竞争模型认为，目标球的绝对频数是一种突出的特征，因此加工和比较会自动化，这个加工过程与目标球和非目标球的比例的比较过程是平行进行的。当目标球的绝对频数与比例比较的结果一致时，加工过程就会终止。如果两种过程的结论不一致，就必须解决冲突。此时需要分析式加工介入以抑制启发式反应，但如果抑制失败，就会产生以启发式为基础的错误反应（Babai et al.，2006b；Gillard et al.，2009b）。默认-干预者模型（default-interventional model）则指出，启发式是一种默认的反应模式，启发式加工和分析式加工是序列加工过程，首先个体根据启发式加工做出反应，分析式加工有可能介入也有可能不介入。如果介入，分析式加工就可能对启发式加工做出评价与改变。Gillard 等（2009b）以大学生为被试，采用非符号概率判断任务，要求被试判断两个盒子中哪个盒子抽中目标球的概率更大，在一致条件下，抽中目标球的概率与目标球的数量为协变关系，目标球的数量越多，抽中的概率越大；在不一致条件下，抽中目标球的概率与目标球的数量相冲突，目标球数量越多，抽中的概率越小。一半被试完成 80% 的不一致题，另一半被试完成 80% 的一致题。结果表明，相较于一致题，被试在不一致题上的错误率更高、反应时更长，出现了直觉偏差。对于正确率，不一致试次少的组一致性效应更大，一致题和不一致题上的正确率差异增大，当有 80% 的不一致题时，二者的正确率差异为 18%；当有 20% 的不一致题时，二者的正确率差异为

33%。对于反应时，在有 20% 的不一致题的情况下，被试正确解决不一致题的反应时明显延长，然而在有 80% 的不一致题的情况下，被试不仅正确解决不一致题的反应时延长，而且正确解决一致题的反应时也延长，说明分析式加工介入，研究结果支持默认-干预者模型。

三、非符号概率比较中的直觉偏差研究的不足与改进

（一）非符号概率判断的认知机制

以往研究虽然在儿童和成人中都发现在非符号概率比较任务中会出现启发式偏差，即根据目标的数量而非目标占总体的比例进行判断，却很少有研究探讨其背后的认知机制。虽然双加工理论提出分析式加工的介入抑制了启发式反应，但缺少直接的证据。因此，本研究的第一个目的是从抑制控制模型出发，采用负启动实验范式探讨抑制控制在克服非符号概率比较任务中的直觉偏差的作用。

（二）非符号概率比较任务的不足与改进

以往关于非符号概率判断的研究多采用二择一的迫选任务范式（two alternative forced-choice，2AFC）。给被试呈现有两个容器的图片，每个容器中都装有一定数量的两种颜色（如红色和蓝色）的小球，要求被试选择哪个容器中最可能抽出某种颜色（如红色）的小球。有学者认为这种任务可能会将儿童的注意力吸引到具有目标颜色的小球上（Spinillo，2002），从而使其做出错误的选择。此外，即使被试在 2AFC 任务上做出了正确选择，我们也难以确定他们是基于概率还是基于部分比部分的比例策略做出选择。例如，对于下面的概率问题：

A 盒中有 7 个白球和 4 个红球，B 盒中有 5 个白球和 2 个红球。请问哪个盒子中更可能抽到一个白球（目标颜色）？

由于盒子中只有两种颜色的球，被试既可以基于概率[即 A：$7 \div (7+4) = 7/11$，B：$5 \div (5+2) = 5/7$]做出正确选择，也可以通过比例策略[即 A：$7 \div 4 = 1.75$，B：$5 \div 2 = 2.5$]得出正确答案。也就是说，被试可能使用错误的策略（即部分比整体策略以外的策略）来获得正确的答案（Supply et al.，2020）。

Supply 等（2020）指出，只包含两种颜色的 2AFC 任务在现实生活中是很少见的，如贩卖棒棒糖的机器里往往包含两种以上颜色的糖果。他们发现 5～9 岁的儿童在 3 种颜色任务上（即一种想要的颜色、两种不想要的颜色）的表现显著差于两种颜色任务，说明儿童在概率比较任务上依然感觉困难。Denison 和 Xu（2014，实验 3）给婴儿呈现两个容器：其中一个容器中有婴儿喜欢的 8 个物体、不喜欢

的 12 个物体和 2 个中性物体；另一个容器中有婴儿喜欢的 8 个物体、不喜欢的 8 个物体和 64 个中性物体。结果显示，婴儿基于比例而非数量比较做出了正确选择（即 8/22>8/80），因为两个容器中所包含的婴儿喜欢的物体数量是相同的。由于婴儿研究和儿童研究中所使用的概率判断任务有很大不同，包含不止一种干扰因素的任务是如何影响人们做出概率判断的，尚不清楚。因此，本研究的第二个目的是设计包含一种以上干扰项目的概率比较任务，以促进被试使用部分-整体的比例策略，来进一步考察成人在概率比较任务中是否依然会出现"目标越多，概率越大"的直觉偏差。

（三）非符号概率比较任务中的距离效应

概率是用分数来表示的。研究发现，分数比较中存在距离效应，即随着两个分数之间的距离增大，分数比较的错误率会下降，或者反应时会延长。最初研究者是在符号分数比较任务中发现距离效应的，近年来在非符号比较任务中也发现了距离效应（Matthews & Chesney，2015）。距离效应在非符号概率比较任务中依然存在。例如，O'Grady 和 Xu（2020）发现，7~12 岁的儿童在非符号概率比较任务中出现明显的距离效应，随着两个概率之间的距离变大，儿童的表现越来越好。Alonso-Díaz 等（2018）发现，成人在非符号概率比较任务上存在整数偏差，整数偏差随着两个概率之间的距离增大而减小。在他们的研究中，两个概率之间的距离被设置为 0~0.38，这个区间在分数比较任务中属于小距离（Dewolf & Vosniadou，2015）。综上所述，以往关于概率任务的研究中两个概率之间距离设置的标准不一，因此，本研究的第三个目的是采用分数比较任务中的距离标准，考察距离对成人在非符号概率比较任务中直觉偏差的影响，最后，还考察抑制控制在克服不同距离非符号概率比较任务中的直觉偏差的作用。

第二节　抑制控制在克服非符号概率比较中的直觉偏差中的作用：一项发展性负启动研究

一、实验目的

本研究采用负启动实验范式，探讨儿童和成人在克服非符号概率比较任务中的误导性策略时是否需要抑制控制的参与，以及抑制效率是否会随着年龄的增长而提高。如果儿童和成人在克服非符号概率比较任务中的误导性策略时都需要抑制控制的参与，那么儿童和成人都会出现负启动效应。如果抑制控制效率会随着年龄的增长而提高，那么成人的负启动量会小于儿童。

二、实验方法

（一）被试

儿童被试为深圳市一所普通小学的六年级学生，共 38 名，其中男生 22 名，女生 16 名，平均年龄为 11.1±0.7。成人被试为深圳大学在校大学生，共 32 名，其中男生 15 名，女生 17 名，平均年龄为 19.8±1.5 岁。所有被试视力或矫正视力正常，无色盲，从未参加过此类型实验。

（二）实验材料

实验材料主要分为两部分。第一部分为实验任务图片，分为一致项目、不一致项目和中立项目。图片中有两个盒子，盒子中有不同数量的绿球和黄球，问被试哪个盒子中抽取到绿球的概率大？一致项目是绿球的数量与抽取到绿球的概率协变，如绿球数量多抽取到绿球的概率大（例如，左边盒子有 2 个绿球和 3 个黄球，右边盒子有 1 个绿球和 3 个黄球）；不一致项目是绿球的数量与抽取到绿球的概率相互干扰，如绿球数量不同，但抽取到绿球的概率相同（例如，左边盒子有 6 个绿球和 4 个黄球，右边盒子有 3 个绿球和 2 个黄球）；中立项目是与概率无关的问题。第二部分为缓冲图片，是从中性情绪图片库中选取的 60 张实物图片，经过灰阶处理，用于间隔两种实验条件。所有实验图片采用灰底黑线，经 Adobe Photoshop CS6 软件处理，保证大小、明暗及对比度等属性保持基本一致。最终的实验材料中，一致图片共 60 张，不一致图片共 30 张，中立图片共 30 张。

（三）实验设计

采用 2（实验类型：测试条件、控制条件）×2（年龄：儿童、成人）的混合实验设计，自变量为实验类型和年龄，实验类型是组内变量，年龄是组间变量，因变量为正确率及反应时。采用负启动实验范式，在测试条件下，启动阶段呈现不一致问题，探测阶段呈现一致问题；在控制条件下，启动阶段呈现中性问题，探测阶段呈现一致问题。实验采用伪随机设计，即同种条件下的试次不连续出现 3 次或者 3 次以上，测试条件与控制条件下的项目完全随机呈现，这有助于平衡实验条件间的顺序效应以及消除被试的习惯化反应。

（四）实验程序

被试以舒适自然的姿势坐在距离电脑屏幕约 60cm 处，实验开始前向被试呈现如下指导语：

> 实验开始时，电脑屏幕上会出现一个"+"号，提醒你准备开始实验。接着会出现一张图片，图片里有两个盒子，每个盒子里装有不同数量的绿球和黄球。下方有一道关于从左右两个盒子中抽取到绿球的概率的问答题，如"左边比右边抽取到绿球的概率大？"（给六年级学生做实验时，"概率"一词均换成"可能性"）。如果问答题正确，请按"F"键，如果问答题错误，请按"J"键。当图片里是两个"#"号时，其中一个"#"号有下划线"#"，你只需要判断有下划线的"#"号是在左边还是在右边，如果在左边，请按"F"键，如果在右边，请按"J"键。请仔细阅读题目，认真作答，把两手食指分别放在"F"键和"J"键上。题目作答有时间限制，如果没有及时作答将直接跳到下一题，请又快又准地作答。明白指导语后，请按空格键进入练习阶段。

实验者按空格键后开始练习。练习包括 3 个试次，分为 2 个测试试次和 1 个控制试次，每次判断过后均有正误反馈，以帮助被试充分了解实验过程。练习结束后，主试询问被试是否完全理解实验任务，若有疑问则返回练习，若理解则进入正式实验。

正式实验阶段，电脑屏幕上会呈现一个 800ms 的红色"+"注视点，提示被试实验开始。随后将出现一张图片，被试根据图片的内容进行按键反应，图片呈现的时间为 8000ms（六年级学生则改为 10 000ms），若没有在规定的时间内作答，将进入下一阶段。之后呈现 500ms 的空白屏。再出现一张图片，被试根据图片的内容进行按键反应，图片呈现的时间为 8000ms（六年级学生则改为 10 000ms），若没有在规定的时间内作答，将进入下一阶段。最后呈现缓冲图片，时长为 800ms，随后进入下一试次。在整个实验过程中，计算机会记录被试的正确率和反应时，具体实验流程见图 6-1。

三、实验结果

错误率高于 50% 的被试数据不进入统计分析，反应时在正负 3 个标准差以外的数据被剔除，剔除率为 0.4%。只有在启动阶段和探测阶段都正确作答的

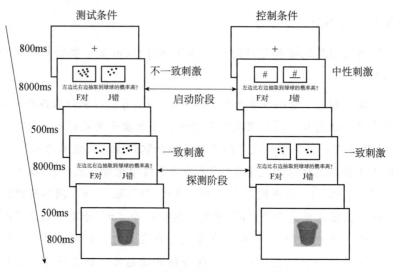

图 6-1 非符号概率比较任务的实验流程图

反应时进入统计分析，据此删除 15.0% 的数据。对于小学六年级学生，无效被试有 4 名，有效被试 34 名，其中男生 20 名、女生 14 名，平均年龄为 11.1 岁。对于在校大学生，无效被试为 2 名，有效被试为 30 名，其中男生 14 名、女生 16 名，平均年龄为 20.1 岁。对整理过的数据进行统计，结果见表 6-1。对于正确率和反应时数据，进行 2（实验类型：测试条件、控制条件）×2（年龄：儿童、成人）的重复测量方差分析，并报告重复测量方差分析效果量 η^2 以及 t 检验效果量 Cohen's d。

表 6-1 儿童和成人在测试条件及控制条件下的反应时（ms）和正确率（%）（$M \pm SD$）

实验条件		反应时		正确率	
		儿童	成人	儿童	成人
测试条件	启动阶段	5358.86±1089.88	3213.64±788.07	84.80±0.14	89.55±0.08
	探测阶段	5139.67±1213.85	3211.39±748.49	89.51±0.11	94.67±0.04
控制条件	启动阶段	1008.10±279.87	729.45±122.10	99.61±0.01	99.94±0.00
	探测阶段	4861.89±1093.35	3079.09±689.88	87.74±0.10	93.83±0.04

对于探测项，在正确率上，年龄的主效应显著，$F(1, 62)=1.82$，$p<0.05$，$\eta^2=0.12$，儿童的正确率（88.6%）显著低于成人的正确率（94.2%）；实验类型的主效应不显著，$F(1, 62)=2.99$，$p>0.05$，$\eta^2=0.05$；年龄和实验类型的交互效应不显著，$F(1, 62)=0.39$，$p>0.05$，$\eta^2=0.01$。

在反应时上，年龄的主效应显著，$F(1, 62)=60.23$，$p<0.05$，$\eta^2=0.49$，儿

童的反应时（5000.78ms）显著高于成人的反应时（3145.24ms）；实验类型的主效应显著，F（1，62）=16.14，$p<0.05$，η^2=0.21，测试条件下的反应时（4175.53ms）显著高于控制条件下的反应时（3970.49ms），表明出现了负启动效应。通过比较儿童和成人的负启动效应发现，儿童在测试条件下的反应时（5139.67ms）显著长于其在控制条件下的反应时（4861.89ms），t（33）=3.12，$p<0.05$，d=0.25，负启动量为277.78ms。成人在测试条件下的反应时（3211.39ms）显著长于其在控制条件下的反应时（3079.09ms），t（29）=3.29，$p<0.05$，d=0.19，负启动量为132.30ms（图6-2）。对儿童和成人的负启动量进行对比，发现儿童的负启动量显著大于成人，t（62）=1.43，$p<0.05$，d=0.66。

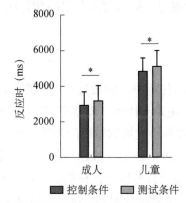

图 6-2　探测阶段儿童和成人在测试条件及控制条件下的反应时

四、讨论

本研究探讨了儿童和成人在非符号概率比较任务中是否需要克服"目标越多，概率越大"的误导性策略，发现无论是儿童还是成人，相较于控制条件，其在测试条件下的探测项上的反应时均较长，出现了负启动效应。测试条件与控制条件的唯一差别在于启动项：在测试条件下，被试在启动阶段完成不一致概率比较任务时需要抑制"目标越多，概率越大"的启发式策略；在控制条件下，启动项与概率任务无关，因此被试既不需要抑制也不需要激活"目标越多，概率越大的策略"，被试在控制条件下的探测项（一致问题）上的表现可被视为完成一致概率比较问题的基线。相较于控制条件，被试在测试条件下的探测项上的表现较差，说明当在启动项上抑制了"目标越多，概率越大"的误导性策略后，在探测阶段重新激活该策略需要付出代价，表现为反应时的延长。当然，本研究也有一个不足，即中立项的设置是两个"#"号，要求被试判断哪个"#"号下面有下划线，这个任务与概率比较任务在知觉形式上的差异较大，需要在后续的研究中进行改进。

本研究也发现，儿童在非符号概率比较任务中的负启动量（277.78ms）显著大于成人（132.30ms），说明相比于成人，儿童在非符号概率比较任务中的抑制效率更低。由于不同研究所采用的任务不同，儿童与成人的抑制控制效率是否有发展性差异的结果不一，因此，我们推测儿童与成人在抑制效率上的差异是特异性的，即受到任务的影响。

第三节　成人在非符号概率比较中的直觉偏差：基于多干扰项的研究

一、实验目的

本章第二节采用的概率任务中，刺激只有两种颜色，无法区分被试是基于概率（即部分-整体）策略还是基于比例（即部分-部分）策略进行的推断。同时，刺激所包含的数量较少，容易引发被试数数的策略，从而导致较大的"目标越多，概率越大"的直觉偏差。此外，在不一致题目的设计中采用的是等概率的题目，虽然与直觉策略不符，但是没有考察"目标越多，概率越小"的情况。为克服上述不足，本研究采用 3 种或 4 种颜色材料，以促进被试采用部分-整体策略的概率推理，同时改进中立项，使之与其他材料在知觉上更为相似。本研究假设："目标越多，概率越大"是一种顽固性的直觉偏差，相对于一致问题，大学生在解决"目标越多，概率越小"的不一致问题时会出现更高的错误率或者更长的反应时。

二、实验方法

（一）被试

被试为深圳大学本科生。依据 GPower 3.1 进行计算，在效应量 f=0.25、双侧检验 a=0.05、统计检验力 $1-\beta$=0.80 的条件下进行分析，需要 34 名被试。本研究共施测在校大学生 38 名，其中男生 16 名，女生 22 名，平均年龄为 21.63±2.59 岁。

（二）实验材料

本研究涉及的数字对的数字距离与 Obersteiner 等（2020）关于分数距离的设置一致（M=0.14；range=0.09～0.16）。材料以非符号的形式呈现，如图 6-3 所示。

每个图像由两个盒子组成，中间用黑线隔开，每个盒子里装有不同数量的彩球。图片通过 matlab R2018a 软件生成，彩球分别呈现在盒子的中间位置，共有红、蓝、绿、紫 4 种颜色，RGB 颜色参数分别为[255，51，0]、[51，153，255]、[51，204，51]、[204，0，255]。为降低被试判断时的难度，减少数目、顺序和位置对题目的影响，本研究中的 4 种彩球依次排列，目标球在最上方，非目标球由其余 3 种颜色球随机组成，每行彩球数目不超过 10 个。

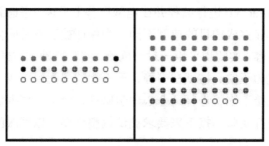

图 6-3　非符号概率图例

注：●蓝色　○红色　◉紫色　⊗绿色，下同

本研究设计了两种类型的题目，分别是一致题和不一致题。其中，一致题指的是目标球数量多，抽到的概率大，如图 6-4（a）所示，"F 盒"里装了 27 个球，包含 19 个蓝球和 8 个非目标球，抽取一个蓝球的概率是 0.70；"J 盒"里装了 29 个球，包含 16 个蓝球和 13 个非目标球，抽取一个蓝球的概率是 0.55；"F 盒"中的蓝球数目多于"J 盒"，同时"F 盒"中抽到蓝球的概率也大于"J 盒"。不一致题指的是目标球的数量多，抽到的概率小，如图 6-4（b）所示，"F 盒"里装了 20 个球，包含 11 个紫球和 9 个非目标球，抽取一个紫球的概率是 0.55；"J 盒"里装了 36 个球，包含 18 个紫球和 18 个非目标球，抽取一个紫球的概率是 0.50；"F 盒"中的紫球数目少于"J 盒"，但是"F 盒"中抽到紫球的概率大于"J 盒"。

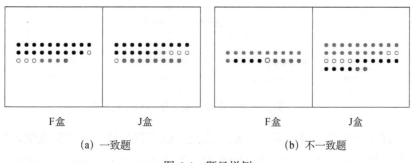

F盒　　　　　J盒　　　　　　　F盒　　　　　J盒

（a）一致题　　　　　　　　　（b）不一致题

图 6-4　题目样例

（三）实验设计

实验采用单因素被试内设计，其中，实验条件（一致、不一致）为被试内变量，被试在一致、不一致条件下的反应时和错误率为因变量。实验采用伪随机设计，即同种条件下的试次（一致/不一致）不连续出现 3 次或者 3 次以上。

（四）实验程序

实验通过 E-prime 3.0 进行编程并在电脑屏幕上呈现。考虑到数学题目的特殊性，不同被试理解和完成题目的速度不同，为保证被试不受同伴的干扰、充分了解实验的要求和内容，实验均采用一对一施测。实验前确定被试无色盲或者色弱，且视力或者矫正视力正常。被试在安静、无干扰的房间内完成实验。开始实验之前，主试告知被试接下来将进行一个心理学研究，请被试根据提示进行选择，征得被试的同意后进行实验。接下来要求被试调整坐姿，以舒服的姿势坐在电脑前并了解指导语。

主试告知被试，实验中屏幕上会依次出现 3 种类型的图片，首先电脑屏幕上出现一个"+"号注视点，提醒被试实验开始。接下来会出现一个彩球，它是目标球，可能是红、蓝、绿、紫球中的任意一种。接着呈现一张图片，要求被试在此处进行判断，向被试说明有 F 和 J 两个盒子，里面分别装了不同数量的彩球，被试需要选择最有可能拿到目标球（红、蓝、绿、紫球）的盒子。具体流程详见图 6-5。盒子的名称与被试要做出反应的按键相对应，指导语阶段会注明盒子名称，但在具体的实验中不标注。如果选择从 F 盒中更有可能拿到目标球，按"F"键；如果选择从 J 盒中更有可能拿到目标球，按"J"键。为减少对"概率"一词理解的影响，主试在说明中尽量避免提及"概率"一词，而是询问被试"选择哪一个袋子更有可能拿到目标球"。当屏幕上呈现其他无关图片时，要求被试不做任何反应。

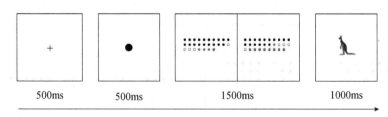

图 6-5　多干扰项的非符号概率任务实验流程图

在正式实验开始之前会有一个练习阶段，以确保被试了解实验规则，练习阶段会提供正误反馈，正式实验阶段则没有。开始进入练习阶段前，要求被试将左手的食指放在键盘的"F"键上，将右手的食指放在键盘的"J"键上。实验过程中要求被试仅用左、右手的食指按键，双手不要离开键盘，要又快又准地做出选择。被试通过按回车键进入练习阶段，该阶段共有 8 个试次，一致题、不一致题各 4 道，左右按键的比例为 1∶1，练习阶段正确率达到 50% 才能进入正式实验阶段，并且练习阶段的题目不会出现在正式实验中。

练习结束后，要求被试完成 56 个实验试次，一致题和不一致题各 28 个。进入正式实验前，屏幕上会出现 3s 的倒计时，接着出现"GO"字母，然后屏幕上会出现一个持续 500ms 的注视点"+"号，紧接着呈现 500ms 的目标球提示，接下来呈现持续 1500ms 的一致题或不一致题，随之呈现 1000ms 的掩蔽刺激（一张中性图片）。

三、实验结果

首先剔除一致或不一致条件下反应时在正负 3 个标准差以外的数据，结果未发现这类数据。被试在一致条件、不一致条件下的错误率和反应时如表 6-2 所示。

表 6-2　大学生在不同类型题目上的错误率（%）和反应时（ms）（$M \pm SD$）

类别	错误率	反应时
一致题	21.62±13.36	877.03±180.13
不一致题	32.99±16.78	923.45±163.51

对一致题、不一致题的错误率进行配对样本 t 检验，结果表明，被试在不一致题上的错误率（32.99%）显著高于在一致题上的错误率（21.62%），$t(37)=2.93$，$p<0.01$，Cohen's $d=0.48$，说明个体在非符号概率比较任务中存在直觉偏差现象。

对一致题、不一致题上的反应时进行配对样本 t 检验，结果发现被试在不一致题上的反应时（923.45ms）显著长于一致题上的反应时（877.03ms），$t(37)=4.32$，$p<0.001$，Cohen's $d=0.70$，说明个体完成非符号概率比较任务时存在直觉偏差。

四、讨论

本研究采用经典的"摸球"任务，让大学生在两个盒子里面选择哪个盒子中抽到目标球的概率更大。对一致题、不一致题的错误率和反应时进行分析，发现相较于一致题，不一致题上的反应时更长、错误率更高，说明反应时的延长未导致正确率的提高，排除了速度-准确率权衡。

被试在一致题与不一致题上表现出的差异说明，大学生在完成非符号概率比较任务时会受到目标球数量的干扰，尝试用目标球数目的绝对频数替代概率大小的选择，从而导致反应时的增长及错误率的提高。因此，本实验结果表明，即便是已经成年的大学生，在完成非符号概率比较任务时也会受到目标球数目的干扰，出现目标球越多、则抽到目标球概率越大的直觉偏差。大学生被试在非符号概率比较任务中的正确率不容乐观，在不一致题上的错误率达到 30%，即便是在相对简单的一致题上的错误率也达到 20%。大学生的错误率偏高，可能是由两个非符号概率之间距离较小所致。本研究中的材料设计是基于 Obersteiner 等（2020）的数字对设计的，数字对之间的比例均值为 0.14，范围在 0.09～0.16，按照距离大小定义（Dewolf & Vosniadou，2015），0.3 以下的比例距离差值属于小距离范畴。本研究中，可能小距离非符号概率比较任务的难度更大，从而导致被试的错误率提高，出现更大的直觉偏差。先前的研究也显示，非符号概率比较中存在距离效应，即随着两个比例之间的距离增大，直觉偏差会减小。下一节将考察大学生在完成非符号概率比较任务时是否存在距离效应。

第四节　距离对非符号概率比较任务中的
直觉偏差的影响

一、实验目的

本研究考察距离对非符号概率比较任务中直觉偏差的影响，并假设距离对直觉偏差有调节作用，小距离将比大距离导致更大的直觉偏差。

二、实验方法

（一）被试

被试为深圳大学本科生，之前未参与类似或相关的实验研究。依据 GPower 3.1 进行计算，在效应量 $f=0.25$、双侧检验 $a=0.05$、统计检验力 $1-\beta=0.80$ 的条件下进行分析，需要 24 名被试。本研究共施测在校大学生 32 名，其中男生 10 名，女生 22 名，平均年龄为 20.3±1.7 岁。

（二）实验材料

实验材料为自编材料，非符号概率的图片组成本章第三节的实验，左、右两个盒子分别装有不同数量的彩球，盒子之间用黑线隔开。通过 matlab R2018a 软件生成图片，彩球居中呈现，共有红、蓝、绿、紫 4 种颜色，其 RGB 颜色参数同本章第三节。

抽到目标球的概率是目标球的数目除以彩球的总数。如果左、右两边盒子中抽到目标球的概率分别是 a/b 和 c/d，那么这个数字对之间的距离大小为 a/b−c/d。数字对距离差值范围在 0.30 以内为小距离，差值范围在 0.30~0.55 为大距离（Dewolf & Vosniadou，2015）。本研究中，小距离条件下的一致、不一致数字对距离范围是 0.08~0.28，小距离范围的平均值为 0.18；大距离条件下的一致、不一致数字对距离范围是 0.35~0.54，大距离范围的平均值为 0.45。

本研究设计了两种类型的题目，分别是目标球数量多、抽到概率大的一致题和目标球数量多、抽到概率小的不一致题。材料共分为小距离一致、小距离不一致、大距离一致、大距离不一致四种类型，设计材料时考虑的因素如下：①每种类型左右盒子的概率不同，目标球数目不重复；②不同类型的数字对即便概率大小相同，目标球和非目标球的组成也不同；③为了方便被试计算，单个盒子中的彩球总数不超过 50 个；④为了避免被试寻找规律或者方法解答问题，材料中没有涉及左、右两边盒子中的彩球总数相等，或者单个盒子中的彩球总数是整数的情况；⑤目标球的颜色在四种类型的题目之间进行了平衡。

（三）实验设计

本实验采用 2（距离：大、小）×2（题目类型：一致、不一致）的被试内实验设计。距离和题目类型均为被试内变量，被试在一致、不一致条件下的反应时和错误率为因变量。实验分为 2 个区组，区组之间设置 1min 的休息时间，以减少之前题目的影响和被试的做题疲劳。为消除距离大小顺序对被试的影响，一半被试先完成大距离条件下的任务，另一半被试先完成小距离条件下的任务。为了平衡不同题目类型间的顺序效应，避免被试产生练习效应，实验中的所有区组均采用伪随机设计，即相同条件下的试次不会连续出现 3 次或者 3 次以上，一致条件与不一致条件下的试次完全随机呈现。实验在左、右按键之间进行了平衡。

（四）实验程序

本实验通过 E-prime 3.0 进行实验编程并在电脑屏幕上呈现。考虑到个体对数学题目理解速度的差异以及避免团体施测造成同伴之间的压力和干扰，本实验均在安静、无干扰的房间内一对一施测，确保被试能理解实验的指导语，同时有针对性地进行解释说明。实验前确定被试的视力或者矫正视力正常，无色盲或者色弱。实验前征得被试同意，主试向被试说明实验的类型和任务，要求被试保持舒服、自然的坐姿进行实验。

主试告知被试本次实验考察左、右盒子中哪边取到目标球的可能性更大，接着呈现如下指导语：

在实验中，屏幕上会出现四种类型的图片，首先屏幕中间出现注视点"+"，提醒你实验开始。接着出现一个彩球（红、蓝、绿、紫中的一种），它代表目标球。然后你需要判断：从哪边取到目标球的可能性更大？如果是左边，请按"F"键；如果是右边，请按"J"键。最后，屏幕上会出现一张无关图片，此时不需要你做任何反应，只是提醒你本次作答完毕，即将进入下一轮作答。

实验要求被试在 3s 内又快又准地作答。如果被试已经明白实验要求，则按回车键进入下一屏；如有不明白的地方，主试将进一步说明。主试告知被试，需要通过练习阶段才能进入正式实验阶段，以保证被试明白实验要求，练习阶段会提供正确或者错误的反馈，正式实验阶段没有反馈提示。开始练习之前，要求被试将左、右手食指放在对应按键，实验过程中食指不能随意离开键盘，尽量避免撩头发、扶眼镜等动作。

练习阶段共有 8 个试次，包含一致题、不一致题各 4 道，题目之间进行了颜色和按键的平衡，练习阶段需正确率要达到 50%才能进入下一阶段，练习阶段的题目与正式实验的题目不会重复。正式实验阶段，被试需要完成 32 个试次，每个区组共 16 个试次，一致题和不一致题各 8 道。被试完成 1 个区组后休息 1min，之后可以选择继续休息或者进入下一阶段的实验。反应图片的呈现时间调整为 3000ms，注视点、目标球、掩蔽刺激等呈现时间与本章第三节的实验相同。E-prime 3.0 将自动记录被试的反应时和正确率。具体流程图详见图 6-6。

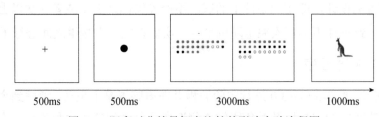

图 6-6   距离对非符号概率比较的影响实验流程图

三、实验结果

有 1 名被试在小距离不一致任务上的错误率达 57%，高于随机水平，因而被剔除。有效被试为 31 名（男生 9 名、女生 22 名），平均年龄为 20.4±1.8 岁。被试在不同距离条件下完成一致题、不一致题的错误率和反应时见表 6-3。

表 6-3 大学生在不同距离任务上的错误率（%）和反应时（ms）（$M \pm SD$）

距离	任务类型	错误率	反应时
大距离	一致	0.81±4.49	772.87±158.93
	不一致	3.23±5.56	815.89±179.61
	偏差	2.48±6.08	34.80±74.11
小距离	一致	13.31±14.41	987.72±293.15
	不一致	8.06±13.52	1046.99±312.74
	偏差	−5.36±19.19	67.13±92.06

注：偏差=不一致−一致

错误率的分布不符合正态分布，故采用非参数检验。威尔科克森符号秩检验结果表明，小距离一致任务上的错误率显著高于大距离一致任务（$Z=-3.94$，$p<0.001$），小距离不一致任务上的错误率高于大距离不一致任务，达到边缘显著（$Z=-1.92$，$p=0.055$）。大距离一致任务上的错误率显著低于大距离不一致任务（$Z=-2.12$，$p<0.05$），但是小距离一致任务和不一致任务上的错误率差异不显著（$Z=-1.54$，$p>0.05$）。

反应时的分布符合正态分布，对其进行 2（距离：大、小）×2（题目类型：一致、不一致）的重复测量方差分析，结果表明，距离的主效应显著，$F(1,30)=46.63$，$p<0.001$，$\eta^2=0.61$，事后检验表明，小距离任务中的反应时（1017.36ms）长于大距离任务（794.38ms）。任务类型的主效应显著，$F(1,30)=17.30$，$p<0.001$，$\eta^2=0.37$，不一致任务中的反应时（931.44ms）长于一致任务（880.30ms）。距离和任务类型的交互效应不显著，$F(1,30)=0.61$，$p>0.05$，$\eta^2=0.02$。

四、讨论

本研究发现，距离会影响成人在非符号概率比较任务中的表现，被试在大距离条件下的错误率低于小距离条件，两个比例之间差异较大，更有利于被试做出大小判断。从反应时来看，无论是大距离条件还是小距离条件，大学生在不一致问题上花费的时间更长，说明直觉偏差是稳定存在的。无论是一致任务还是不一致任务，被试完成小距离任务的反应时比完成大距离任务的反应时都长，说明小距离增加了任务的难度，当两个比例之间的差异较小时，被试进行比较时较为困难，需要花费更多的时间。

第五节　抑制控制在克服非符号概率比较中的直觉偏差中的作用：距离的调节作用

一、实验目的

本章第四节的研究表明，成人在不同距离条件下，在非符号概率比较任务中均存在"目标越多，则概率越大"的直觉偏差，被试在不一致问题上的反应时长于一致问题、错误率也高于一致问题。双加工理论认为，个体在不一致问题上的反应时增长或错误率提高是由于其要抑制启发式策略的误导而付出的认知代价，但这种结果也可能是由任务难度导致的，解决复杂问题需要更多的时间，也更容易犯错。因此，本研究采用负启动范式，考察抑制控制在克服非符号概率比较任务中的直觉偏差中的作用。如果成人在克服非符号概率比较任务中的直觉策略时需要抑制控制的参与，那么其在不同距离条件下的非符号概率比较任务中都会出现负启动效应。

二、实验方法

（一）被试

被试为深圳大学本科生，之前未参与类似或相关的实验研究。采用 GPower 3.1 进行计算，在效应量 $f=0.25$、双侧检验 $a=0.05$、统计检验力 $1-\beta=0.80$ 的条件下进行分析，需要被试 24 名。共施测在校大学生 36 名，其中男生 10 名，女生 26 名，平均年龄为 20.1 ± 1.2 岁。

（二）实验材料

实验材料包含一致题、不一致题、中立题 3 种题型。其中，一致题和不一致题与本章第四节的实验材料相同，中立题的呈现形式和流程与一致题、不一致题类似。如图 6-7 所示，中立题由两个盒子组成，中间用黑线隔开，左、右盒子中的彩球数量保持不变，分别装 40 个（5 行 8 列）单色彩球。被试需判断左、右两边盒子中的彩球颜色是否相同。中立题中的彩球颜色共 4 种，彩球颜色参数设置同本章第四节的实验。为了避免被试混淆不同类型的任务，本实验中的中立题图片下方均标注"是""否"字样，一致题、不一致题下方均标注"左""右"字样。

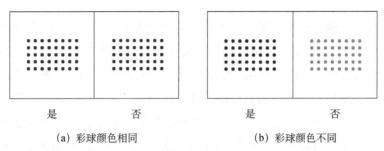

(a) 彩球颜色相同　　　　　　　(b) 彩球颜色不同

图 6-7　中立题示例

（三）实验设计

实验采用 2（距离：大、小）×2（实验条件：测试、控制）的被试内实验设计。自变量为距离和实验条件，因变量为反应时和错误率。实验分为测试条件和控制条件。在测试条件下，被试先完成目标球多但概率小的不一致题，再完成目标球多且概率大的一致题。此时，被试如果想要成功解决非符号概率的不一致题，则需要抑制"目标越多、概率越大"的直觉策略，启动比例策略；随后，被试要解决一致问题，则需要重新启动之前被抑制的直觉策略，这一过程的认知代价是通过反应时的增长或者错误率的提高来表现的。在控制条件下，被试先完成左、右两边颜色是否相同的中立题，再完成一致题。此时，被试解决中立题的时候不需要激活或抑制"目标越多，概率越大"的策略；接着被试在解决一致题的时候可以直接启动直觉策略，此时被试在一致题上的反应可被看作基线，如果被试在控制条件下的反应时长于或者错误率低于测试条件，则出现了负启动效应。

为了平衡不同类型题目之间的顺序效应，避免被试产生练习效应，测试条件和控制条件下均采用伪随机设计，即相同条件下的试次不会连续出现 3 次或者 3 次以上，测试条件、控制条件下的试次则完全随机呈现。本实验的其他设计同本章第四节的实验：①实验包括两个区组，下一个区组开始之前被试会有 1min 的休息时间；②一半被试先在大距离条件下参与实验，另一半被试则先在小距离条件下参与实验；③实验对被试的左、右按键进行了平衡。

（四）实验程序

实验通过 E-prime 3.0 进行编程并在电脑屏幕上呈现。为减少其他无关因素影响，更好地让被试了解实验内容并及时作答，实验采用一对一施测，并在安静、无打扰的房间内进行。实验开始之前征得被试同意，确定被试无色盲、色弱，视力或矫正视力正常。

开始实验之前，告知被试接下来要完成两种类型的任务，当电脑屏幕上出现注视点"+"时提示被试开始实验。第一类任务是：如果注视点"+"呈现之后出现的是一个目标球（可能是红球、蓝球、绿球、紫球中的一种），被试需要判断从哪边更有可能抽到刚刚出现的目标球，并进行对应的按键反应；当出现其他不相关的黑白图片时，则不用进行反应。第二类任务是：注视点"+"呈现之后屏幕上会出现一个黑色的五角星，此时被试需要判断左右两边彩球的颜色是否相同，如果是相同颜色则按"F"键，如果不是相同颜色则按"J"键；当出现黑白图片时，被试无需做出反应。开始实验之前询问被试是否了解实验的要求和任务，确定被试清楚相应内容之后进入练习阶段。

练习阶段共有 10 个试次，其中一致题和不一致题各 4 道、中立题 2 道，题目之间进行了颜色和按键的平衡，练习阶段正确率需要达到 70% 才能进入正式实验阶段，练习阶段已出现的一致题、不一致题不会重复出现在正式实验中。正式实验阶段的测试条件下，先呈现 500ms 的注视点"+"，接着呈现 500ms 的目标球，再呈现 3000ms 的不一致题，随后呈现 500ms 的注视点"+"，再呈现 3000ms 的一致题，最后呈现 1000ms 的掩蔽刺激（中性图片）；在控制条件下，先呈现 500ms 的注视点"+"，接着呈现 500ms 的黑色五角星，再呈现 3000ms 的中立题，随后呈现 500ms 的注视点"+"，再呈现 3000ms 的一致题，最后呈现 1000ms 的掩蔽刺激（中性图片）。具体流程见图 6-8。正式实验有 2 个区组，共计 32 个试次，大、小距离条件下分别有 16 个试次，测试条件、控制条件下各 8 个试次。不同区组之间，被试可以休息 1min，如果被试还需要调整状态，则可以选择继续休息。被试的反应时及错误率由 E-prime 3.0 自动记录。

三、实验结果

考虑到控制条件下被试完成中立题需要对左、右两边彩球的颜色属性是否相同做出判断，题目难度较小，因此将中立题正确率低于 50% 的 2 名被试剔除。还有 1 名被试同时在测试一致小距离（87.5%）和控制一致小距离（87.5%）中的错误率高于 50% 而被剔除。最终纳入分析的被试共 33 名，其中男生 9 名，女生 24 名，平均年龄为 20.1±1.2 岁。正负 3 个标准差以外的数据被剔除，剔除率为 0.09%。

被试在不同距离条件、测试条件和控制条件下，在启动项、探测项上的错误率和反应时如表 6-4 所示。

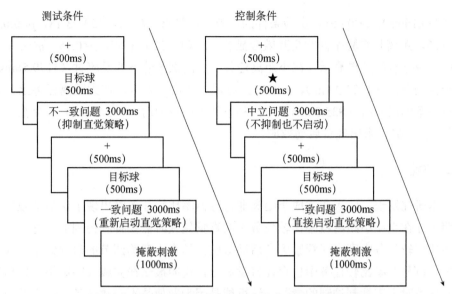

图 6-8　基于非符号概率比较任务的负启动实验流程图

表 6-4　大学生在启动项与探测项上的错误率（％）和反应时（ms）（$M \pm SD$）

项目		错误率	反应时
启动项	测试大距离（不一致）	3.79±7.32	866.02±168.38
	测试小距离（不一致）	7.20±8.86	1171.11±286.35
	控制（中立）	2.08±3.00	701.41±153.64
探测项	测试大距离（一致）	0.38±2.18	835.06±197.12
	测试小距离（一致）	12.50±10.36	1179.56±317.32
	控制大距离（一致）	0	843.26±175.53
	控制小距离（一致）	13.64±10.53	1127.99±327.95
探测项	负启动量（大距离）	0.38±2.18	−8.21±75.75
	负启动量（小距离）	−1.14±11.42	51.57±112.28
	偏差（大距离）	3.79±7.32	22.76±98.71
	偏差（小距离）	−6.44±13.67	43.12±160.75

　　对探测项进行分析发现，错误率的分布不符合正态分布，因此做威尔科克森符号秩检验，结果表明，在大距离任务中，测试条件下的错误率（0.38%）高于控制条件（0%），Z=−1.00，p>0.05。在小距离任务中，测试条件下的错误率（12.50%）与控制条件下的错误率（13.64%）不存在显著差异，Z=−0.59，p>0.05。

　　反应时的分布符合正态分布，对其进行 2（距离：大、小）×2（实验条件：测试、控制）的重复测量方差分析，结果表明距离的主效应显著，F（1，32）=86.16，p<0.001，η^2=0.73。事后检验结果表明，小距离的反应时（1153.78ms）长于大距

离（839.16ms），$p<0.001$。实验条件的主效应不显著，$F(1, 32)=3.18$，$p>0.05$，$\eta^2=0.09$。距离和实验条件的交互效应显著，$F(1, 32)=6.87$，$p<0.05$，$\eta^2=0.18$。简单效应分析的结果显示：在小距离任务上，测试条件下的反应时（1179.56ms）长于控制条件（1127.99ms），$p<0.05$，出现了负启动效应。在大距离任务上，测试条件下的反应时（835.06ms）与控制条件下的反应时（843.26ms）不存在显著差异，$p>0.05$，未出现负启动效应。

四、讨论

本研究发现，成人在完成小距离非符号概率比较任务时出现了负启动效应，说明个体在克服小距离概率比较任务中的直觉偏差时需要抑制控制的参与，但在大距离比较任务中则未能观察到负启动效应。结合本章第四节的研究结果，即大距离非符号概率比较任务中也存在直觉偏差，说明被试在完成大距离不一致概率比较任务时无需抑制控制的参与。这可能是因为即使是不一致任务，由于两个比例之间的距离较大，任务难度变小，因此个体容易做出判断。有关成人在分数比较任务中的表现的研究表明，成人在比较分数时是在工作记忆中"在线"（on line）进行的，当距离较小时，无法对距离较小的两个分数进行精确比较，因而更可能采用成分策略，出现整数偏差（Dewolf & Vosniadou，2015）。本研究中的非符号概率比较任务相当于对非符号分数进行比较，距离较小会增加比较的难度，从而占用个体更多的工作记忆资源，当面对不一致任务时，个体用来抑制"目标越多，概率越大"直觉策略的工作记忆资源相对要少，因此在反应时上会付出较大的代价，出现负启动效应；但在大距离条件下，由于任务简单，个体无需花费太多的努力和时间，有较为充分的工作记忆资源用来处理直觉策略的干扰，不需要在反应时上付出额外代价。未来研究可以采用 ERP（event-related potential，事件相关电位）和 fMRI（functional magnetic resonance imaging，功能性磁共振成像）等技术，从更微观的层面考察个体在克服小距离概率比较任务中的直觉偏差时是否需要抑制过程的参与。

本 章 小 结

一、非符号概率比较中的直觉偏差具有顽固性

本研究考察了我国儿童和成人在非符号概率比较任务上的表现及其认知机

制。本章第二节的实验采用简单的非符号概率比较任务，每个集合包含两种颜色，最大数字为 10，不一致题为等概率的题目。结果发现，儿童和成人在测试条件下的不一致题上的反应时均最长，说明存在"目标越多，概率越大"的直觉偏差。但是该实验无法确定被试在完成任务时采用的是部分-整体的概率方法还是部分-部分的比例方法。为解决这一问题，本章第三节的实验采用包含多个干扰项的刺激，促使被试采用部分-整体的概率方法，同时集合中的最大数字为 50，不一致题为不等概率的题目，概率之间的距离为小距离（距离范围为 0.09~0.16），任务难度增大，结果发现，成人在非符号概率比较任务上存在"目标越多，概率越大"的直觉偏差。本章第四节的实验进一步将概率分为大距离（距离范围为 0.35~0.54）和小距离（距离范围为 0.08~0.28），结果发现，成人依然存在直觉偏差，被试在不一致任务上的反应时长于一致任务，同时距离也影响到了被试的表现，被试完成小距离任务的反应时更长，说明小距离任务之间的距离较小时，被试需要花费更多的时间和努力。三个实验的结果表明，非符号概率比较任务中的偏差是一种基于知觉特征的直觉反应，具有顽固性，无论是儿童还是成人，无论距离大小，这一偏差都是持续存在的。这些结果也说明，即使是成人在比较非符号概率（分数）时，也会采用成分策略（即不是把概率或分数当成一个整体），即倾向于比较目标的绝对频数（即分子），从而出现错误。

二、认知抑制在克服非符号概率判断中的直觉偏差中的作用

为探究抑制控制在克服非符号概率比较任务中的直觉偏差中的作用，本章采用负启动范式进行研究。本章第二、四、五节的实验结果表明，无论是等概率判断任务，还是不等概率判断任务，都需要抑制控制的参与。本章第二节的实验还发现，儿童和成人在负启动量上有差异，说明成人具有更高的抑制效率，这一结果与 Borst 等（2013b）关于皮亚杰类包含任务的结果一致，儿童需要调用更多的认知资源来抑制误导性策略。但这种差异可能存在特异性，其他关于数学问题解决中的直觉偏差研究则没有发现抑制效率的发展性差异。本章第五节的实验考察了抑制控制在克服不同距离的非符号概率比较任务中的直觉偏差的作用，结果发现只在小距离任务中出现了负启动效应，大距离任务中没有出现负启动效应，这说明在小距离不一致任务上，被试需要抑制误导性策略，而在大距离不一致任务中不需要抑制控制的参与。对测试条件下的启动项（大距离不一致题，3.79%）和控制条件下的探测项（大距离一致题，0%）的错误率的威尔科克森符号秩检验发现，二者差异显著，$Z=-2.64$，$p<0.01$，说明大距离不一致任务中的直觉偏差依然

是存在的，但在反应时上没有反映出来，可能是因为非符号概率的比较无法从长时记忆中直接提取，必须在工作记忆中"在线"进行，虽然目标的数量与概率是相反的关系，但大距离任务中两个概率之间的差异较大，被试容易判别，这一点从大距离不一致任务的反应时（866.02ms）比小距离一致任务的反应时（1127.99ms）还短可以得到证明。成人在克服大距离非符号概率比较任务中的直觉偏差时不需要抑制控制的参与，但是儿童是否同样不需要抑制控制的参与则需要进一步研究。

三、结论

儿童和成人在非符号等概率比较任务中均存在直觉偏差，克服直觉偏差需要抑制控制的参与。成人在非符号不等概率比较任务中的表现存在距离效应，距离越大，反应时越短。成人在克服小距离非符号不等概率比较任务中的直觉偏差时需要抑制控制的参与，但在大距离任务上则不需要。

第七章

克服周长比较中的直觉偏差：认知抑制的作用

第一节　周长比较中的直觉偏差研究现状与不足

一、直觉法则与周长比较中的直觉偏差

儿童在小学就学习了周长与面积的概念，但他们对二者的关系常常产生错误的理解。例如，Marchett 等（2005）让 9～11 岁的儿童比较不同形状的篱笆并回答哪个篱笆需要较少的铁丝围住（即篱笆的周长），结果发现，大多数儿童认为面积大的篱笆需要更多的铁丝，即面积大、周长长。Stavy 和 Tirosh（2000）的研究发现，有 70% 的二至九年级学生在比较周长时产生同样的错误。研究者认为"面积大，则周长长"是一种系统性错误，青少年甚至成人在比较周长大小时也会出现同样的错误。有学者认为，"面积大，则周长长"是一种由 more A-more B 直觉法则导致的系统性偏差（Babai et al.，2010b；D'Amore & Fandiño Pinilla，2005；Stavy & Babai，2008）。

more A-more B 直觉法则是指两个物体在属性 A 上是不同的，且 $A_1>A_2$，当两个物体在 B 属性上也不同时，人们倾向于认为 $B_1>B_2$（Stavy & Tirosh，2000）。这一直觉法则可以用来解决数学、科学和日常生活中的很多问题，如参加宴会的人越多，所需要准备的食物就越多。在周长比较任务中，more A-more B 直觉法则在有些情况下也是适用的，运用该法则可以得出正确答案，如图 7-1 所示，在一致问题中，图 a 比图 b 的面积大，前者的周长也比后者长。但是在不一致相等问题中，图 c 比图 d 的面积大，但二者的周长却相等。在不一致反转问题中，图 e 比图 f 的面积大，但前者的周长却比后者小。

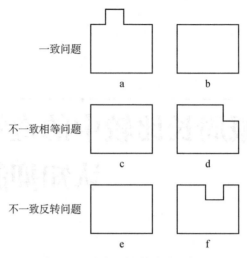

图 7-1　周长与面积的关系示意图

二、抑制控制与周长比较中的直觉偏差

直觉法则是快速可通达的，与直觉法则一致的反应是快速且自动化的，而违反直觉的反应则需要更多的认知努力和更长的反应时。研究发现，高中生在周长比较任务中对不一致题目的反应时要长于一致题目（Babai et al.，2006b）。磁共振成像研究表明被试在成功解决不一致周长比较任务时，与抑制控制有关的前额叶的双侧区域被激活（Houdé & Borst，2015；Houdé et al.，2011；Stavy & Babai，2010；Stavy et al.，2006a）。这些研究都表明，克服周长比较任务的直觉偏差可能需要抑制控制的参与。

Babai 等（2014）采用数字消除测验（Digit Cancellation Test）来测量学生的抑制控制效率，结果发现，学生在不一致周长比较任务中的准确率与抑制控制效率呈显著正相关，抑制控制效率越高的学生，在周长比较任务中表现越好。但这一研究只是相关研究，不能说明学生在解决周长比较任务时，抑制控制是否参与了克服"面积大，则周长长"误导性策略的过程。也有研究采用启动探测（prime-probe）范式（图 7-2），相比于启动项为一致问题，当启动项为不一致问题时，高中生在探测项上（一致问题）需要花更多的时间，研究者据此认为出现了负启动效应，并以此作为抑制控制参与了克服"面积大，则周长长"的误导性策略的证据（Babai et al.，2012）。但是该研究中控制条件下的启动项是一致问题，而非负启动范式中所要求的中立问题，而且该研究还发现当启动项为一致问题而非不一致问题时，被试在不一致探测项上的反应时也更长。因此，这种反应时增长的现象其实是由任务转换的代价导致的，即只要启动项和探测项的任务类型不同，探测项的反应时都会增长。本研究的第一个目的是采用标准的负启动范式来考察抑制控制在克服周长比较任务中的误导性策略的作用。

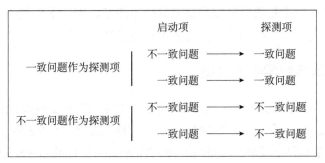

图 7-2　Babai 等（2012）的研究中的实验范式及材料示意图

本研究采用 3 种题目：一致题、不一致题和中立题。在测试试次中，不一致题为启动项，一致题为探测项。在控制试次中，中立题为启动项（示例见图 7-3），一致题为探测项。

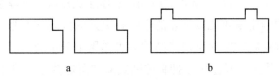

图 7-3　本研究中的中立题示例

根据抑制控制模型，抑制效率应该随着年龄增长而提高，在负启动效应上表现为随着年龄增长而下降（Houdé & Borst，2014）。但是相关研究的结果并不一致，有些研究发现，儿童比成人的负启动效应大，如类皮亚杰包含任务（Borst et al.，2013b），动词变化任务（Lanoë et al.，2016）和第三人称观点采择任务（Aïte et al.，2016）。但另外一些研究则发现不同年龄的个体在抑制效率上没有差异，如 Lubin 等（2013）发现，儿童、青少年和成人在算术应用题的负启动量上没有差异。江荣焕和李晓东（2017）在文字题和图片推理任务中也发现，儿童、青少年和成人的负启动量不存在显著差异。但是这两个研究都发现被试在不一致任务上的错误率是随着年龄增长而降低的。这些结果说明虽然抑制能力可能随着年龄增长而提高，但是对于成功克服了直觉偏差的不同年龄被试来说，其抑制效率是相当的（Frings et al.，2007；江荣焕，李晓东，2017；Pritchard & Neumann，2009）。

上述研究结果的不一致说明，抑制控制能力的提高可能表现为较小的负启动效应，也可能表现为克服干扰的能力提高，或者二者兼具。有研究发现，一、三、五、七、九年级学生在完成不一致的周长比较任务时，每个年级至少有 70% 的学生认为面积大的图形周长更长，说明这种直觉偏差并不会随着年级的升高而消失（Azhari，1998；Stavy & Tisrosh，2000）。但是抑制控制在克服周长比较任务中的直觉偏差方面的效率是否存在发展性差异尚不清楚，因此本研究的第二个目的是考察儿童和成人在抑制控制效率方面是否存在差异。

三、抑制效率与数学学业成绩

先前的研究显示，学生的学习成绩可能与抑制控制等重要的认知技能有关（Bull et al.，2008；Gathercole et al.，2004）。例如，有研究发现，抑制控制能力与 11 岁儿童的英文、数学和科学成绩呈正相关（Clair-Thompson & Gathercole，2006）。也有研究发现，儿童 4 岁时的抑制控制能力能够预测其 7 岁时的数学成绩（Bull et al.，2008）。Clark 等的研究发现，儿童 4 岁时在抑制任务上的得分越高，6 岁时在数学技能和概念理解方面表现得越好（Clark et al.，2010）。还有研究发现，在数学高级班（成绩好）学习的十一年级学生比在低级班（成绩差）的同伴在不一致周长任务上的表现更好（Babai et al.，2006b）。这些研究表明，成绩好的学生比成绩差的学生更能克服直觉偏差，但是成绩好的学生是否比成绩差的学生有更好的抑制效率则不清楚。回答这个问题对于我们理解抑制控制对学习成绩的促进作用十分重要，因此本研究的第三个目的是比较数学学优生与学困生在抑制控制效率方面是否存在差异。

第二节　抑制控制在克服周长比较中的直觉偏差中的作用：一项发展性负启动研究

一、实验目的

本研究采用负启动实验范式，从发展的角度考察儿童和成人在克服周长比较任务中"面积大，则周长长"的误导性策略时是否需要抑制控制的参与。

二、实验方法

（一）被试

小学生被试来自深圳市一所普通小学的四、五、六年级学生，他们均学习过周长与面积的相关知识。其中四年级学生 38 名（男生 20 名，女生 18 名），平均年龄为 9.5±0.5 岁；五年级学生 42 名（男生 23 名，女生 19 名），平均年龄为

10.7±0.5 岁；六年级学生 43 名（男生 24 名，女生 19 名），平均年龄为 11.6±0.6 岁。成人被试为深圳大学在校大学生，共 42 名（男生 19 名，女生 23 名），平均年龄为 21.0±1.7 岁。所有被试视力或矫正视力正常，未参加过同类实验。

（二）实验材料

实验材料包括 3 种周长比较任务：一致项（面积大，周长长）、不一致项（面积大，周长小）（图 7-1）和中立项（图 7-3）。对于一致项和不一致项来说，每个项目由一对图形构成，其中一个图形是长方形，另一个图形是由长方形去除或增加一个小正方形得到的多边形，两类图形在左、右两边出现的次数进行了平衡。对于中立项来说，一半是由两个完全一样的图形构成的，另一半是由互为镜像的图形构成的。实验共设计了 24 个一致项、12 个不一致项和 12 个中立项。

（三）实验设计

实验采用 2（测试类型：测试、控制）×4（年级：四年级、五年级、六年级、大学生）的被试内混合实验设计，因变量为反应时和错误率。

（四）实验程序

小学生和成人分别在学校的多媒体教室和心理学行为实验室内完成实验，实验程序用 E-prime 2.0 软件编写与呈现。每个被试坐在一台电脑前，屏幕分辨率为 1280×768 像素。被试首先需要完成 6 个有反馈的练习试次（一致题、不一致题和中立题各 2 个练习试次），练习试次随机呈现，练习试次的反应不纳入数据分析。正式实验要求被试完成 24 个试次，包括 12 个测试试次和 12 个控制试次，所有试次随机呈现，答题后不给予正确或错误的反馈，要求被试又快又准确地进行反应。

在测试试次中，不一致题为启动项，一致题为探测项，被试需要在启动阶段抑制"面积大，则周长长"的启发式策略才能正确解决问题，在探测阶段完成一致题时又需要重新激活该策略。在控制试次中，启动项为中立题，与启发式策略无关，被试既不需要激活也不需要抑制该策略。探测项为一致题，可被看作基线。同控制试次中的探测项相比，如果被试在测试试次中的反应时更长、错误率更高，说明出现了负启动效应。

如果左边图形的周长长则按"F"键，如果右边图形的周长长则按"J"键，如果两个图形的周长相等则按空格键。每个试次中，刺激呈现后，直到被试做出反应才消失，然后开始下一个试次。为了防止出现速度-准确性权衡（为了保证高正确率而太慢做出反应），我们根据预实验结果，将每个问题的反应时最长设为 3000ms，并且在试次之间插入一个中性物体的图片以缓冲迁移效应。实验试次采用随机顺序呈现，控制试次和测试试次不会连续呈现 3 次及以上。E-prime 自动记录被试的反应时和错误率。实验流程见图 7-4。

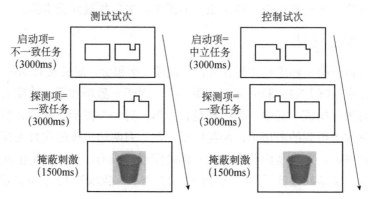

图 7-4　周长比较任务的负启动实验流程图

三、实验结果

有 8 名四年级学生、3 名六年级学生因未完成实验而被剔除。根据负启动范式的实验逻辑，被试必须在不一致探测项上解答正确才能说明其对启发式策略进行了有效抑制。8 名四年级学生、2 名五年级学生和 4 名六年级学生在不一致题目上的表现低于机遇水平（即错误率高于 50%），说明他们在回答问题时抑制过程可能没有发挥作用，参考先前的研究，将这些被试的数据剔除。最后，有效被试包括 22 名四年级学生（男生 11 名，女生 11 名，占样本的 57.9%，平均年龄为 9.6±0.5 岁），40 名五年级学生（男生 21 名，女生 19 名，占样本的 95.2%，平均年龄为 10.7±0.5 岁），36 名六年级学生（男生 21 名，女生 15 名，占样本的 83.7%，平均年龄为 11.5±0.6 岁），42 名大学生（男生 19 名，女生 23 名，占样本的 100%，平均年龄为 21.0±1.7 岁）。

反应时数据只包含被试在启动项和探测项上都正确的试次数据。剔除超过正负 3 个标准差的极端数据，分别计算测试试次和控制试次下的启动项和探测项的错误率与反应时，描述统计见表 7-1。当统计结果显著时，报告方差分析效果量 η^2 以及 t 检验效果量 Cohen's d。

表 7-1　各年级被试的错误率（%）和反应时（ms）（$M \pm SD$）

因变量			四年级	五年级	六年级	大学生
错误率	启动项	测试试次	26.11±14.21	15.23±14.70	17.41±14.14	12.34±15.42
		控制试次	21.63±15.59	21.93±16.54	14.76±13.72	8.82±10.31

续表

	因变量		四年级	五年级	六年级	大学生
错误率	探测项	测试试次	21.57±15.84	15.97±15.07	17.41±15.06	6.74±10.80
		控制试次	12.53±12.33	10.02±13.61	9.03±13.72	5.54±8.22
	负启动量		9.04±16.42	6.95±11.82	8.38±15.02	1.30±9.43
反应时	启动项	测试试次	1198.72±319.41	1230.92±291.68	1310.62±322.72	1153.03±373.46
		控制试次	1208.47±271.53	1178.30±195.42	1178.14±212.19	1002.52±208.33
	探测项	测试试次	1157.52±221.83	1136.32±247.33	1169.63±228.64	985.58±304.79
		控制试次	1074.17±184.26	1071.09±256.51	1093.42±222.01	927.03±287.53
	负启动量		83.35±116.34	65.23±175.04	76.21±136.24	58.55±119.04

对探测项进行方差分析发现，测试试次的错误率（8.78%）高于控制试次的错误率（4.46%），$F(1, 136)=30.11$，$p<0.001$，$\eta^2=0.18$。年级的主效应显著，$F(3, 136)=5.36$，$p<0.001$，$\eta^2=0.11$，事后检验结果表明，大学生的错误率（6.10%）显著低于四年级（17.04%，$t=4.46$，$p<0.001$，$d=0.88$）、五年级（13.02%，$t=3.56$，$p=0.04$，$d=0.56$）、六年级学生（13.19%，$t=3.46$，$p<0.05$，$d=0.56$），小学生之间无年级差异。测试类型与年级的交互效应不显著，$F(3, 136)=3.20$，$p=0.05$。

被试在完成不一致题后再完成一致题的反应时（1102.98ms）显著长于完成中立题后再完成一致题的反应时（1034.07ms），$F(1, 136)=33.05$，$p<0.001$，$\eta^2=0.20$。年级与测试类型的交互效应不显著，$F(3, 126)=0.19$，$p=0.90$，表明各年级学生均出现了负启动效应。年级的主效应显著，$F(3, 136)=4.34$，$p=0.01$，$\eta^2=0.09$。事后检验结果表明，大学生的反应时（956.27ms）比五年级（1103.72ms，$t=3.43$，$p<0.05$，$d=0.56$）和六年级学生的反应时（1131.50ms，$t=4.17$，$p<0.05$，$d=0.69$）短，四年级学生的反应时（1115.82ms）比大学生长，但无显著差异，$p>0.05$。小学生之间无显著差异。年级对负启动量无显著影响，$F(3, 136)=0.19$，$p>0.05$。各年级被试在探测项上的反应时见图7-5。

四、讨论

本研究结果表明，被试要克服周长比较任务中"面积大，则周长长"的直觉偏差需要抑制控制的参与。相较于控制条件，被试在测试条件下的一致项上的反应时更长，儿童和成人均出现了负启动效应，但在负启动量上无显著的年龄差异，与之前的研究结果一致（江荣焕，李晓东，2017；Lubin et al.，2013；Pritchard & Neumann，2009）。这一结果表明，被试一旦能成功抑制直觉偏差，不同年级学生所付出的认知代价是相似的。

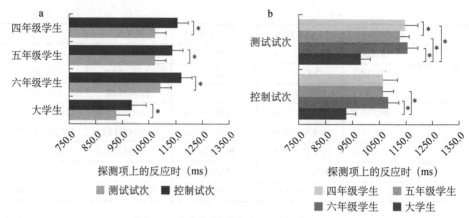

图 7-5　各年级被试在探测项上的反应时

　　虽然抑制控制效率无年级差异，但可能存在其他个体差异，如不同学业水平学生的抑制控制效率可能存在不同，下一节将对其进行考察。

第三节　抑制控制在克服周长比较中的直觉偏差中的作用：数学成绩的影响

一、实验目的

　　本研究考察不同数学学业水平的小学生在克服周长比较任务中的直觉偏差时的抑制控制效率有无显著差异。

二、实验方法

（一）被试

　　被试为来自深圳市一所普通小学的四、五、六年级学生，他们均已学习过周长与面积的知识。对于每个年级，从两个平行班（同一个数学老师任教）中抽取被试，由数学老师根据学生的期末数学成绩将学生分成高、低两个组别，成绩在前15%的学生为学优生，成绩在后15%的学生为学困生，所有学生均无明显的学习障碍。从85名四年级学生中抽取了30名学生（学优生和学困生各15名，男生14名，女生16名，平均年龄为9.6±0.6岁）；从93名五年级学生中抽取了30名学生（学优生17名，学困生13名，男生16名，女生14名，平均年龄为10.7±0.4岁）；从78名六年级学生中抽取了26名学生（学优生15名，学困生11名；男生

12 名，女生 14 名，平均年龄为 11.4±0.5 岁）。所有学生视力或矫正视力正常，以前未参加过同类实验。

（二）实验材料和实验程序

同本章第二节实验的实验材料和实验程序。

三、实验结果

同样，按负启动实验的逻辑，负启动效应必须在被试都能正确解答不一致题目的条件下才能观测到。因此有 4 名四年级学生、1 名五年级学生和 2 名六年级学生的数据由于在不一致问题上的表现低于机遇水平而被剔除，最后纳入数据分析的有效被试如下：四年级学生 26 名，其中学优生 15 名，学困生 11 名，男生 13 名，女生 13 名，占样本的 86.7%，平均年龄为 9.6±0.6 岁；五年级学生 29 名，其中学优生 17 名，学困生 12 名，男生 16 名，女生 13 名，占样本的 96.7%，平均年龄为 10.6±0.5 岁；六年级学生 24 名，其中学优生 15 名，学困生 9 名，男生 12 名，女生 14 名，占样本的 92.3%，平均年龄为 11.5±0.6 岁。正负 3 个标准差以外的反应时数据被剔除，剔除率为 1.8%。描述统计见表 7-2。

表 7-2　学优生与学困生在不同测试条件下的错误率（%）和反应时（ms）（$M \pm SD$）

因变量			学优生			学困生		
			四年级	五年级	六年级	四年级	五年级	六年级
错误率	启动项	测试试次	7.50±10.35	8.05±11.64	8.33±11.24	29.60±16.10	14.58±13.93	12.50±13.97
		控制试次	8.83±8.09	11.74±6.62	6.67±9.53	15.91±16.64	16.67±13.19	11.11±11.02
	探测项	测试试次	6.41±7.88	9.56±10.44	10.84±14.81	20.46±15.08	16.03±10.22	7.94±8.66
		控制试次	5.32±7.11	5.85±6.44	6.67±9.05	10.24±8.16	4.92±8.31	5.15±5.04
	负启动量		1.09±8.42	3.71±7.82	4.18±13.21	10.22±13.90	11.11±10.71	2.79±6.92
反应时	启动项	测试试次	1350.89±334.43	1238.72±248.38	1259.03±354.97	1460.11±369.74	1286.77±300.09	1117.47±262.26
		控制试次	1317.45±350.08	1271.14±213.07	1109.32±195.01	1415.58±264.79	1225.47±219.32	1059.09±195.01
	探测项	测试试次	1227.39±245.24	1140.73±188.62	1132.61±249.93	1414.04±176.40	1234.92±245.76	1108.68±117.32
		控制试次	1199.60±265.03	1101.14±190.66	1018.25±181.24	1173.17±205.62	1106.21±149.73	1018.18±197.42
	负启动量		28.33±318.51	39.59±108.58	114.36±189.12	240.87±214.49	128.71±147.80	90.50±231.03

分别对探测项的错误率和反应时进行 2（测试类型：测试、控制）×2（学业水平：高、低）×3（年级：四年级、五年级、六年级）的方差分析，结果如下。

在错误率上，测试类型的主效应显著，$F(1, 73)=21.02$，$p<0.001$，$\eta^2=0.22$，

测试试次中一致问题的错误率高于控制试次。年级的主效应不显著，$F(2,73)=0.78$，$p>0.05$。测试类型、年级和学业水平的交互效应不显著，$F(2,73)=1.73$，$p>0.05$。测试类型与学业水平的交互效应显著，$F(1,73)=4.42$，$p<0.05$，$\eta^2=0.06$。简单效应分析发现，学困生在测试试次上的错误率（15.23%）高于控制试次（6.77%），$t=4.22$，$p<0.001$，$d=0.82$，出现了较大的负启动效应，学优生的负启动效应也显著（测试试次和控制试次的错误率分别为8.95%和5.93%，$t=2.10$，$p=0.05$，$d=0.32$），但显著低于学困生，$F(1,73)=4.42$，$p<0.05$，$\eta^2=0.06$（图7-6）。年级和学业水平的交互效应显著，$F(1,73)=3.12$，$p=0.05$，$\eta^2=0.08$，简单效应分析发现，四年级学生中，学优生的错误率（5.83%）低于学困生（15.34%），$t=3.09$，$p<0.01$，$d=0.90$；五年级和六年级学生中，学优生和学困生的错误率之间不存在显著差异（五年级学优生和学困生的错误率分别为7.72%和10.41%，六年级学优生和学困生的错误率分别为8.75%和6.48%）。

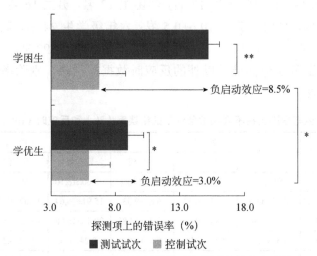

图7-6 学优生与学困生在探测项上错误率的负启动效应

在反应时上，测试类型的主效应显著，$F(1,73)=19.48$，$p<0.001$，$\eta^2=0.21$，被试在测试试次上的反应时（204.45ms）长于控制试次（1105.45ms）。年级的主效应显著，$F(2,73)=6.34$，$p<0.001$，$\eta^2=0.15$，六年级学生的反应时（1070.95ms）比四年级学生（1247.55ms）短，$t=3.96$，$p<0.001$，$d=1.01$。测试类型、年级和学业水平之间的交互效应不显著，$F(2,73)=1.88$，$p>0.05$；年级与测试类型的交互效应不显著，$F(2,136)=0.39$，$p>0.05$；学业水平的主效应不显著，$F(1,73)=0.89$，$p>0.05$；学业水平与测试类型的交互效应边缘显著，$F(1,73)=3.65$，$p=0.06$。

四、讨论

与本章第二节的结果一致，本研究中儿童在周长比较任务中克服"面积大，则周长长"的直觉偏差时需要抑制控制的参与，无论是在反应时还是错误率上，均出现了负启动效应。具体来说，与控制条件下先解决中立问题再解决一致问题相比，儿童先正确解决不一致问题再解决一致问题时错误率提高、反应时增长。三个年级的学生在负启动量上无显著差异，表明他们的抑制控制效率无差异。

更为重要的是，我们发现学优生和学困生在负启动效应上出现了显著差异，但只是在错误率的负启动量上出现了显著差异，即学优生比学困生在抑制"面积大，则周长长"的直觉偏差时效率更高。

本 章 小 结

一、克服周长比较中的直觉偏差需要抑制控制的参与

本研究结果表明，儿童和成人在测试条件下完成不一致任务（面积大、周长短）后再完成一致任务（面积大、周长长），与控制条件下完成中立任务后再完成一致任务相比，他们的反应时更长，出现了负启动效应。与 Babai 等（2012）采用非正式的负启动范式相比，本研究通过采用严格的负启动实验范式，为抑制控制参与了周长比较任务的问题解决过程提供了更为有力的证据。

负启动效应的存在表明，儿童和成人在前一阶段完成不一致任务时抑制了"面积大，则周长长"的策略，在随后阶段重新激活该策略时需要付出认知努力。这说明在完成周长比较任务时，个体不仅需要相关的知识，也需要抑制误导性策略。这一结果可以解释，对于已经掌握了相应几何知识的青少年和成人来说，不一致任务仍然具有挑战性。本研究的结果支持了抑制控制模型。抑制控制是领域一般的功能，在数学、科学和语言任务中都发挥作用（Borst et al.，2013a；江荣焕，李晓东，2017；Lanoë et al.，2016；Lubin et al.，2015，2016）。

根据抑制控制模型，抑制控制的效率应该随着年龄的增长而提高。但是本研究未发现儿童和成人在反应时的负启动量上有差异。这一结果与先前在算术应用题（Lubin et al.，2013）和数学推理任务（江荣焕，李晓东，2017）方面的研究是一致的，但与其他领域，如类皮亚杰的类包含任务（Borst et al.，2013b）、动词变化任务（Lanoë et al.，2016）以及第三人称观点采择任务（Aïte et al.，2016）的

结果是不一致的，这些不一致的结果可能与抑制类型的不同有关。抑制可以分为自动抑制和有意抑制，前者与刺激抑制有关，后者与策略抑制有关。自动抑制功能比有意抑制功能成熟早，如果一项任务同时需要两种抑制的参与，那么负启动的发展性差异则很难被观测到（江荣焕，李晓东，2017；Lubin et al.，2013）。本研究的任务依赖于两种类型的抑制，即学生既需要抑制面积的突出的知觉特征，也需要抑制"面积大，则周长长"的直觉策略，未来的研究可以进一步探讨两种类型的抑制与负启动效应的年龄差异之间的关系。

二、数学成绩对抑制效率的影响

本研究首次采用负启动范式考察了不同学业水平学生在解决周长比较任务时的抑制控制效率上的差异，并发现学优生和学困生均出现了负启动效应，说明无论学生的学业水平如何，在解决不一致问题时均需要抑制控制的参与。我们发现学困生比学优生在测试试次的一致问题上错误率更高（15.23% vs. 8.95%），这一结果并不能归因于二者的相关知识或技能差异，因为他们在控制试次的一致问题上的错误率不存在显著差异（6.77% vs. 5.93%），这说明学优生比学困生有更好的抑制控制能力。先前研究表明，高抑制能力的学生也会有更好的学业成绩（Clair-Thompson & Gathercole，2006；Clark et al.，2010；Neuenschwander et al.，2012），但这些研究只是相关研究，无法证明个体在解决具体任务时确实需要抑制控制的参与。通过采用负启动范式，我们可以发现学生的学业成绩与他们在完成任务时抑制误导性策略的能力之间的直接联系，这一结果有助于我们理解为什么在 Babai 等（2006b）的研究中，数学高级班的学生比数学低级班的学生能更好地克服 *more A-more B* 的直觉偏差，即十一年级数学高级班学生比数学低级班的学生有更高的抑制控制效率，因此能够在不一致问题上取得更好的成绩。鉴于本研究的样本量较小，尤其是学困生较少，该结果在推广时需谨慎，也需要更多的研究来验证。

三、结论

儿童和成人在完成不一致周长比较任务时均需要抑制"面积大，则周长长"的直觉偏差，二者的抑制效率不存在显著差异。数学学优生与学困生在克服"面积大，则周长长"的直觉偏差时均需要抑制控制的参与，但学优生比学困生的抑制效率更高。

第八章

克服比例推理的过度使用：
认知抑制的作用

第一节　比例推理过度使用的研究现状与改进

一、比例推理的过度使用

比例推理是关于数量关系的思考，要求同时对几个数量或值做出比较。关于比例推理，人们很容易联想到比与比例问题，实际上比例推理的应用非常广泛，不仅是在数学领域，在其他学科，如科学与艺术也需要运用比例推理的知识。日常生活中更是离不开比例推理，如选择哪一款电器的性价比更高，或是选择哪种电信套餐更划算等。比例推理固然重要，但是国内外的许多研究表明，中小学生存在过度使用比例推理的现象，即在加法问题上错误地使用比例推理的现象（李晓东等，2014；Jiang et al.，2017；van Dooren et al.，2009）。例如，对于"小黄和小李在操场上跑步，他们跑得一样快，但是小黄比小李先开始跑，当小李跑了3圈时，小黄跑了6圈，那么当小李跑了12圈时，小黄跑了多少圈？"这样的数学应用题，本应该使用加法来解答，即12+（6-3）=15圈，但是许多学生却使用了比例方法来解答，即6×（12/3）=24圈。

有学者认为，日常生活中存在大量的比例关系，这种关系具有直觉性（intuitiveness）和简单性（simplicity），导致学生容易落入"比例陷阱"，误把许多数量关系当成比例关系（de Bock et al.，2007）。

二、比例推理过度使用的理论解释

（一）双加工理论

Gillard 等（2009a）基于双加工理论提出，过度使用比例推理的现象可能是启发式加工的结果。启发式加工是基于直觉的，其特点是快速的、基于整体的或全局的，无须努力。Gillard 等（2009a）通过给被试施加时间压力或增加其工作记忆负荷来唤起启发式加工，结果发现，被试在该条件下解答缺值型加法问题时的确犯了更多的比例错误，出现了更严重的过度使用比例推理的现象。这说明比例推理可能是一种启发式加工过程，而正确解决缺值型加法问题则需要分析式加工。但是，该研究仅采用了正确率作为分析指标，因此只能回答被试在解决加法问题时是否需要分析式加工，却无法回答这种加工过程是如何进行的。此外，有研究者指出，二分法的双加工系统无法充分地涵盖某些推理研究中的认知过程（Osman & Stavy，2006）。依据 Osman 和 Stavy 的观点，基于技巧的（skill-based）推理过程（如比例推理）往往同时具有启发式加工和分析式加工的特点，个体最初在获得推理技能时采用的是分析式加工，通过一定的练习之后，这种分析式加工会转变成一种自动化（或启发式）过程，我们很难断定基于技巧的推理过程是单纯的分析式加工还是启发式加工过程。双加工理论认为，当启发式加工导致结果错误时，需要分析式加工才能正确解决问题，但是它并没有指出分析式加工是如何战胜启发式加工的，以及启发式加工与分析式加工的冲突是如何化解的（江荣焕，李晓东，2017）。

（二）抑制控制模型

抑制控制模型认为，在任何年龄、任一时间点，个体在解决问题时，头脑里都会呈现多种思维方式或策略，它们之间彼此竞争。认知发展是复杂程度不同的解决策略为了在大脑中获得表达而彼此竞争的结果。认知发展不仅是获得复杂的概念，而且必须能够抑制先前获得的一些经过反复学习和使用的知识与技能。因此，即使个体掌握了正确解决某类问题的知识或技能，但是如果无法抑制其他不恰当的策略，问题解决依然会失败，而抑制不恰当策略的认知过程才是正确解决问题的关键（Houdé，2007；Houdé et al.，2011；Houdé & Borst，2014；付馨晨，李晓东，2017）。根据抑制控制模型，比例推理的过度使用是由学生在面对加法问题时未能抑制比例推理这种启发式策略导致的。

三、问题呈现形式及数字比对比例推理过度使用的影响

为什么学生在本该使用加法思维的问题上使用了乘法思维（比例推理）？一些研究者认为，这一现象的出现与问题的呈现形式有关。比例问题多以缺值形式出现（即问题中给出了三个已知数量而第四个数量未知），使得学生在学习过程中将这种特殊的问题形式与比例方法联系起来。当加法问题也以缺值形式出现时，学生容易受到缺值结构的误导，从而错误地采用了比例方法（Fernández et al.，2012b）。研究发现，缺值结构本身会诱发学生使用比例推理（Fernández et al.，2012b；Tjoe & de la Torre，2014；李晓东等，2014）。本研究的第一个目的是考察学生在解决不同形式的加法问题时是否均需要抑制控制的参与。因此，除了采用缺值应用题作为实验材料之外，本研究还设计了新的实验材料，即以图片呈现的方式来表达共变关系，使得学生不再依赖于缺值应用题的文字和数字进行推理判断，以此来探讨学生在解决其他形式的加法问题时是否同样需要抑制控制的参与。也有研究表明，随着年龄的增长，过度使用比例推理的倾向有所下降（李晓东等，2014；Jiang et al.，2017），这是否是由抑制效率随着年龄的增长而有所提高所导致的呢？因此，本研究的第二个目的是探讨学生在解决非比例问题时的抑制效率是否会随着年龄的增长而改变。

另外，一些研究还发现，学生过度使用比例推理不仅与问题的缺值形式有关，还与问题中的数字比有关。van Dooren 等（2009）的研究发现，四至六年级学生在解答缺值应用题时所使用的策略会受到问题中所呈现数字的影响，例如，对于"Peter 和 Tom 正在往卡车里搬箱子，他们同时开始但是 Tom 搬得更快。当 Peter 搬了 40 个时，Tom 搬了 100 个。那么，当 Peter 搬了 60 个时，Tom 搬了几个？"这样的题目，个体需要使用比例策略才能正确解答。然而由于题目中出现的数字比 60：40 和 100：40 均不是整数，因此学生在解答题目时更少使用比例策略，错误率也更高。相反，如果在加法应用题中的数字比不是整数，各个年龄段学生的正确率则会提高，过度使用比例策略的百分比也会降低。其他研究也发现，当数字比为整数时，被试更容易过度使用比例推理，而当题目中的数字比为非整数时，这一倾向会减弱（Fernández et al.，2010，2011；李晓东等，2014）。那么，相比整数比的情况，人们在非整数比条件下对比例推理的抑制是否更加容易呢？为此，本研究的第三个目的是探讨数学问题中的数字比类型（整数比、非整数比）对抑

制控制过程的影响。

第二节　抑制控制在克服缺值问题中的
比例推理过度使用中的作用

一、实验目的

本研究采用负启动范式，考察被试在解决缺值形式的加法问题时是否需要抑制控制的参与，并假设被试要正确解决加法问题，需要抑制比例策略。进行实验时，首先在启动作业阶段呈现加法问题，然后在探测作业阶段呈现比例问题。实验的逻辑是如果被试在启动阶段解决加法问题时需要抑制比例策略，那么在探测阶段解决比例问题时，被试就需要付出额外的"代价"来激活比例策略，从而出现负启动效应，表现为探测作业反应时的增长或错误率的提高。

二、研究方法

（一）被试

被试来自深圳市的三所普通小学、两所普通中学以及一所大学。其中六年级学生 44 名（男生 18 名，女生 26 名，平均年龄为 12.03±0.5 岁），八年级学生 38 名（男生 18 名，女生 20 名，平均年龄为 14.13±0.6 岁），大学生 33 名（男生 17 名，女生 16 名，平均年龄为 21.47±2.4 岁）。在进行实验之前先通过班主任或科任老师了解学生的信息，排除智力有缺陷或者存在阅读障碍的被试。所有被试的视力或矫正视力正常，并且以前未参加过类似的实验。被试均已学习过解决问题所需要的比例知识和加法知识，经过讲解后能够理解题目意义。

（二）实验材料

本研究设计了 3 种不同的题目：比例问题、加法问题和中立问题。加法和比例问题具有缺值形式，问题中的数字关系为 a/b=c/x 或 a−b=c−x，已知 a、b、c 三个数值，求 x。每道题目分成四句独立的句子且同时呈现在计算机屏幕上，这些句子分别给被试提供了以下信息：①主人公以及他们所进行的活动（如跑步）；②主人公之间的关系是属于比例关系、加法关系还是一致关系；③缺值结构中 a、b、c 的数值；④问题的答案 x 的值。

被试的任务是依据问题的条件进行计算，并判断加下划线的最后一句话是否正确（即判断 x 的正误）。对于比例问题和加法问题，有一半的题目给出的是比例答案（在比例问题中为正确），而另一半题目给出的是加法答案（在加法问题中为正确）。为了方便被试进行心算，所有数值之间的比均为小于或等于 4 的整数，所有的减法均不涉及借位运算。

对于中立问题，其中的主人公所进行的活动（如跑步）、问题的形式（同样具有缺值结构）以及问题在电脑屏幕上呈现的知觉特征（如句子的长短、文字的大小等）都与比例问题和加法问题有高度的一致性，但是学生在解决中立问题时仅需要简单地比较而不需要进行加减乘除等运算（如比较 7 与 8 是否相等）。这一设置保证了被试在完成中立问题时所接受的视觉刺激和文字加工过程与比例问题和加法问题高度一致，同时也不需要激活或者抑制上述两种策略。3 种问题的具体例子见表 8-1。

表 8-1　比例问题、加法问题以及中立问题示例

题目类型	应用题
比例问题	小黄和小李在操场上跑步， 他们同时开始跑，但是小黄跑得比小李快。 当小李跑了 3 圈时，小黄跑了 6 圈， 那么当小李跑了 12 圈时，<u>小黄跑了 24（15）圈？</u>
加法问题	小黄和小李在操场上跑步， 小黄比小李先开始跑，但是他们跑得一样快。 当小李跑了 3 圈时，小黄跑了 6 圈， 那么当小李跑了 12 圈时，<u>小黄跑了 15（24）圈？</u>
中立问题	小黄和小李在操场上跑步， 他们同时开始跑，并且两人跑得一样快。 当小李跑了 3 圈时，小黄跑了 3 圈， 那么当小李跑了 7 圈时，<u>小黄跑了 7（8）圈？</u>

注：括号中为错误答案

（三）实验设计

采用 2（实验条件：控制、测试）×3（年级：六年级、八年级、大学生）的混合实验设计，其中，实验条件为被试内变量。在控制条件下，被试先完成中立问题，再完成比例问题，在测试条件下，被试先完成加法问题，再完成比例问题。因变量为被试对探测项目（比例问题）的反应时和错误率。

（四）实验流程

采用团体实验的方式，被试统一在实验室（中小学生则在多媒体教室）内完成测试。实验开始前，向被试呈现如下指导语：

在我们的实验中，你需要解答一些简单的小学数学应用题。实验开始后，屏幕上会呈现一道数学应用题，你需要判断题目中最后一句话（已用下划线标出）是否正确。如果正确，请按"J"键，如果错误，则按"F"键。如果你明白上面的要求，请等待实验员指示。

随后告知被试按空格键进入练习。之后，被试进行 6 个试次的练习，包括 2 道比例问题（答案正误各一道，下同）、2 道加法问题和 2 道中立问题。练习过程中屏幕上会自动给出正误反馈，被试有返回练习一次的机会。练习中的题目随机呈现，并且这些题目不会出现在正式实验中。

练习结束后，被试完成 16 个试次，两种实验条件各有 8 个试次。在控制条件下，被试先完成中立问题，再完成比例问题；在测试条件下，被试先完成加法问题，再完成比例问题。为了平衡实验条件间的顺序效应及可能出现的习惯化反应，16 个试次的呈现顺序采用伪随机设计，即同种条件下的试次不会连续出现 3 次或 3 次以上，而测试条件与控制条件下的题目则完全随机呈现。需要强调的是，为了使每种条件下探测项中的比例问题难度保持一致，两种实验条件下的比例问题所用到的 8 组数字是完全一致的，而两种条件下应用题中的主人公及其所进行的活动则不一样。

在每个试次中，屏幕上会先呈现一个红色的"+"号注视点，持续 500ms，随后出现启动项（中立问题或加法问题），持续 18 000ms（大学生为 15 000ms），之后出现空屏 500ms，出现探测项（比例问题），持续 18 000ms（大学生为 15 000ms）。随后呈现一张中性图片作为掩蔽刺激，持续 1500ms。实验刺激呈现流程见图 8-1。实验程序用 E-prime 2.0 编写。

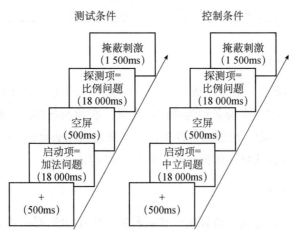

图 8-1　实验刺激呈现流程图

三、实验结果

依据负启动的实验逻辑，负启动效应只能在被试正确解决加法问题的情况下出现，因此将加法问题的正确率在 50%及以下的被试数据剔除，同时剔除各类题目的反应时在正负 3 个标准差之外的数据，有效被试为六年级学生 25 名、八年级学生 26 名、大学生 26 名。被试在探测项上的错误率和反应时见表 8-2。

表 8-2　被试在整数比缺值问题中各因变量上的错误率（%）和反应时（ms）（M±SD）

因变量			六年级	八年级	大学生
错误率	探测项	控制	9.80±10.73	12.81±12.42	12.31±13.12
		测试	10.28±12.69	11.81±10.83	13.65±11.81
反应时	探测项	控制	6748.89±1653.39	7464.86±2514.84	6300.15±2334.24
		测试	7684.61±1967.86	8167.30±2584.08	6746.01±2267.04
	负启动量		935.72±905.88	702.44±1230.70	445.86±1085.58

注：负启动量=测试试次中探测项目的反应时−控制试次中探测项目的反应时

以探测项的错误率和反应时为因变量，进行 2（实验条件：测试、控制）×3（年级：六年级、八年级、大学生）的重复测量方差分析。由于本研究的目的是验证负启动效应及其年级差异，而其他的主效应和交互效应与研究目的无关，为了简化实验结果，本研究仅呈现实验条件下的主效应及与实验条件相关的交互效应。

对于探测项的错误率，实验条件的主效应不显著，$F(1, 74)=0.06$，$p>0.05$，$\eta^2<0.01$；实验条件与年级的交互效应不显著，$F(2, 74)=0.354$，$p>0.05$，$\eta^2<0.01$，这说明实验条件及年级对学生解题成绩没有显著影响。

对探测项目的反应时，实验条件的主效应显著，$F(1, 74)=31.586$，$p<0.01$，$\eta^2=0.30$，被试解答测试条件下的比例问题所需要的时间（7532.64±2338.09ms）显著长于其解答控制条件下的比例问题所需要的时间（6837.97±2229.76ms），出现了负启动效应；实验条件与年级的交互效应不显著，$F(2, 74)=1.30$，$p>0.05$，$\eta^2<0.01$。这说明大、中、小学生在解决加法问题时都需要抑制控制的参与。

虽然被试的负启动量随着年级的增长而递减（六年级：935.72±905.88。八年级：702.44±1230.70。大学生：445.86±1085.58），但是以年级为自变量的单因素方差分析结果显示，年级的主效应不显著，$F(2, 74)=1.30$，$p>0.05$，$\eta^2=0.03$。这说明各年级被试的抑制控制效率没有差别。

四、讨论

本研究发现，相较于控制条件，被试在测试条件下解决比例问题的反应时显著更长，出现了负启动效应，说明被试在解决启动阶段的加法问题时需要抑制比例策略，结果支持抑制控制模型。本研究还发现，大、中、小学生在解决缺值形式的加法问题时均需要抑制控制的参与，这说明抑制控制能力在人的不同阶段都持续发挥作用，成人也需要抑制直觉或启发式偏差（Houdé，2007；Houdé & Borst，2014）。从负启动量来看，大、中、小学生之间不存在显著差异，也就是说，在解决加法问题时，个体未表现出随着年级增长抑制控制效率逐渐提高的趋势。导致这种结果的原因可能是实验材料以文字形式出现，每个题目由长达 4 行的文字构成，被试要对题目进行阅读、记忆和问题表征，认知负荷较重，这导致解题能力较差的个体数据无法用于分析，因而体现不出年级差异。从删除数据的情况看，六年级的删除率达到了 43%，进入数据分析的儿童可能是数学成绩较好的那一类，他们的解题水平可能与大、中学生较为接近，从而导致年级差异不明显。本研究中大、中、小学生在解决比例问题的错误率上无显著差异也可以证明这一点。

第三节　抑制控制在克服缺值问题中比例推理过度使用中的作用：数字比类型的影响

一、实验目的

在本章第二节的实验中，变量之间数值的比均为整数，以往有研究表明，数字比会影响比例策略的使用，相对于非整数比，整数比会诱导出更严重的过度使用比例推理的现象（Fernández et al.，2011，2012b；李晓东等，2014）。那么，与整数比相比，在非整数比的情况下，被试是否更容易抑制比例推理的过度使用呢？本研究考察不同数字比类型对学生解决缺值形式的加法问题时的抑制控制是否有影响。

二、研究方法

（一）被试

被试来自深圳市的三所普通小学、两所普通中学以及广东的三所大学。其中六年级学生 76 名（男生 35 名，女生 41 名，平均年龄为 12.0±0.5 岁）、八年级学生 67 名（男生 32 名，女生 35 名，平均年龄为 14.1±0.5 岁）、大学生 77 名（男生 47 名，女生 30 名，平均年龄为 20.4±2.2 岁）。被试筛选步骤同本章第二节的实验。

（二）实验设计

采用2（实验条件：控制、测试）×2（数字比类型：整数比、非整数比）×3（年级：六年级、八年级、大学生）的混合实验设计，其中，实验条件为被试内变量，数字比类型和年级为被试间变量。因变量为被试在两种条件下对探测项（比例问题）的反应时和错误率。

（三）实验材料和实验程序

实验材料同本章第二节的实验，唯一不同的是本实验的加法问题分为整数比与非整数比两种类型。在整数比类型中，加法问题的设置与本章第二节中的实验一致；而在非整数比类型中，加法问题中的数字比不为整数。实验程序与本章第二节的实验相同。

三、实验结果

依据负启动的逻辑，将加法问题的正确率低于50%（含50%）的被试剔除，同时剔除各类题目的平均反应时在正负3个标准差之外的数据。有效被试为六年级学生47名、八年级学生50名、大学生52名，实验中被试在各项目上的错误率和反应时见表8-3。

表8-3　被试缺值问题上各因变量上的错误率（%）和反应时（ms）（$M \pm SD$）

因变量			整数比			非整数比		
			六年级	八年级	大学生	六年级	八年级	大学生
错误率	探测项	控制	9.80±10.73	12.81±12.42	12.31±13.12	10.64±11.63	18.54±13.69	6.15±11.72
		测试	10.28±12.69	11.81±10.83	13.65±11.81	12.36±14.31	18.00±14.61	9.96±11.65
反应时	探测项	控制	6748.89±1653.39	7464.86±2514.84	6300.15±2334.24	7870.97±2602.51	5991.56±2179.44	5505.52±1964.25
		测试	7684.61±1967.86	8167.30±2584.08	6746.01±2267.04	8230.38±2746.06	6546.36±1964.23	5916.96±2122.18
	负启动量		935.72±905.88	702.44±1230.70	445.86±1085.58	359.37±2006.20	554.82±1248.44	411.36±1300.76

注：负启动量=测试试次中探测项目的反应时−控制试次中探测项目的反应时

剔除数据之后，分别对探测项的错误率和反应时进行2（实验条件：测试、控制）×3（年级：六年级、八年级、大学生）×2（数字比类型：整数比、非整数比）的重复测量方差分析。

对探测项目的错误率进行分析发现：实验条件的主效应不显著，$F_{(1, 143)}=1.37$，$p>0.05$，$\eta^2=0.010$；实验条件与年级的交互效应不显著，$F_{(2, 143)}=1.41$，$p>0.05$，$\eta^2=0.02$，实验条件与数字比类型的交互效应不显著，$F_{(1, 143)}=0.70$，

$p>0.05$，$\eta^2<0.01$；实验条件、年级和数字比类型三者的交互效应不显著，F（2，143）$=0.13$，$p>0.05$，$\eta^2<0.01$。以上结果说明实验条件、年级和数字比类型对学生解题成绩均没有显著影响。

对探测项的反应时进行分析之后发现：实验条件的主效应显著，$F(1,143)=27.455$，$p<0.01$，$\eta^2=0.16$，被试解答测试条件下的比例问题所需要的时间（7193.8±2463.5ms）显著长于其解答控制条件下的比例问题所需要的时间（6622.2±2333.3ms），出现了负启动效应；实验条件与年级的交互效应不显著，F（2，143）$=0.43$，$p>0.05$，$\eta^2<0.01$，说明上述负启动效应在三个年级的被试中都比较一致；实验条件与数字比类型的交互效应不显著，F（1，143）$=1.36$，$p>0.05$，$\eta^2<0.01$，说明数字比类型对抑制控制过程没有影响；实验条件、年级和数字比类型三者的交互效应不显著，F（2，143）$=0.57$，$p>0.1$，$\eta^2<0.01$。

对于负启动量的分析发现，虽然整数比条件下的负启动量（694.7±1088.5ms）比非整数比条件下的负启动量（441.9±1296.6ms）更大，但是对负启动量进行的2（数字比类型：整数比、非整数比）×3（年级：六年级、八年级、大学生）方差分析表明，数字比类型的主效应不显著，F（1，143）$=1.36$，$p>0.05$，$\eta^2<0.01$。与此同时，年级的主效应以及年级和数字比类型的交互效应均不显著，$p>0.05$。

四、讨论

本研究重点考察了数字比类型与实验条件之间在负启动效应上是否存在交互效应。结果发现，不论是在整数比还是在非整数比条件下，各年级的被试均出现了显著的负启动效应，证实被试在解决缺值型加法应用题时需要抑制控制的参与。同时，年级对负启动量没有显著影响，说明大、中、小学生在抑制控制效率上未表现出发展性变化。总之，本实验进一步验证了本章第二节的实验结果，排除了该实验的负启动效应是由题目中的数字比均为整数比造成的这一可能性。

第四节　抑制控制在克服图片推理任务中的比例推理过度使用中的作用

一、实验目的

本研究采用负启动范式考察被试在图片推理任务中解决加法问题时是否需要

抑制控制的参与。本研究假设被试在解决图片推理任务中的加法问题时需要抑制比例策略。如果被试在启动阶段解决加法问题时需要抑制比例策略，那么被试在探测阶段解决比例问题时就需要付出额外的"代价"来激活比例策略，从而出现负启动效应，表现为探测作业反应时的延长或错误率的提高。

二、研究方法

（一）被试

被试来自深圳市三所中小学和深圳大学。其中六年级学生 42 名（男生 19 名，女生 23 名，平均年龄为 12.0±0.4 岁）、八年级学生 39 名（男生 17 名，女生 22 名，平均年龄为 14.2±0.5 岁）、大学生 43 名（男生 23 名，女生 20 名，平均年龄为 21.7±2.3 岁）。被试筛选步骤与本章第二节的实验相同。

（二）实验材料

本研究设计了 3 种不同的题目：比例问题、加法问题和中立问题。所有题目都以图片的形式呈现，每个题目均具有相同的任务背景：两位主人公，即黄色矮人和绿色矮人正在挖钻石，随着时间的推移，两个人挖钻石的数量逐渐增加，两人的钻石数量具有共变关系（即随着其中一位主人公钻石数量的变化，另一位主人公的钻石数量也一起变化）。3 种题目的设计样例见图 8-2。

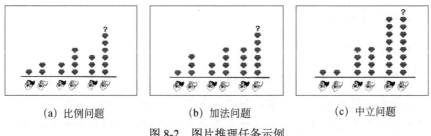

(a) 比例问题　　　(b) 加法问题　　　(c) 中立问题

图 8-2　图片推理任务示例

在每一张图片中，被试可以获得以下信息：①两位主人公挖钻石的数量随着时间的推移而不断增加；②两位主人公在三个不同的时间点所挖到的钻石数量，其中最后一列中绿矮人的钻石数量需要被试进行判断；③两位主人公之间的共变关系属于比例关系、加法关系还是一致关系（依据前两个时间点的钻石数量推理得出）。例如，在图 8-2（a）中，第一个时间点表示当黄矮人挖了 1 个钻石时，绿矮人挖了 2 个；第二个时间点表示当黄矮人挖了 2 个钻石时，绿矮人挖了 4 个。依据前面两个时间点两位主人公的钻石数量，可以得知他们之间存在比例关系，即绿矮人挖钻石的速度是黄矮人的 2 倍。

被试的任务是依据前面两个时间点的钻石数量推论出两位主人公的钻石数量之间的共变关系，并据此判断最后一列钻石的数量（绿矮人所挖钻石的数量）是否正确。为了避免计算过于复杂，所有的钻石数量均在 10 个以内，并且钻石数量之间的比均为小于或等于 3 的整数。对于比例问题和加法问题，有一半的题目给出的是比例答案（在比例问题中为正确），而另一半题目给出的是加法答案（在加法问题中为正确）。在加法问题中，由于第二个时间点的钻石数量之间为整数倍关系，这会诱发被试使用比例推理从而做出错误的判断。因此，为了成功解决这类题目，被试需要对比例策略进行抑制。

中立问题在电脑屏幕上呈现的知觉特征与比例问题和加法问题具有高度的一致性，学生同样需要对问题中的共变关系进行理解，但是学生在解决中立问题时仅需要简单地比较而不需要进行加减乘除等运算（如比较两列钻石是否相等）。这一设置保证了被试在完成中立问题时所接受的视觉刺激及图片理解过程与比例问题和加法问题保持一致，同时也不需要激活或者抑制上述两种策略。

（三）实验设计

采用 2（实验条件：测试、控制）×3（年级：六年级、八年级、大学生）的混合实验设计，实验条件为被试内变量，年级为被试间变量，因变量为被试在两种条件下对探测项（比例问题）的反应时和错误率。

（四）实验程序

本实验的指导语为：

在我们的实验中，你将会看到如下一幅图片（屏幕上有示例图片出现）。这幅图表示随着时间的推移，两位矮人挖的钻石数量逐渐增加。你的任务是根据前面两个时间点的数量推断出两位矮人所挖钻石的数量之间属于什么关系，并判断第三个时间点中绿矮人所挖钻石的数量（带问号）是否正确。如果正确，请按"J"键，如果错误，则按"F"键。如果你明白上面的要求，请等待实验员指示。

实验程序与本章第二节的实验相同。

三、实验结果

因为负启动效应只能在被试正确解决加法问题的情况下出现，所以将加法问题的正确率低于 50%（含 50%）的被试剔除，同时剔除各类题目的平均反应时在正负 3 个标准差之外的数据。有效被试为六年级学生 33 名、八年级学生 29 名、大学生 31 名。被试在探测项上的错误率和反应时见表 8-4。

表 8-4 被试在整数比图片推理任务各因变量上的错误率（%）和反应时（ms）（$M \pm SD$）

因变量			六年级	八年级	大学生
错误率	探测项	控制	15.67±12.91	16.82±12.72	7.55±10.94
		测试	12.00±11.86	16.29±11.78	11.97±11.81
反应时	探测项	控制	5407.58±1292.13	5714.79±1907.51	5798.59±1555.84
		测试	6099.56±1490.53	6309.02±2110.33	6274.41±1839.42
	负启动量		692.03±1049.08	594.22±967.34	475.81±717.56

注：负启动量=测试条件下探测项目的反应时−控制条件下探测项目的反应时

剔除数据之后，分别以错误率和反应时为因变量进行 2（实验条件：测试、控制）×3（年级：六年级、八年级、大学生）的重复测量方差分析。

对于探测项的错误率，实验条件的主效应不显著，$F(1, 89)=0.00$，$p>0.05$，$\eta^2<0.01$；实验条件与年级的交互效应不显著，$F(1, 89)=2.19$，$p>0.05$，$\eta^2<0.01$。这说明实验条件与年级对学生解题成绩没有显著影响。

对于探测项的反应时，实验条件的主效应显著，$F(1, 89)=37.03$，$p<0.01$，$\eta^2=0.29$，相较于控制条件，被试解答测试条件下的比例问题所需的时间显著更长，出现负启动效应；实验条件与年级的交互效应不显著，$F(2, 89)=0.44$，$p>0.05$，$\eta^2<0.01$。这说明大、中、小学生在解决加法问题时都需要抑制控制的参与。

虽然被试的负启动量随着年级的升高而呈递减趋势，但是以年级为自变量的单因素方差分析结果显示，年级的主效应不显著，$F(2, 74)=0.44$，$p>0.05$，$\eta^2=0.01$，说明各年级被试的抑制控制效率无显著差异。

四、讨论

在降低了任务难度、减轻了被试的认知负荷后，本研究发现，相较于控制条件，大、中、小学生在测试条件下完成比例推理任务的反应时显著增长，出现了负启动效应，与本章前两个实验的结果一致，进一步支持了抑制控制模型。与本章第二节的实验一样，本实验也未发现抑制控制效率存在年级差异，说明成人与儿童和青少年一样，在解决问题时都需要抑制启发式的偏差。需要指出的是，这一结果是在降低了任务难度的情况下得出的。

以往研究认为，抑制控制能力的发展可能体现在两个方面：一个是抑制控制效率的提高，表现为负启动量随着年龄的增长而减少；另一个是抑制成功率的提高，表现为被试解决抑制任务的错误率随着年龄的增长而降低（Frings et al.，2007；Lubin et al.，2013；Pritchard & Neumann，2009）。例如，Lubin 等（2013）的研究中，因不一致项目正确率低于 50%而被剔除的儿童被试占所有儿童被试的29%，青少年被试的这一比例为 9%，而成人被试的这一比例仅为 3%。Lubin 等（2013）指出，虽然该研究没有发现负启动量的年龄差异，但是随着年龄的增长，被试解决不一致问题的表现逐渐好转，这在一定程度上反映出抑制控制能力的提升。本章第二节的实验也得出类似的结果，从各年段被试的剔除率来看，小学生的剔除率最高（43%），其次为中学生（31%），大学生最低（21%），说明抑制控制的成功率随着年龄的增长而提高。而负启动量不具有年级差异，这表明一旦被试成功抑制了比例策略，他们所付出的认知代价是一样的。但是在本实验中，当任务难度和认知负荷降低后，各年级被试的剔除率相对接近（大、中、小学生分别为 27.91%、25.64%、21.43%）。可见，抑制控制能力是否表现出年龄差异也可能与任务难度和认知负荷有关，当任务难度和认知负荷降低之后，认知成熟在任务中的优势便不存在了。Lubin 等（2013）在研究中要求被试比较简单文字应用题，刺激呈现的时间是不限时的，也就是说并没有给被试施加时间压力，结果未发现负启动量有年龄差异。本研究虽然设置了时间压力，却未发现负启动效应存在年级差异，这可能由较长的任务呈现时间所致。未来的研究需要在呈现时间与正确率方面进行权衡。

第五节　抑制控制在克服图片推理任务中的比例推理过度使用中的作用：数字比类型的影响

一、实验目的

本研究以图片推理题作为实验材料，在降低任务难度和加工负荷的情况下，考察不同数字比类型对学生解决加法问题时的抑制控制是否有影响。

二、研究方法

（一）被试

被试来自深圳市 3 所中小学，以及广东 3 所地方性大学。其中六年级学生 75 名（男生 34 名，女生 41 名，平均年龄为 12.0±0.5 岁）、八年级学生 67 名（男生

32 名，女生 35 名，平均年龄为 14.2±0.5 岁）、大学生 73 名（男生 41 名，女生 32 名，平均年龄为 21.5±2.3 岁）。被试筛选步骤同本章第二节。

（二）实验设计

采用 2（实验条件：控制、测试）×2（数字比类型：整数比、非整数比）×3（年级：六年级、八年级、大学生）的混合实验设计，其中，实验条件为被试内变量，数字比类型和年级为被试间变量。因变量为被试在两种条件下对探测项（比例问题）的错误率和反应时。

（三）实验材料和实验程序

本研究设计了 3 种题目：比例问题、加法问题和中立问题。题目设置、程序与本章第四节的实验相似，唯一不同的是本实验加入了非整数比类型的加法问题。

三、实验结果

依据负启动的逻辑，将回答加法问题的正确率低于 50%（含 50%）的被试数据剔除，同时剔除各类题目的平均反应时在正负 3 个标准差之外的数据。有效被试包括 59 名六年级学生、50 名八年级学生、56 名大学生。被试在探测项上的错误率和反应时见表 8-5。

表 8-5　被试在图片推理任务各因变量上的错误率（%）和反应时（ms）（$M \pm SD$）

因变量			整数比			非整数比		
			六年级	八年级	大学生	六年级	八年级	大学生
错误率	探测项	控制	15.67±12.91	16.82±12.72	7.55±10.94	13.27±12.14	21.48±11.42	8.96±10.83
		测试	12.00±11.86	16.29±11.78	11.97±11.81	14.73±14.04	21.04±12.10	9.04±11.95
反应时	探测项	控制	5407.58±1292.13	5714.79±1907.51	5798.59±1555.84	6350.32±1634.18	5513.82±1741.79	6096.92±1823.36
		测试	6099.56±1490.53	6309.02±2110.33	6274.41±1839.42	6548.19±1932.94	5813.03±2108.71	6119.68±1859.73
	负启动量		692.03±1049.08	594.22±967.34	475.81±717.56	197.90±1007.03	299.16±851.74	22.83±888.69

注：负启动量=测试条件下探测项目的反应时−控制条件下探测项目的反应时

剔除数据之后，采用 2（实验条件：测试、控制）×3（年级：六年级、八年级、大学生）×2（数字比类型：整数比、非整数比）的重复测量方差分析，对探测项的错误率和反应时分别进行统计分析。

对于探测项的错误率，实验条件的主效应不显著，$F_{(1, 161)}=0.04$，$p>0.05$，$\eta^2<0.01$；实验条件与年级的交互效应不显著，$F_{(2, 161)}=0.86$，$p>0.05$，$\eta^2<0.01$；

实验条件与数字比类型的交互效应不显著，$F_{(1, 161)}=0.02$，$p>0.05$，$\eta^2<0.01$；实验条件、年级和数字比类型三者的交互效应不显著，$F_{(2, 161)}=1.55$，$p>0.05$，$\eta^2=0.02$。这说明实验条件、年级和数字比类型对学生解题成绩均没有显著影响。

对于探测项的反应时，实验条件的主效应显著，$F_{(1, 161)}=27.98$，$p<0.01$，$\eta^2=0.15$，被试解答测试条件下的比例问题所需要的时间显著长于其解答控制条件下的比例问题所需要的时间，出现了负启动效应；年级的主效应不显著，$F_{(2, 161)}=0.38$，$p>0.05$，$\eta^2<0.01$；实验条件与年级的交互效应不显著，$F_{(2, 161)}=0.43$，$p>0.05$，$\eta^2=0.01$。这说明上述负启动效应在三个年级的被试中比较一致。数字比类型与实验条件的交互效应显著，$F_{(1, 161)}=8.29$，$p<0.01$，$\eta^2=0.049$。进一步进行简单效应分析发现，在整数比条件下，被试在控制条件和测试条件下对比例问题的反应时存在显著差异（控制条件下的反应时短于测试条件下的反应时，$p<0.01$），出现了负启动效应。而在非整数比条件下，被试在两类试次中对比例问题的反应时不存在显著差异（$p>0.1$）。实验条件、年级与数字比类型三者的交互效应不显著，$F_{(1, 161)}=0.17$，$p>0.05$，$\eta^2<0.01$。

对负启动量进行 2（数字比类型：整数比、非整数比）×3（年级：六年级、八年级、大学生）的方差分析，结果表明数字比类型的主效应显著，$F_{(1, 161)}=8.29$，$p<0.01$，$\eta^2=0.05$，整数比条件下的负启动量显著大于非整数比条件下的负启动量；数字比类型与年级的交互效应不显著，$F_{(2, 161)}=0.17$，$p>0.05$，$\eta^2<0.01$。

四、讨论

本研究采用图片推理任务，发现数字比类型与实验条件产生了显著的交互效应，在整数比条件下出现了负启动效应，这与本章第四节的实验结果一致，但是在非整数比条件下没有出现负启动效应。这说明在图片推理任务中，加法问题中的整数比诱发了被试较强的过度使用比例推理的倾向，被试需要对比例策略进行抑制，因而完成随后的比例问题的反应时出现了明显的延长。但是在非整数比条件下，被试在解决加法问题时不会受到比例推理的干扰，更易于正确表征问题，从而得到正确答案。本实验与本章第三节的实验在数字比类型的影响方面得出了不同的结果，可能是由两个实验中实验材料的不同所致。虽然两个实验都涉及加法与比例问题，但本实验是以非缺值形式呈现的，而本章第三节的实验则是以缺值形式呈现的。以往研究表明，缺值形式和数字比类型均会对过度使用比例推理现象产生影响（Fernández et al.，2011，2012b；van Dooren et al.，2010b；李晓东等，2014），但是这些研究是以解题成绩为指标的。本研究是在被试正确解决问题的前提下，以有无负启动效应为指标，是对过度使用比例推理认知机制的揭示。本研究结果可能说明，当缺值形式与不同类型的数字比同时存在时，缺值形式可能是诱发个体过度使用比例推理的主要因素；当问题不以缺值形式呈现时，整数比是诱发个体过度使用比例推理的重要因素。与本章前三个实验一致，本实验再次证明成人与儿童和青少年的抑制控制效率不存在发展性差异。

本 章 小 结

一、抑制控制在解决加法应用题中的作用

抑制控制是执行功能的核心成分，是一种领域一般的认知过程，能让个体克服强烈的内在倾向或外在诱惑去做出合适的反应（Diamond，2013）。新皮亚杰学派提出的抑制控制模型认为，问题解决领域中的抑制控制表现为个体对启发式策略或过度学习策略的抑制。当抑制控制无法充分发挥作用时，即使掌握了相应的知识与概念，个体在解决问题时依然会出错。该模型指出，抑制控制能力在人的一生中都持续发挥作用，即使是成人在解决问题时也需要抑制不恰当策略的干扰（Houdé & Borst，2015）。本章的四个实验结果均表明，被试在正确解决加法问题之后再去解决比例问题时，反应时明显延长，出现了负启动效应。这一结果表明，对于大、中、小学生来说，要正确解决加法问题，不仅需要理解加法问题的内在逻辑，也需要抑制比例策略的使用。

从数学学习的课程体系来讲，加法知识在前，比例知识在后。加法思维是基于绝对量的考量，比例思维是基于相对量的考量，因此加法问题的难度是低于比例问题的。理解加法问题的内在逻辑对于本研究的被试而言应该不具有挑战性，但是仍然有许多被试因在回答加法问题时使用了比例方法而被剔除。本章研究发现，正确解决加法问题需要抑制比例策略，因此可以推测那些在解决加法问题时错误地使用了比例策略的学生，更可能是由于他们对比例策略的抑制失败，而不是由于他们无法理解加法问题所表达的数量关系。换言之，过度使用比例推理更可能是抑制控制没有充分发挥作用的结果。

二、抑制控制能力的发展

在本章的各实验中，被试的负启动量随着年级的升高而减小，但是，统计分析均没有发现负启动量存在年级差异，这说明大、中、小学生的抑制控制效率并

没有差异。这一点与 Houdé 等所提出的"抑制控制效率会随着年龄的增长而提高"的观点不符（Houdé et al.，2011；Houdé & Borst，2014）。实际上，以往的研究关于负启动量是否会随着年龄的增长而减小并没有一致的结论。例如，有研究发现，儿童在完成注意冲突任务时并没有出现负启动效应，但是随着年龄的增长，这一效应却出现了（Tipper et al.，1989）。而另一些研究则发现，被试在解决冲突性问题（不一致问题）的错误率会随着年龄的增长而降低，这可能是抑制控制能力提高的结果；但是对于正确解决问题的被试，他们的负启动量则不存在年龄差异，不同年龄段被试的抑制控制效率水平是相当的（Frings et al.，2007；Lubin et al.，2015；Pritchard & Neumann，2009）。

之所以出现这些不一致的结论，可能跟不同的实验任务需要不同的抑制控制过程有关。Borst 等（2013b）提出，依据不同的任务，负启动效应可以反映出两种抑制过程：一种是针对刺激的"自动抑制"（automatic inhibition），如经典的 Stroop 任务中对颜色词的抑制；另一种是针对策略的"有意抑制"（intentional inhibition），如对"多即是加，少即是减"这一策略的抑制。有研究指出，这两种抑制依赖于大脑的不同部位，例如，有意抑制更多依赖于前额叶皮质，而自动抑制则不需要，它更多的是依赖于大脑中的后感觉部位（posterior sensory parts）（Vuilleumier et al.，2005），更重要的是，这两个部位的成熟时间是不一样的，前额叶皮质的成熟时间大约在青少年时期，而后感觉部位在儿童期已经成熟（Gogtay et al.，2004）。在本研究中，被试在解决加法问题时很大程度上需要同时进行两种抑制：对于文字应用题中出现的整数倍数字以及图片推理任务中整数倍关系的钻石数量，被试需要对这些外源性的刺激进行自动抑制；而对于内源性地使用比例推理的倾向，被试则需要进行有意抑制。当这两种抑制混合在一起的时候，负启动效应的发展趋势变得不明显。

总体上，从我们的研究结果中可以得知，被试在解决加法问题时的错误率随着年级的升高而降低，这可能是抑制控制能力提高的结果，但是对于成功抑制了比例策略的被试来说，他们的抑制控制效率不存在年级差异。未来的研究可以采用 ERP 或 fMRI 等技术对抑制控制效率的发展趋势进行进一步的探讨。

三、数字比类型对抑制控制的影响

本章研究发现，当实验材料为数学缺值形式的应用题时，不同数字比类型下被试的负启动量不存在显著差异，但是在图片推理任务中，不同数字比类型下被试的负启动量存在显著差异，非整数比条件下的负启动量显著小于整数比条件下的负启动量。这可能是由问题形式造成的。在解决加法问题时，被试能够非常直观地看到图片上钻石数量之间的比是否为整数，当图片中两位主人公的钻石数量之比不为整数时，由于不存在文字应用题中缺值结构的影响，被试可以很快推理出两位主人公之间的关系并做出判断，从而在抑制比例策略时不需要消耗太多的认知资源，甚至不需要对比例策略进行抑制。这表明在排除了缺值问题结构的影响后，数字比类型对被试的抑制控制过程有很大的影响，进一步证实了数字比类型不仅会影响被试能否对比例策略进行抑制，还会影响被试的抑制控制过程这一观点。本研究并没有发现数字比类型对不同年级的被试会产生不同的影响，这与前人使用纸笔测验的研究结果一致（Fernández et al.，2011，2012b；van Dooren et al.，2009）。笔者认为，数字比类型作为外源刺激，会影响被试在解决加法问题时对刺激的抑制过程，而不会影响被试对策略的抑制过程，依据前文的描述，被试对刺激的抑制机能在儿童期已经成熟（Gogtay et al.，2004），而本章研究中的最小年龄组被试为六年级学生，其抑制机能的发育可能已经达到成熟水平，与青少年及成人的抑制机能水平相当，因此数字比类型与年级的交互效应不显著（江荣焕，李晓东，2017）。

四、结论

大、中、小学生在缺值问题和图片推理任务中均出现了负启动效应，说明克服比例推理的过度使用需要抑制控制的参与。不同年级学生的负启动量没有差异，说明他们完成加法问题时的抑制控制效率没有差异。在图片推理任务中，不同年级学生在不同数字比类型下的负启动量存在显著差异。

第九章

数学教师、抑制控制与数学问题解决

第一节　教师与数学问题解决

一、从教师视角研究数学问题解决中的启发式偏差的意义

数学教师的认知能力和知识水平与他们的教学质量和学生的学习效果密切相关（Baier et al., 2019; Bardach & Klassen, 2020; Baumert et al., 2010; Krauss et al., 2008b; Wilson & Bai, 2010）。有研究发现，教师对数学内容和教学体验的元认知与反思能力会影响他们的教学方法及在后续教学实践中的有效选择（Mewborn, 1999; Posthuma, 2012），这些会进一步对学生的思维和学习产生影响（Curwen et al., 2010; Wilson & Bai, 2010）。Anderson（2002）指出，理解和监测认知过程是教师的核心能力。很多研究证实教师的数学内容知识（即对数学材料的概念性理解）、以更详细和先进的视角看待数学等对教师的专业发展和学生的学习具有重要影响（Baumert et al., 2010; Krauss et al., 2008b）。因此，要理解影响教师的教学质量和学生学习结果的因素，必须了解教师具备哪些数学知识以及他们对数学问题的思考方式，从而设计出更加有效的教师职业发展培训方案。

在数学问题解决领域，学生中存在顽固的启发式偏差是教师应该了解的一种重要的内容知识。对于数学教师来说，知道自己是否仍需克服这类启发式偏差也非常重要。这有助于帮助他们反思自己的教学经历并在必要时改进教学。

二、专长对克服数学问题解决中的启发式偏差的影响

数学教师，特别是有多年教学经验的数学教师可以被看作小学数学问题解决

领域的专家。以往研究表明，随着在所在领域的专长不断积累，数学专家更有可能不受启发式偏差的影响（Hoch et al.，2018；Obersteiner et al.，2016）。这是因为数学专家在解决问题时不用依赖启发式就可以提炼和修正策略。例如，研究发现，在判断代数不等式（如 $4×x>4$）是对还是错时，专家比学生更可能意识到 "x" 可以是有理数，而且专家在进行代数不等式判断时能够完全避免出现自然数偏差（Obersteiner et al.，2016）。此外，近期有研究显示，有些人在初始反应阶段对问题的逻辑结构就很敏感，说明逻辑反应可能与启发式直觉同时产生（Bago & de Neys，2017；de Neys，2012，2013）。这些研究指出，有部分人在解决问题时的启发式或直觉反应是符合逻辑的并总会做出正确解答，因此，这部分人是不会受到不正确的启发式影响的，所以对他们来说就不需要克服这类偏差。由于小学数学教师更经常遇到基本的数学问题，他们在探测数学问题的逻辑结构方面有更丰富的经验，因而对这些问题会产生直觉的逻辑反应。因此，本研究提出假设 1：小学数学教师可能不会受到比例启发式偏差的影响，在解决非比例问题时无需抑制启发式偏差。

先前的研究表明，个体在特定领域的专长发展与他们抑制误导性策略较强的能力有关（Lubin et al.，2016；Masson et al.，2014；Obersteiner et al.，2013）。例如，Obersteiner 等（2013）发现，数学专家在分数比较任务中也会受到自然数偏差的影响，但是程度小于非专家。为了考察专家是否在算术问题上也需要抑制误导性策略，Lubin 等（2016）比较了数学专业的大学生和非数学专业的大学生在负启动任务上的表现。结果发现，专家在解决冲突性比较问题时（如小丽有 10 个弹球，她比小明多 5 个，小明有多少个弹球？）仍然需要抑制 "多即加，少即减" 的启发式策略，但是专家的负启动量小于非专家。这些研究表明，专家也需要抑制误导性启发式策略，但是他们的抑制效率比非专家高。因此，本研究提出假设 2：小学数学教师在解决非比例问题时可能依然会受到比例启发式的影响，但是他们的抑制效率要比普通成年人高。

先前的研究表明，影响比例推理过度使用的一个重要因素是个体对比例的熟悉性（de Bock et al. et al.，2007；Fernández et al.，2012b；江荣焕，李晓东，2017；李晓东等，2014）。随着比例知识的学习与应用经验的增加，学生过度使用比例推理的倾向也会增强，直到他们学习更高阶的非线性的数学内容（如二次函数和指数函数）（de Bock et al.，2007；Jiang et al.，2017）。例如，Jiang 等（2017）发现，中国学生过度使用比例推理的高峰出现在六年级，从七年级开始下降。这种发展趋势与六年级学生进行大量的比例推理训练，而七年级学生开始学习复杂的线性关系有关（Jiang et al.，2017；李晓东等，2014）。有多年教学经验的小学数学教师在解决基本的数学问题方面有丰富的经验和技能，但是由于教学内容的影响，他们遇到较多的例关系问题，较少接触更高阶的数学内容。因此，教师可能由于过度练习和学习比例的缘故，有更强的过度使用比例推理的倾向，比普通成年人更难抑制比例启发式偏差。因此，基于熟悉性和比例推理的过度学习的视角，本研究提出假设 3：小学数学教师可能有更强的依赖比例推理的倾向，因此对于他们来说，克服比例启发式偏差更为困难。

第二节　教师在数学问题解决中需要抑制启发式偏差：来自负启动的证据

一、实验目的

本研究考察小学数学教师、数学师范生在解决非比例推理问题时是否会依然受到比率偏差的影响，在克服偏差时是否需要抑制控制的参与，以及专家与普通大学生之间在抑制效率上是否存在差异。

二、实验方法

（一）被试

实验招募了 3 组被试：小学数学教师（要求具有数学或应用数学的学士学位，有 4 年以上的小学教学经验）、数学师范生以及非数学专业的大学生。数学教师和数学师范生被视为专家组，因为他们均接受了系统的数学教育训练。

被试共 114 名，其中 32 名小学数学教师（男 11 名，女 21 名，平均年龄为 36.0±7.3 岁）来自两所广东普通小学，23 名数学师范生（男 12 名，女 11 名，平均年龄为 20.0±1.6 岁）和 43 名大学生（男 21 名，女 22 名，平均年龄为 19.8±1.4 岁）来自深圳大学。所有被试视力或矫正视力正常，之前未参加过同类实验。

（二）实验材料

实验材料为缺值形式的文字应用题，包括 3 类问题：①比例问题，变量之间是一种比例的协变关系（即 A 和 B 两个人同时开始进行某种活动，但是 A 比 B 快几倍），可以用比例或乘法运算得到正确答案；②加法问题，需要用加法或减法运算解决问题（即 A 和 B 两个人速度相同，但 A 先开始做）；③中立问题，既不需要运用比例运算也不需要加法运算解决问题（即 A 和 B 两个人以相同速度同时开始做）。题目样例和答案参见表 9-1。为了简化运算难度，题目中的数字比均为 1～4 的整数比，加减法不需要借位，以减少被试心算的认知负荷。同样采用负启动设计，包括 8 个测试试次和 8 个控制试次。测试试次中是启动项为加法问题，探测项为比例问题；控制试次中的启动项为中立问题，探测项为比例问题。根据负启动的逻辑，如果比例方法是解决缺值问题的启发式策略，那么被试在测试试次中解决加法问题时就需要抑制比例策略，而对控制试次中的中立题则既不需要抑制也不需要启动该策略。被试在测试试次与控制试次中的探测项（比例问题）上的差异即为负启动效应。需要说明的是，测试试次和控制试次中的比例问题除了人物姓名不同外，其他都是相同的，因此二者的任务难度是一致的。

表 9-1　实验材料样例及答案

题目类型	样例	答案
比例问题	小明和小红正在骑单车， 他们同时开始，但小明骑得比小红快。 当小红骑了 2 英里时，小明骑了 4 英里， 那么，当小红骑了 8 英里时，小明骑了多少英里？	比例/乘法： （4/2）×8=16（英里）
加法问题	小超和小刚正在跑道上跑步， 小超比小刚先开始，但他们跑得一样快。 当小刚跑了 3 圈时，小超跑了 6 圈， 那么，当小刚跑了 9 圈时，小超跑了多少圈？	加法/减法： 9+（6-3）=12（圈）
中立问题	小王和小华正在雪地里滑雪， 他们同时开始，而且两人滑得一样快。 当小王滑了 4 英里，小明滑了 4 英里， 那么，当小王滑了 10 英里时，小华滑了多少英里？	简单比较： 4=4（英里） 10=10（英里）

（三）实验程序

被试坐在电脑前，被告知需要心算解决一些小学数学问题。问题是在电脑上呈现的，被试的任务是判断对错。要求被试又快又准地做出反应。被试先完成 6 个练习试次（每种题目各 2 个），如果没明白可以重新练习。实验流程见图 9-1。正式实验中，首先呈现 500ms 的注视点"+"，之后呈现启动项。如果被试认为答案错误，则按"F"键；如果被试认为答案正确，则按"J"键。被试做出反应（或最长 15 000ms）之后呈现空屏 800ms，然后呈现探测项，最长呈现时间与启动项相同。被试做出反应或最长时间到了之后，呈现空屏 800ms。一个试次结束后，呈现 1500ms 的中性图片，以此来缓冲试次间的迁移效应。最后呈现 500ms 空屏结束该试次。所有试次随机呈现，相同类型的试次不会连续出现 2 次以上。

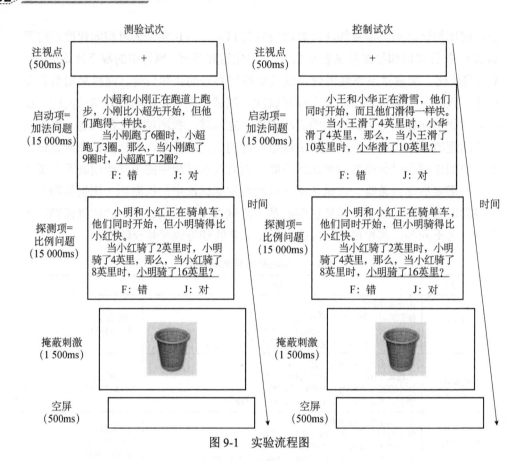

图 9-1　实验流程图

三、实验结果

计算每个试次中每名被试在启动项和探测项上的错误率。由于负启动效应只在被试正确回答测试试次的不一致启动项问题时才能观察到，因此只将在启动项和探测项上都回答正确的反应时纳入分析。计算被试在每种试次中的启动项和探测项上的反应时中位数。采用中位数作为集中倾向的测量指标，是因为中位数不易受到极端数据或偏态数据的影响（Hilbig & Pohl，2009）。

负启动范式假设启发式策略是自动激活的，被试在解决冲突问题时需要抑制该策略。换句话说，被试解决非冲突问题的表现应该比解决冲突问题更好。为此，我们首先比较控制试次中非冲突问题（比例问题）与测试试次中的冲突问题（加法问题）的错误率和反应时。由于控制试次中探测项（比例问题）上的反应是不受启动问题（中立问题）影响的，因此被试在控制试次中探测项上的反应可以作为基线。错误率和反应时的描述统计结果见表 9-2。

表 9-2 不同组别被试在不同类型问题上的错误率（%）和反应时（ms）（*M*±*SD*）

因变量			小学数学教师	数学师范生	大学生
错误率	启动项	控制	4.69±10.41	0	1.16±3.67
		测试	39.84±27.58	13.04±22.13	22.09±19.48
	探测项	控制	24.61±26.27	8.70±10.28	9.30±14.96
		测试	28.91±23.21	7.06±7.37	9.01±14.26
反应时	启动项	控制	5857.02±1925.26	4165.07±1320.07	3533.32±910.28
		测试	8572.39±2777.74	6932.74±1463.16	6460.66±2400.50
	探测项	控制	7809.44±2264.12	6004.24±1646.28	5411.50±1591.15
		测试	8889.77±3095.16	6923.63±1753.80	6049.00±2094.11
	负启动量		1080.33±2699.58	919.39±1584.42	637.50±1521.36

注：负启动量=测试条件下探测项目的反应时−控制条件下探测项目的反应时

对控制探测项（比例问题）与测验启动项（加法问题）的错误率和反应时进行 2（问题类型：比例问题、加法问题）×3（组别：小学数学教师、数学师范生、大学生）的方差分析，结果表明：在错误率上，问题类型的主效应显著，$F(1, 95)=12.05$，$p<0.01$，$\eta^2=0.11$，被试在比例问题上的错误率低于加法问题上的错误率；组别的主效应显著，$F(2, 95)=11.52$，$p<0.01$，$\eta^2=0.20$，事后比较发现，小学数学教师比数学师范生[$t(95)=4.30$，$p<0.01$，Cohen's $d=0.44$]和大学生[$t(95)=3.93$，$p<0.01$，Cohen's $d=0.40$]犯的错误多；问题类型与组别的交互效应不显著，$F(2, 95)=0.95$，$p>0.05$，简单效应分析发现，相较于比较问题，小学数学教师（39.84% vs. 24.61%，$p<0.01$，Cohen's $d=0.79$）和大学生（22.09% vs. 9.30%，$p<0.01$，Cohen's $d=0.71$）在加法问题上的错误率更高，数学师范生在两类问题上的错误率差异不显著（13.04% vs. 8.70%，$p>0.05$）。

对反应时做同样的方差分析，结果显示：问题类型的主效应显著，$F(1, 95)=13.59$，$p<0.01$，$\eta^2=0.13$，相较于比例问题，被试在加法问题上的反应时更长；组别的主效应显著，$F(2, 95)=15.67$，$p<0.001$，$\eta^2=0.25$，事后检验发现，小学数学教师的反应时比数学师范生[$t(95)=3.59$，$p<0.01$，Cohen's $d=0.36$]和大学生[$t(95)=5.50$，$p<0.01$，Cohen's $d=0.56$]长；组别与问题类型的交互效应不显著，$F(2, 95)=0.13$，$p>0.05$。

对探测项上的错误率和反应时进行 2（测试类型：测验、控制）×3（组别：小学数学教师、数学师范生、大学生）的方差分析，结果表明：①对于错误率，测试类型的主效应不显著，$F(1, 95)=0.29$，$p>0.05$；测试类型与组别之间的交互效应不显著，$F(2, 95)=1.45$，$p>0.05$；组别的主效应显著，$F(2, 95)=13.35$，$p<0.01$，$\eta^2=0.22$，事后检验发现，小学数学教师比数学师范生[$t(95)=4.25$，$p<0.01$，

Cohen's $d=0.43$]、大学生[t（95）$=4.64$，$p<0.01$，Cohen's $d=0.47$]的错误率更高。②对于反应时，测试类型的主效应显著，相较于控制试次，被试在测试试次中比例问题上的反应时更长，F（1，95）$=17.82$，$p<0.01$，$\eta^2=0.16$；组别的主效应显著，F（2，95）$=17.83$，$p<0.001$，$\eta^2=0.27$，事后检验发现，小学数学教师的反应时比数学师范生[t（95）$=3.63$，$p<0.01$，Cohen's $d=0.37$]和大学生[t（95）$=5.91$，$p<0.01$，Cohen's $d=0.60$]长，数学师范生和大学生之间无显著差异；测试类型与组别的交互效应不显著，F（2，95）$=0.47$，$p>0.05$。

这些结果说明，相较于加法问题，被试在比例问题上表现更好、反应更快，同时也表明出现了负启动效应，同解决完中立问题后再解决比例问题相比，被试在解决完加法问题后再解决比例问题需要更多的时间。组别和测试类型无交互效应，说明 3 组被试在负启动量上无显著差异。

本 章 小 结

一、专长对数学问题解决中的启发式偏差的影响

本研究的目的是考察小学数学教师和数学师范生是否在解决非比例问题时也会存在比率偏差以及抑制控制在克服偏差中的作用。实验表明，无论是小学数学教师、数学师范生还是大学生，他们在比例问题上的表现均好于在加法问题（即冲突问题）上的表现，说明三类群体均存在比例启发式偏差，而且无论是经验丰富的小学数学教师还是数学师范生，他们都和大学生一样出现了负启动效应。这些结果部分支持了假设 2，即经验丰富的教师和师范生也会受到比例推理的偏差影响，在解决非比例问题时也需要抑制控制的参与。研究结果也部分支持假设 3，即经验丰富的教师有更强的过度使用比例推理的倾向。

本研究与之前关于儿童和成人比例推理过度使用的研究结果一致（江荣焕，李晓东，2017；Jiang et al.，2020b）。本研究结果再次说明比例推理的过度使用是一种广泛存在的启发式偏差。在本研究中，冲突问题是需要进行加减运算的问题，非冲突问题是需要进行乘除运算的问题，前者应该比后者简单，因为在小学阶段，学生是先学习加减法后学乘除法的。但是被试在加法问题上的错误率更高、反应时更长。这个结果说明，被试在加法问题上的不佳表现不是由问题难度而是由额外的抑制控制过程导致的。本研究验证了在解决特定形式的数学问题时，个体会自动激活比例推理，抑制比例策略是正确解决问题的关键机制（Gillard et al.，

2009a；江荣焕，李晓东，2017；Jiang et al.，2020b）。

本研究没有观察到"专长效应"，即小学数学教师应该比非数学专业的大学生表现更好。相反，我们发现具有丰富教学经验的小学数学教师反而有更强的过度使用比例推理的倾向，与假设3一致。根据先前的研究，启发式偏差或者是由直觉经验（如"*more A-more B*"的直觉法则），或者是由过度学习导致的（Jiang et al.，2019a；Lubin et al.，2013；Osman & Stavy，2006）。对于有丰富经验的小学数学教师来说，他们反而更易受到过度学习的比例推理的误导。此外，比例性或线性[函数形式 $f(x)=ax$，$a \neq 0$]是小学和初中数学知识的一个分水岭，它是小学数学里最高阶的知识，也是学生理解高阶数学的最基础的内容（Lesh et al.，1988；Ortiz，2015）。在教学实践中，小学数学教师很少有机会接触高阶数学知识，他们更可能形成比例性的专长，因此表现出更强的过度使用比例推理的倾向。

一个可能的质疑是教师在加法问题上的不佳表现是由年龄而不是比例推理的过度练习造成的。在本研究中，小学数学教师的平均年龄远大于另外两组大学生。先前研究表明，执行功能（包括工作记忆、抑制控制和认知灵活性，见 Diamond，2013）具有年龄效应。年龄效应可以解释小学数学教师为什么在加法问题和比例问题上的表现均不佳。但是由于教学经验也是随着年龄增长而增加的，因此要排除年龄效应是十分困难的。未来的研究可以引入一个与小学数学教师年龄匹配的成人组来回答这个问题。尽管如此，本研究发现有经验的小学数学教师更可能受到比例启发式偏差的影响，因为他们在加法问题和比例问题上的表现差别最大（错误率分别为39.84%和24.61%，Cohen's d 的值最大）。有丰富教学经验的在职教师依然会受到启发式偏差的影响，他们对启发式偏差的反应会影响其教学质量和学生的学习效果，即教学实践可能是学生产生启发式偏差的来源。本研究的结果是基于中国教师的，未来的研究可以考察不同文化背景下教师是否存在同样的问题。

本研究发现，数学师范生较少受到比例启发式偏差的影响，他们在加法问题和比例问题上的错误率都很低，二者之间的差异不显著。但是数学师范生同样表现出与其他组别相当的负启动效应，说明其与另外两组在抑制控制效率上没有差异。这个结果与 Lubin 等（2016）的研究结果不一致，他们的研究显示，数学专业的大学生比人类学专业的大学生的负启动效应小。这种不一致可能与本研究中非数学专业的学生包括与数学专业较为接近的理科（如物理）学生有关。我们在数学师范生上没有观察到"专长效应"，这可能是因为他们是作为数学教师而非数学家培养的。根据先前研究，只有做数学家的工作才被视为数学专家，因为他们更可能比非专家对学科有深入的理解（Obersteiner et al.，2013，2016）。未来的研究可以把数学家作为专家来考察数学专长的发展与抑制控制效率的关系。

二、专长研究对教师培训的启示

本研究发现，有经验的小学数学教师更容易出现比率偏差错误，这一发现具有重要的意义。许多致力于提高教师教学质量的研究都把重心放在教师的内容知识（即对领域本身的深入理解）和教育学知识（在课堂中如何优化学习情境）上（Baumert et al., 2010; Borko & Livingston, 1989; Krauss et al., 2008a, 2008b）。本研究建议将数学问题解决中的启发式偏差和抑制控制作为内容知识和教育知识传授给教师。一方面，启发式偏差的顽固性可能对个体的数学学习与思维造成干扰，而抑制控制是克服此类偏差的关键机制。这种认知机制有助于教师对数学现象的本质有更深入的理解。具体来说，当在教学中遇到错误答案时，教师不要单纯地认为学生没有掌握相应的知识，也要把这些错误与启发式偏差联系起来，这样有助于真正帮助学生。另一方面，先前的研究表明，教师对自己的思维过程进行清晰的觉察与反思有助于提高教学水平（Baylor, 2002; Wilson & Bai, 2010）。由于教师和学生都容易出现启发式偏差，设计帮助教师理解和克服此类偏差的教育干预将十分有益。抑制控制领域的许多研究也指出，有针对性的干预策略可能更有效地帮助学生克服启发式偏差（Babai et al., 2014, 2015; Cassotti & Moutier, 2010; Greer, 2009; Lubin et al., 2016; Moutier & Houdé, 2003; Vamvakoussi et al., 2012）。例如，在学生解决问题时，教师可以提醒他们使用"停下来想一想"（"stop and think"）的策略（Greer, 2009; Lubin et al., 2016; Vamvakoussi et al., 2012）。通过这种慢下来的策略，有意和受控制的思考过程可以战胜容易被激活的启发式第一反应（Lubin et al., 2016; Vamvakoussi et al., 2012）。

三、结论

小学数学教师和数学师范生与普通大学生一样，在解决非比例问题时存在过度使用比例推理的现象，克服这种启发式偏差需要抑制控制的参与。

第十章

冲突探测、抑制控制及工作记忆在克服比例推理过度使用中的作用

第一节　比例推理过度使用的认知机制

一、比例推理的过度使用：冲突探测失败还是抑制控制失败？

研究表明，无论是儿童、青少年、大学生，还是具有丰富教学经验的小学数学教师，他们在解决非比例问题时都会出现过度使用比例推理的现象。这一现象被认为是基于启发式思维的系统性偏差，具有顽固性（李晓东等，2014；江荣焕，李晓东，2017；van Dooren et al.，2009；Gillard et al.，2009a；Lim & Morera，2010；Jiang et al.，2020a）。

近年来，研究者转向比例推理过度使用的认知机制研究。有研究者从双加工理论出发认为，比例推理是一种自动化的启发式加工，易被问题的表面特征激活，他们发现在时间压力下，被试更可能在非比例问题上使用比例方法（Gillard et al.，2009a）。江荣焕和李晓东（2017）从抑制控制模型出发，采用负启动范式，发现儿童和成人要克服过度使用比例的现象，需要抑制控制的参与，相较于比例问题，被试在加法问题上的错误率更高、反应时更长。

负启动研究只能回答抑制控制有助于克服比例推理的过度使用。那么，比例推理的过度使用究竟是因为个体抑制失败，还是因为个体没有意识到比例启发式问题与非比例问题之间的冲突呢？在启发式研究领域，最近的一些研究尝试回答这个问题。研究比较了被试在冲突问题（启发式反应与逻辑思维不一致）与非冲突问题（启发式反应与逻辑思维一致）上的反应，发现同非冲突问题相比，被试在冲突问题上的反应更慢、对答案的自信心更低，说明被试可能意识

到了使用启发式策略所产生的错误（de Neys et al.，2013，2014；Lubin et al.，2015；Mevel et al.，2015）。例如，Lubin 等（2015）发现，学生在解决简单数学应用题时可以意识到对启发式策略的误用（例如，在比多比少问题中，见到"多"就用加法，见到"少"就用减法）。他们的研究要求学生对解答冲突问题与非冲突问题的自信心水平进行评价。结果发现，儿童在错误解答冲突问题时的自信心水平低于正确解答非冲突问题时的自信心水平，说明他们是可以意识到答案与问题之间的冲突的。其他关于数学问题的研究也发现，个体是可以探测到启发式策略与分析式策略的冲突的。Mevel 等（2015）发现，人们在解决经典的基础比率偏差任务时对他们的错误很敏感。其他研究也证实存在类似的效应，如经典的球拍与球（bat-and-ball）任务（de Neys et al.，2013），以及类皮亚杰数量守恒任务（de Neys et al.，2014）。因此，本研究的第一个目的是采用视觉图片推理任务来降低文字题的认知负荷，考察被试在非比例问题上出现比例错误是冲突探测失败还是抑制控制失败。

二、工作记忆与比例推理的过度使用

以往的研究表明，存在一类很容易受启发式策略误导的学生（Aïte et al.，2016；de Neys，2012；de Neys et al.，2011；江荣焕，李晓东，2017；Lanoë et al.，2016；Lubin et al.，2013）。例如，Lubin 等（2013）发现，近30%的六年级学生总是错误地使用"多即加，少即减"的启发式策略，他们在算术比较问题上的表现处在随机水平。另有研究发现，在推理时出现了偏差的人是能够探测到目标问题与误导性策略之间存在冲突的，他们对该策略的误用可能是由认知容量有限从而无法抑制误导性策略导致的（de Neys，2017；de Neys et al.，2014）。但是出现偏差的人比没有出现偏差的人抑制误导性策略的能力更差的原因尚不清楚，因此本研究的第二个目的是对这一问题进行探究。

抑制控制与工作记忆密切相关，工作记忆是抑制控制的支持系统（Diamond，2013；Redick et al.，2007）。研究表明，同需要抑制控制的分析式加工相比，启发式加工对工作记忆资源的需求较少（Logan，1988；Rydell et al.，2006）。换言之，工作记忆资源是人们抑制基于启发式策略的反应并采用分析式策略解决问题的必要条件，工作记忆的损耗会促进人们使用启发式策略。例如，研究发现，当要求被试完成记忆任务时，由于消耗了工作记忆资源，他们在解决非比例问题时更可能出现比率偏差（Gillard et al.，2009a）。这说明在工作记忆容量较小时，人们更依赖于启发式策略。因此在完成推理任务时，出现偏差的个体比未出现偏差的个体犯更多的错误，是因为前者比后者的工作记忆容量小。Beilock 和 DeCaro（2007）发现，工作记忆容量小的学生在算术问题上更依赖直觉策略（简单但低效的捷径）而不是算术策略（需要多个步骤才能获得正确答案）。因此，我们假设学生过度使用比例推理的现象可能与工作记忆容量小有关。

三、抑制控制与比例推理的过度使用：领域一般抑或领域特异？

本研究想进一步探明学生在非比例问题上是否也需要抑制比例策略，这种抑制是领域一般性的还是领域特异性的。负启动范式测量的抑制一般是与策略有关的抑制（Borst et al.，2013b；Lubin et al.，2013，2016），而 Stroop 任务通常用来测量抑制的相关过程（Diamond，2013；West & Alain，2000），反映的是对干扰的一般抑制过程（West & Alain，2000；Wright et al.，2003）。先前的研究表明，一般抑制能力会影响个体在误导性任务上的表现（Borst et al.，2015；Toplak et al.，2011）。例如，Toplak 等（2011）发现，学生在 Stroop 任务上的表现与其在解决需要抑制启发式偏差的问题（如经典的球拍与球任务）上的表现呈正相关，从而支持一般抑制能力可能与抑制比例启发式有关。

然而，最近有研究显示，一般抑制能力无法解释个体在克服误导性启发式策略上的个体差异（Lubin et al.，2016）。研究发现，专家比非专家在克服误导性启发式策略方面更有效率，表现为专家的负启动效应量更小，但两者在 Stroop 效应上无显著差异，说明负启动效应所反映的抑制与 Stroop 效应的抑制可能是不同的。综上所述，一般抑制能力低的学生在解决非比例问题时是否在抑制启发式比例策略方面也较差尚不清楚。因此，本研究的第三个目的是考察一般抑制能力在克服比例推理的过度使用中的作用。

本研究分为两个实验：第二节的实验采用图片推理任务，以六年级和八年级学生为被试，考察抑制控制、工作记忆、冲突探测在克服比例推理的过度使用中的作用；第三节的实验采用缺值任务，进一步探究抑制控制和工作记忆在克服比例推理的过度使用中的作用。先前的研究未发现六年级、八年级学生及成人在克服比例推理的过度使用时的抑制效率有发展性差异，我们推测可能是成功解决启动问题的儿童的抑制控制能力已达到较为成熟的水平，因此他们的抑制控制效率与青少年和成人没有发展性差异。抑制控制效率的发展性差异可能在年龄更小的儿童中表现出来，为检验这种可能性，第三节的研究对象为小学四至六年级学生。

第二节　抑制控制、工作记忆、冲突探测在克服比例推理过度使用中的作用

一、实验目的

本研究考察抑制控制、工作记忆、冲突探测在学生克服图片推理任务中过度使用比例启发式策略的作用。采用被试内设计，分两个阶段完成测试任务。首先采用负动式范式考察抑制控制的作用，然后根据被试在图片推理任务上的表现，将其分为偏差组和非偏差组，并假设非偏差组的工作记忆容量大于偏差组，且一般抑制能力高于偏差组。同时假设学生能够探测冲突，表现为其在错误解决非比例问题时报告的自信心比正确解决比例问题时的自信心低。学生的工作记忆容量及一般抑制能力与他们在非比例问题上的表现呈正相关。

二、实验方法

（一）被试

被试为河南省一所小学和一所初中的 137 名学生，其中六年级学生 76 名（男生 34 名，女生 42 名，平均年龄为 11.8±0.7 岁）、八年级学生 61 名（男生 33 名，女生 28 名，平均年龄为 13.6±0.7 岁）。所有被试视力或矫正视力正常，以前未参加过同类实验。

（二）实验任务

1. 图片推理任务

图片推理任务采用江荣焕和李晓东（2017）的实验任务（参见第八章）。任务分为比例问题、加法问题和中立问题。在比例问题中，两个小矮人挖的钻石数量的比是固定的，可观察到二者的比例协变关系（即两个小矮人一起挖，但其中一个小矮人先开始挖），因此被试可以使用比例策略正确解决问题。在加法问题中，两个小矮人挖的钻石数量的差值是固定的，可观察到二者加法的协变关系（即两个小矮人挖的速度相同，但其中一个小矮人先开始挖）。要正确解决这个问题，被试需要抑制比例策略，并计算二者的差异。在中立问题中，两个小矮人挖的钻石数量是相同的（即两个小矮人同时开始挖且挖的速度相同）。完成中立问题既不需

要启动也不需要抑制比例策略或加法策略。为了控制难度，钻石的数量小于等于10个，数字比为整数，且小于等于3。

采用负启动实验范式，实验材料和程序与江荣焕李晓东（2017）的相同（参见第八章）。测试试次中，启动项为加法问题，探测项为比例问题；控制试次中，启动项为中立问题，探测项为比例问题，实验流程见图10-1。

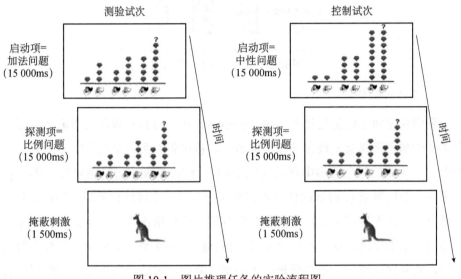

图 10-1　图片推理任务的实验流程图

2. 自信心评定任务

自信心评定任务用来测量冲突探测。实验要求被试对两个推理任务的答案进行自信心评分。采用 4 点评分，1 代表完全不确定，4 代表完全确定，见图 10-2。为了确保被试理解判断标准，给被试呈现答案非常肯定（例如，"你们学校的名称是什么"）或非常模糊（例如，"你们学校有多少名女生"）的问题样例。告知被试，对于某些问题，人们是可以非常确信自己的答案的（de Neys et al.，2014）。被试明白上述要求之后开始作答。给被试呈现比例问题和加法问题各一道，一半被试先做比例问题并对答案进行自信心评定，再做加法问题并对答案进行自信心评定，另一半被试做题的顺序相反。之前的研究表明，重复做冲突题与非冲突题会提高被试对解题过程的监控程度，从而改变被试对冲突的敏感性并影响其接下来的表现（de Neys，2012；Kahneman，2011），因此为了消除学习效应，本研究只采用两道自信心评定任务的题目。

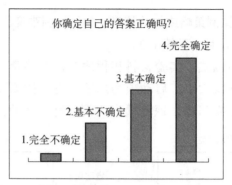

图 10-2　自信心评定任务示例

3. 工作记忆任务

采用视空间工作记忆任务（Westerberg et al.，2004）测量工作记忆广度。一个 4×4 的黑色网格会呈现在计算机屏幕上，被试将看到一个红色实心圆点（刺激线索）在 4×4 的黑色网格中移动（图 10-3），红点呈现位置是随机的（不会重复出现在一个位置上）。被试的任务是记住每一个红点出现的位置以及顺序，并在空网格出现后马上按照之前看到的位置和顺序用鼠标依次点击相应位置（如果位置正确但点击顺序错误同样不计分）。项目长度为 2～9 个，从呈现 2 个红点的试次开始，随着试次增加，红点数量逐步增加。其中，被试在每个项目长度下均有两次机会，两次均未通过则实验自动退出。工作记忆广度的计算是一个累加的过程。例如，被试在 2～5 个项目长度的题目上两次作答全对，在 6 个项目长度的题目上通过 1 次，在 7 个项目长度的题目上全错，那么该被试的工作记忆广度为 2+2+3+3+4+4+5+5+6=34。

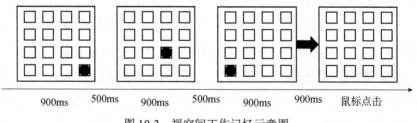

　　900ms　　500ms　　900ms　　500ms　　900ms　　900ms　　鼠标点击

图 10-3　视空间工作记忆示意图

4. 数字 Stroop 任务

采用数字 Stroop 任务测量被试的一般抑制能力（Pina et al.，2015）。数字 Stroop 任务要求被试比较两个个位数的数值大小，并判断左边数字的数值大还是右边数字的数值大（左右手食指分别放在"F"和"J"键，左边数字大按"F"键，右边数字大按"J"键）。刺激材料包含两个维度：数字字号和数值。根据字号大小和数值大小的一致性，可将实验条件分为三类：一致条件、不一致条件和中性条件（图10-4）。在一致条件下，数值大的数字字号也大，字号对数值大小的正确判断起易化作用；在不一致条件下，数值大的数字字号小，字号对数值大小的正确判断起干扰作用；在中性条件下，两个数字的字号相同。其中，中性条件下，数字的字号是48号；一致、不一致条件下，数字的字号分别是28号和72号。由1、2、3、4、6、7、8、9组成18个数字对，以5为分界线，根据数字对的同侧性和间距大小，将数字对分为小间距数字对和大间距数字对。其中，小间距数字对有11对，数字间距分别是1（1和2、2和3、3和4、6和7、7和8、8和9）和2（1和3、2和4、4和6、6和8、7和9）；大间距数字对有7对，数字间距分别为4（2和6、3和7、4和8）和5（1和6、2和7、3和8、4和9）。每个数字对出现两次，对大数字在左右两边出现的顺序进行平衡。3种条件各包含36个试次。将不一致试次和一致试次的反应差异（即Stroop效应）作为测量抑制能力的指标，差异小代表抑制能力高（Pina et al.，2015）。被试先完成12个练习试次（3种条件各4个试次），再进行正式实验。

一致条件　　　　　不一致条件　　　　　中立条件

图10-4　数字Stroop任务示意图

（三）实验程序

实验分两次进行。第一次，被试完成图片推理任务；然后休息5min，再完成自信心评定任务。一个星期之后进行第二次实验，被试需要完成工作记忆任务和数字Stroop任务。

三、实验结果

（一）抑制控制在克服比例推理过度使用中的作用

根据负启动效应的定义，只有被试正确解决测试试次上的加法问题，其在探测项上对比例问题的反应才有意义。因此剔除在加法问题上的表现低于随机水平的被试。有效被试为 38 名六年级学生（占样本的 50.0%）和 32 名八年级学生（占样本的 52.5%）。将在启动项和探测项上都正确的反应时纳入分析，共有 62.8% 的数据进入分析。此外，剔除各类题目的平均反应时在 2 个标准差之外的极端数据，剔除率为 1.3%。被试的错误率和反应时见表 10-1。

表 10-1　六年级、八年级学生的错误率（%）与反应时（ms）（$M \pm SD$）

因变量			六年级	八年级
探测项	错误率	控制	28.97±17.90	31.64±15.55
		测试	32.89±16.29	31.64±14.89
	反应时	控制	6199.72±2080.85	5295.35±1373.89
		测试	6497.35±2003.54	5787.74±1696.62
	负启动量		297.63±1466.19	492.40±1128.77

对错误率和反应时分别做 2（试次类型：测验、控制）×2（年级：六年级、八年级）的重复测量方差分析。

对于探测项的错误率，试次类型的主效应不显著，$F(1, 68)=0.88$，$p>0.05$，测试试次（32.32%）和控制试次（30.19%）的错误率无显著差异，因此任何基于反应时的负启动效应都可以排除速度-准确性权衡；年级的主效应不显著，$F(1, 68)=0.46$，$p>0.05$，年级与试次类型的交互效应也不显著，$F(1, 68)=0.88$，$p>0.05$。

对于探测项的反应时，试次类型的主效应显著，$F(1,68)=6.02$，$p<0.05$，$\eta^2=0.08$，测试试次的反应时（6172.96±1916.36ms）显著长于控制试次的反应时（5786.29±1861.70ms），表明出现了负启动效应；年级的主效应边缘显著，$F(1, 68)=3.77$，$p=0.056$，$\eta^2=0.05$，八年级学生要比六年级学生的反应时短；年级与试次类型的交互效应不显著，$F(1, 68)=0.37$，$p>0.05$。

（二）冲突探测与比例推理的过度使用

为了考察在加法问题上出现错误的被试能否探测到冲突（即比例策略不适用于解决加法问题），我们对被试错误解决加法问题后的自信心进行检验，根据其在自信心评定任务上的反应将其分为 4 组：组 1 在比例问题上正确，在加法问题上错误（$n=42$，占总样本的 32.1%）；组 2 在两类问题上都正确（$n=71$，占总样本的 54.2%）；组 3 在加法问题上正确，在比例问题上错误（$n=10$，占总样本的 7.6%）；组 4 在两类问题上都错误（$n=8$，占总样本的 6.1%）。有 6 名被试未完成自信心评定任务。由于组 3 和组 4 人数较少，我们只对组 1 和组 2 进行分析。

为了便于理解，我们将自信心评定分数转化成百分数，2（问题类型：加法、比例）×2（年级：六年级、八年级）×2（组别：组 1、组 2）的重复测量方差分析，结果表明问题类型的主效应显著，$F(1,109)=0.53$，$p>0.05$，学生在两类问题上的自信心不存在显著差异（80.23% vs. 81.70%）；年级的主效应不显著，$F(1,109)=0.52$，$p>0.05$，但八年级学生的自信心高于六年级学生，$F(1,109)=5.31$，$p<0.05$，$\eta^2=0.04$；问题类型和组别的交互效应显著，$F(1,109)=13.52$，$p<0.01$，$\eta^2=0.11$。简单效应分析发现，组 1 在加法问题上的自信心（72.2%）低于在比例问题上的自信心（84.1%），$p<0.01$，Cohen's $d=0.39$，组 2 在加法问题上的自信心（87.3%）高于在比例问题上的自信心（80.2%），$p<0.05$，Cohen's $d=0.29$（图 10-5）；年级和问题类型的交互效应不显著，$F(1,109)=0.55$，$p>0.05$，年级和组别的交互效应也不显著，$F(1,109)=0.01$，$p>0.05$。三者的交互效应不显著，$F(1,109)=1.63$，$p>0.05$。

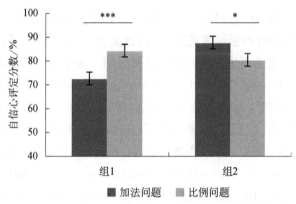

图 10-5　组 1 和组 2 在加法问题和比例问题上的自信心

（三）工作记忆、一般抑制控制能力与比例推理的过度使用

本研究假设，学生在加法问题上表现不佳，原因在于较低的工作记忆容量和较差的一般抑制能力。为了检验该假设，我们对被试的工作记忆容量、Stroop 效应（反应时和错误率）以及在加法问题和比例问题上的错误率做了相关分析。分开分析测试试次和控制试次中比例问题上的错误率，因为测试试次中的比例问题解决与抑制过程有关，并受到损害，而控制试次中的比例问题解决是在中立条件下进行的，未涉及抑制过程。如表 10-2 所示，工作记忆容量和加法问题错误率显著负相关，$r=-0.17$，$p<0.05$，工作记忆容量大的学生在加法问题上表现更好，说明工作记忆容量大的学生更有可能抑制误导性的比例策略；工作记忆容量与测试

试次中的比例问题错误率呈显著负相关，$r=-0.23$，$p<0.01$，说明工作记忆容量大的学生在前一个试次中抑制比例策略后更有可能在后一个试次中再次激活该策略。

表 10-2　工作记忆容量、Stroop 反应时（ms）和错误率（%）等之间的相关

类别	$M±SD$	工作记忆容量	Stroop 反应时	Stroop 错误率	加法问题错误率	测试试次中的比例问题错误率
工作记忆容量	24.16±8.83					
Stroop 反应时	69.12±88.43	−0.05				
Stroop 错误率	0.05±0.09	0.01	0.11			
加法问题错误率	38.98±22.65	−0.17*	0.04	−0.08		
测试试次中的比例问题错误率	31.46±16.25	−0.23**	0.04	0.14	−0.07	
控制试次中的比例问题错误率	29.39±16.65	−0.11	0.06	0.16	−0.01	0.37**

不一致项与一致项的差异为一般抑制能力的测量指标。首先对 Stroop 效应进行检验。分别对反应时和错误率进行 2（测试类型：一致、不一致）×2（年级：六年级、八年级）的重复测量方差分析，结果表明：对于反应时，测试类型的主效应显著，$F（1，148）=90.21$，$p<0.001$，$\eta^2=0.38$，相较于一致试次，被试在不一致试次上的反应时更长；年级的主效应显著，$F（1，148）=9.93$，$p<0.001$，$\eta^2=0.07$，八年级学生比六年级学生反应快；测试类型与年级交互效应不显著，$F（1，148）=0.21$，$p>0.05$。对于错误率，测试类型的主效应显著，相较于一致试次，被试在不一致试次上的错误率更高，$F（1，148）=53.68$，$p<0.001$，$\eta^2=0.27$；年级的主效应不显著，$F（1，148）=3.80$，$p>0.05$；测试类型与年级的交互效应不显著，$F（1，133）<0.001$，$p>0.05$。由此可知，无论是反应时还是错误率，六年级和八年级学生均出现了 Stroop 效应。但从相关分析结果看，Stroop 效应与学生在图片推理任务上的表现（即加法问题及比例问题上的错误率）无关。

四、讨论

本研究的目的是从抑制控制、工作记忆和一般抑制能力的角度，考察中小学生解决图片任务时克服比例推理过度使用的认知机制。本研究发现，被试在先完成加法问题后再完成比例问题时出现了负启动效应，说明抑制控制参与了个体克服比例启发式偏差的过程，这与先前研究（江荣焕，李晓东，2017；Jiang et al.，2020b）的结果一致。本研究还发现，被试用比例方法解决加法问题后的自信心下降，说明他们是可以探测到策略与问题之间的冲突的。也就是说，学生在加法问

题上出错不是因为没有意识到冲突，而是因为抑制误导性比例策略的能力不足。本研究还发现，学生无法抑制误导性启发式策略的部分原因可归结为工作记忆容量不足，而一般抑制能力在个体克服比例推理的过度使用方面未发挥作用。

第三节　克服比例推理的过度使用：抑制控制与工作记忆的作用

一、实验目的

本研究主要解决三个问题：第一，考察抑制控制在克服比例推理过度使用中的作用，如果被试成功解决非比例问题（即克服了比例推理过度使用）时需要抑制控制的参与，则会出现负启动效应；第二，探讨没有克服比例推理过度使用的原因是否为工作记忆容量不足，导致学生无法抑制比例策略的误导，对比在非比例问题上的成功组与失败组在数字工作记忆和空间工作记忆广度上是否有差异；第三，考察小学生的抑制控制效率是否随着年龄增长而提高，指标为负启动量。

二、实验方法

（一）被试

被试来自深圳市三所普通公立小学。随机抽取四年级学生 61 名（男生 40 名，女生 21 名，平均年龄为 10.1±0.7 岁）、五年级学生 60 名（男生 31 名，女生 29 名，平均年龄为 10.8±0.7 岁）、六年级学生 54 名（男生 20 名，女生 34 名，平均年龄为 11.7±0.7 岁）。在进行实验之前，先通过班主任等老师了解学生的信息，排除智力有缺陷或存在阅读障碍的被试。所有被试的视力或矫正视力正常，无红绿色盲，之前未参加过类似实验。

（二）实验任务

1. 文字推理任务

采用江荣焕和李晓东（2017；参见第八章及第九章）的实验任务，共设计三类文字应用题：比例问题、加法问题和中立问题（表 10-3）。采用负启动实验范式，测试试次中的启动项为加法问题，探测项为比例问题；控制试次中的启动项为中立问题，探测项为比例问题，要求被试对答案进行对错判断。实验的逻辑是，如果被试在启动阶段解决加法问题时需要抑制比例策略，那么在探测阶段解决比例问题时就需要付出额外的"代价"来激活比例策略，从而出现负启动效应。同控制试次相比，被试在测试试次中探测项上的反应时会增长、错误率会提高。

被试先进行 6 个试次的练习实验，比例问题、加法问题、中立问题各 2 道，每类包含答案正误的题目各 1 道。练习过程中，屏幕上会自动给出反馈，如果被试出现太多错误，可以再练习一次。为了平衡练习可能带来的启动效应，练习中的题目均为随机呈现，且不会在正式实验中出现。练习结束后，被试完成 16 个实验试次，控制试次和测试试次各 8 个，比例问题共 16 道，加法问题和中立问题各 8 道。为了平衡实验条件间的顺序效应及可能出现的习惯化反应，对 16 个试次的呈现顺序进行伪随机设计，即同种类型的试次不会连续出现 3 次及以上，测试试次与控制试次中的题目完全随机出现。

表 10-3　比例问题、加法问题和中立问题示例

题目类型	应用题
比例问题	乐乐和天天正在贴邮票。 他们同时开始贴，但是天天贴得比乐乐快。 当乐乐贴了 8 枚邮票时，天天贴了 24 枚。 那么，当乐乐贴了 16 枚邮票时，天天贴了 48（32）枚？
加法问题	乐乐和天天正在贴邮票。 天天比乐乐先开始，但是他们贴得一样快。 当乐乐贴了 8 枚邮票时，天天贴了 24 枚。 那么，当乐乐贴了 16 枚邮票时，天天贴了 32（48）枚？
中立问题	乐乐和天天正在贴邮票。 他们同时开始贴，并且他们贴得一样快。 当乐乐贴了 8 枚邮票时，天天贴了 8 枚。 那么，当乐乐贴了 16 枚邮票时，天天贴了 16（17）枚？

注：括号中为错误答案

2. 数字工作记忆广度任务

要求被试完成随机的 2 个一位数的加减心算（答案为一位正数）并记住答案，按顺序回忆答案。实验任务从 1 道算术题开始，被试运算并回忆正确后进行下一组任务。每组任务都比上组多 1 道算术题，以此类推，共 10 组任务。当出现运算或回忆错误时，重复此组任务但题目不重复，连续两次回忆错误则终止实验。被试能够达到的正确回忆的最高水平记为其数字工作记忆广度（李德明等，2003）。

3. 空间工作记忆广度任务

采用 Corsi 方块点击任务（Corsi block-tapping test）测量空间工作记忆广度。25 个黑边白底的小方块（2cm×2cm）按 5×5 的矩阵形式在计算机屏幕中央白色背

景（36cm×27cm）中呈现。实验中，25 个方块中会随机产生 1 个方块并变成黑色，停留 800ms 后又变回原来的白色，接着随机产生另一个白色方块变黑。被试的任务是记住方块变化的顺序，并在作答页面用鼠标按先后顺序点击颜色变化过的方块。正式实验从 3 个随机分布的方块开始，方块数量逐渐递增，直至 9 个。每个记忆广度呈现 3 个任务，被试在 2 个及以上任务上回答正确则达到这一广度要求，可进行下一广度的任务。被试在某一水平的 3 次测试中答错 2 次则退出测试。被试正确按顺序点击的方块的个数即为其空间工作记忆广度（刘昌，2004）。

（三）实验程序

实验在多媒体教室进行，采用集体施测方式。所有任务都在计算机上完成，采用 E-prime 2.0 编写程序，采用 SPSS 22.0 管理数据。被试先完成负启动实验任务，再完成数字工作记忆任务和空间工作记忆任务。任务之间安排休息时间。

三、实验结果

（一）抑制控制在克服比例推理过度使用中的作用

剔除缺失数据、反应处于随机水平以及在中立问题与比例问题上的错误率高于 50% 的被试，共有 121 名被试的数据进入最终分析。

根据负启动实验逻辑，负启动效应只在被试正确解决加法问题的前提下出现，因此将正确率低于或等于 50% 的被试数据剔除（这部分被试称为失败组），包括 21 名四年级学生、21 名五年级学生、17 名六年级学生。进入负启动分析的被试共有 62 名（称为成功组），包括 12 名四年级学生、23 名五年级学生、27 名六年级学生。将错误反应的反应时剔除，同时剔除各类题目的平均反应时在正负 3 个标准差之外的数据。成功组在探测项上的错误率、反应时和负启动量见表 10-4。

表 10-4　成功组在探测项上的错误率（%）、反应时（ms）和负启动量（ms）（$M \pm SD$）

年级	错误率		反应时		负启动量
	控制条件	测试条件	控制条件	测试条件	
四年级	26.04±22.90	18.75±14.60	7172.75±3390.31	7811.77±3595.51	639.02±1211.74
五年级	20.11±17.97	26.63±16.98	7328.53±2594.39	8141.70±2450.29	813.17±2384.05
六年级	22.22±16.01	18.52±14.03	7449.11±2154.99	7590.38±2314.63	141.26±1260.16

注：负启动量=测试试次中探测项的反应时-控制试次中探测项的反应时

以被试在探测项上的反应时和错误率为因变量，进行 2（实验条件：测试、控制）×3（年级：四年级、五年级、六年级）的重复测量方差分析，结果表明，在错误率上，实验条件的主效应不显著，$F(1, 59)=0.43$，$p>0.05$；年级的主效应不显著，$F(2, 59)=0.27$，$p>0.05$；年级与实验条件的交互效应显著，$F(2, 59)=3.49$，$p<0.05$，$\eta^2=0.11$。简单效应分析发现，除五年级被试在测试条件和控制条件下的差异边缘显著（$M_{测试}-M_{控制}=26.63-20.11=6.52$，$p=0.062$）外，其他年级均无显著差异。这说明实验条件与年级对学生的解题成绩没有显著影响。

对于反应时，实验条件的主效应显著，$F(1, 59)=5.01$，$p<0.05$，$\eta^2=0.08$，相较于控制条件（$7350.89\pm2547.62ms$），被试在测试条件下解答比例问题所需要的时间（$7837.75\pm2615.75ms$）更长，表明出现了负启动效应。此外，年级的主效应不显著，$F(2, 59)=0.06$，$p>0.05$；年级与实验条件的交互效应不显著，$F(2, 59)=0.96$，$p>0.05$，说明小学四至六年级学生在解决加法问题时，为克服比例策略的误导，需要抑制控制的参与，但各年级学生的抑制控制效率无显著差异。

（二）工作记忆容量在克服比例推理过度使用中的作用

成功组与失败组工作记忆容量的平均数和标准差见表 10-5。2（组别：成功、失败）×3（年级：四年级、五年级、六年级）的方差分析表明，在数字工作记忆广度上，组别的主效应显著，$F(1, 115)=5.93$，$p<0.05$，$\eta^2=0.05$，成功组的工作记忆广度大于失败组。年级的主效应显著，$F(2, 115)=4.82$，$p<0.05$，$\eta^2=0.08$。事后比较发现，四年级和六年级的数字工作记忆广度差异显著（$M_6-M_4=6.52-5.61=0.91$，$p<0.01$）；五年级和六年级的数字工作记忆广度差异显著（$M_6-M_5=6.52-5.95=0.57$，$p<0.05$），四年级和五年级的数字工作记忆广度差异不显著；年级与组别的交互效应不显著，$F(2, 115)=0.12$，$p>0.05$。在空间工作记忆广度上，组别的主效应显著，$F(1, 115)=4.08$，$p<0.05$，$\eta^2=0.03$，成功组的空间工作记忆广度大于失败组；年级的主效应[$F(2, 115)=1.18$，$p>0.05$]、年级与组别的交互效应[$F(2, 115)=1.79$，$p>0.05$]均不显著。

表 10-5 成功组与失败组的工作记忆容量（个）（$M\pm SD$）

工作记忆	四年级		五年级		六年级	
	成功组	失败组	成功组	失败组	成功组	失败组
数字广度	6.00±1.13	5.38±1.36	6.22±1.17	5.67±0.79	6.67±1.18	6.29±0.99
空间广度	5.50±0.80	4.76±0.77	5.39±0.72	5.05±0.97	5.41±0.89	5.47±1.18

为了探究工作记忆容量与学生解决加法问题成绩之间的关系，我们进一步做了相关分析，结果见表 10-6，学生在加法问题上的错误率与数字工作记忆广度呈显著负相关，与空间工作记忆广度无显著相关关系。为了考察工作记忆广度对解题成绩的预测作用，采用 Enter（全部引入）方法，将年级转化为虚拟变量做回归分析。结果发现，只有数字工作记忆广度可以显著预测学生在加法问题上的错误率，$\beta=-0.23$，$p<0.05$，可以解释 12% 的变异数。

表 10-6　加法问题错误率（%）与工作记忆容量（个）的相关分析

项目	$M\pm SD$（n=121）	加法问题错误率	数字广度
加法问题错误率	45.45±24.26		
数字广度	6.07±1.19	−0.30**	
空间广度	5.25±0.92	−0.17	0.18*

注：年级为控制变量

（三）成功组与失败组解题能力的比较

为了排除成功组与失败组在解题能力上有差异，我们比较了控制试次中两组被试在中立问题和比例问题上的错误率与反应时，结果见表 10-7。

表 10-7　各组被试在控制试次上的错误率（%）和反应时（ms）（$M\pm SD$）

项目		错误率		反应时	
		中立问题（启动项）	比例问题（探测项）	中立问题（启动项）	比例问题（探测项）
四年级	成功组	9.38±16.96	26.04±22.90	4975.49±2485.39	7172.75±3390.31
	失败组	13.69±18.50	30.36±15.09	5330.13±2432.96	7186.96±3206.32
五年级	成功组	13.04±18.65	20.11±17.97	5469.72±2010.56	7328.53±2594.39
	失败组	13.10±13.39	30.36±15.09	5565.86±1643.22	7398.53±2441.11
六年级	成功组	8.80±13.79	22.22±16.01	5531.27±1872.14	7449.11±2154.99
	失败组	6.62±8.97	18.38±14.06	5289.23±2157.21	7581.38±2025.21

方差分析结果表明，不论在错误率上还是反应时上，组别的主效应均不显著 [错误率：$F_{中立}$（1，115）=0.06，p=0.80，$F_{比例}$（1，115）=1.34，$p>0.05$。反应时：$F_{中立}$（1，115）=0.03，$p>0.05$，$F_{比例}$（1，115）=0.02，$p>0.05$]；年级的主效应均不显著 [错误率：$F_{中立}$（2，115）=1.34，$p>0.05$，$F_{比例}$（2，115）=2.11，$p>0.05$。反应时：$F_{中立}$（2，115）=0.28，$p>0.05$，$F_{比例}$（2，115）=0.15，$p>0.05$]，二者的交互效应也不显著 [错误率：$F_{中立}$（2，115）=0.39，$p>0.05$，$F_{比例}$（2，115）=1.93，$p>0.05$。反应时：$F_{中立}$（2，115）=0.19，$p>0.05$，$F_{比例}$（2，115）=0.01，$p>0.05$]。这表明成功组与失败组解决中立问题和比例问题的能力不存在差异。

四、讨论

本研究发现，小学生正确解决加法问题后再解决比例问题时反应时明显变长，出现了负启动效应，说明他们先前解决加法问题时抑制了比例策略，之后在比例问题上再次激活该策略时需要付出执行代价。这一结果说明，儿童在解决加法问题时不仅需要掌握加法的相关概念与运算法则，还需要抑制误导策略的干扰，这与本章第二节的实验结果一致。儿童在生活中会遇到很多与比例问题有关的情境，如浓度问题、时间速度路程问题，使得他们对比例问题较为熟悉。在数学学习过程中，比例问题常以缺值形式呈现，即在问题中，依次给出 a、b、c 三个数，要求求出第四个数 x，使得 $a/b=c/x$，或 $a/c=b/x$，这导致学生容易根据经验和题目呈现的形式形成一种不证自明的直觉反应，即启发式策略。当遇到与比例策略冲突的缺值形式的加法问题时，启发式系统与分析式系统就会产生竞争，学生必须启动抑制控制机制来阻止比例推理这种启发式策略的误导，由此方能正确解决问题。

本研究也发现，尽管被试是小学生，但仍未在抑制控制效率上观察到发展性差异，这一点与抑制控制模型的假设不一致，但与本章第二节的实验及先前关于文字应用题的研究结果一致。这可能与负启动范式的严格标准有关，根据负启动范式的要求，只有在启动问题上回答正确的被试才能进入下一步的分析。能够成功抑制比例策略干扰的小学生的抑制控制能力水平是相当的。那么，那些没有进入分析的被试会不会是因为数学能力较差，而不是无法抑制误导策略呢？我们比较了成功组和失败组被试在中立问题和比例问题上的成绩，发现两者之间不存在显著差异，说明他们至少在比例推理能力上是没有差异的。从数学知识体系上讲，加法表达的是绝对量，比例表达的是相对量，对于加法，学生在一、二年级就已经掌握；但对于比例，学生要在高年级才会学习。因此，我们可以推断两组被试在复杂数学能力上没有差异时，其简单数学技能也应没有差异。失败组不是因为对加法知识掌握得不好，而是其在解决加法问题时无法抑制比例策略的误导。

那么，失败组为什么无法抑制误导策略的干扰呢？我们认为这与其工作记忆容量较小有关。双加工理论认为，启发式系统是快速的、自动化的，不占用工作记忆容量；分析式系统需要努力且占用工作记忆容量。一般来说，儿童和成人都会优先使用启发式系统，但启发式系统并不总能得出正确答案，此时就需要分析式系统来抑制启发式系统的错误反应。本研究发现，无论是数字工作记忆广度还是空间工作记忆广度，成功组均大于失败组，这使得他们在加法策略与比例策略出现竞争时，有足够的资源去抑制比例策略的误导；而失败组则因为其较小的工作记忆广度而无力抑制干扰，从而依赖于不占用工作记忆容量的启发式策略，导致产生了错误答案。对于两种工作记忆的作用，回归分析表明，对于解决加法问题，数字工作记忆广度的作用更大，这可能是因为本研究的任务不涉及空间概念。在数字工作记忆广度方面，四年级学生明显低于五、六年级学生，但各年级的空间工作记忆广度无显著差异。四年级学生成功解决非比例问题的人数较少，可能与其数字工作记忆广度小有关。值得注意的是，本研究中失败组学生并不是数学学困生，他们的数学能力与成功组是相当的，他们之所以在加法问题中表现不佳，可能由于其工作记忆容量较小而无法抑制比例策略的误导。工作记忆的个体差异值得重视，特别是在数学问题解决的过程中，学生既需要对题目的文字进行加工和记忆，同时还需要抑制先前过度学习的知识的误导，这可能是导致学生数学问题解决不佳的一个重要原因。另外，本研究中的被试剔除率较高，说明对于小学生来说，文字应用题的认知负荷较大，未来研究可考虑降低任务难度。

本 章 小 结

一、克服比例推理的过度使用需要抑制控制的参与

本研究发现，无论是小学生还是中学生，无论是文字推理题还是图片推理题，要克服比例推理的过度使用都需要抑制控制的参与。一个可能的质疑是学生在加法问题中出现错误是因为他们的数学能力较差，而不是由于其未能抑制比例策略。为了排除这个假设，我们比较了本章第二节的研究中进入负启动分析的学生（成功解决加法问题）和没有进入负启动分析学生（未成功解决加法问题）在比例问题上的表现，两组学生的错误率不存在显著差异[31.25% vs. 29.55%，$F(1, 136)=0.53$，$p>0.05$]。在本章第三节的研究中，成功组和失败组在比例问题上的错误率也不存在显著差异，说明他们在数学能力上是相当的，在加法问题上的失败不太可能是由数学水平低造成的。本研究结果支持了抑制控制模型，即个体要成功解决不一致问题，需要抑制启发式策略的误导（付馨晨，李晓东，2017；Houdé，2000；Houdé & Borst，2014）。本研究结果也与其他关于抑制控制在克服启发式偏差中的作用的结果一致（Houdé & Borst，2015；Houdé & Guichart，2001；Lubin et al.，2013，2016；Meert et al.，2010）。不同的是，在本章第二节的实验中，我们在分析负启动效应时发现，学生在冲突问题上的表现好于非冲突问题。对于这一点，有以下几种可能的原因：①纳入负启动分析的被试是在加法问题上表现好的学生。如果从全体学生的数据看，加法问题的错误率是高于比例问题的。②通常与非冲

突问题相比，冲突问题是更难的，学生在冲突问题上会犯更多错误。但在本研究中则不然，学生一旦能抑制使用比例推理的倾向，加法运算实际上是比比例/乘法运算更简单的计算。③在加法问题上，由于是图片任务，被试很容易从视觉上探测到 3 种情况下两个小矮人的钻石数的差相同（高度差相同），而对于比例问题，学生需要根据相同比数出两列钻石数。因此，加法问题比比例问题简单。

本研究的两个实验均未发现抑制效率的发展性差异，这与先前的研究一致。抑制误导性启发式的能力也许随年龄增长而提高，而学生一旦能够成功抑制启发式策略，抑制控制的效率就是相当的（江荣焕，李晓东，2017；Lubin et al.，2013）。

二、比例推理的过度使用是因为抑制失败而非冲突探测失败

在本章第二节的实验中，我们还考察了比例推理过度使用是由于冲突探测失败还是由于抑制控制失败，结果与决策领域的研究结果一致，即抑制失败是导致人们容易受到启发式偏差影响的原因（Bonner & Newell，2010；de Neys et al.，2011；Kahneman，2011）。更为重要的是，结合负启动效应，本研究发现，抑制加法问题中的比例启发式策略，既需要探测冲突也需要抑制控制。这与脑成像研究结果一致，脑成像研究显示，与抑制控制有关的两侧前额叶和与冲突探测有关的前扣带回在解决冲突问题时均得到了激活（Houdé et al.，2011；Lubin et al.，2015）。

有趣的是，本研究发现正确解决非冲突问题和冲突问题的学生对于冲突问题的自信心高于非冲突问题，这与之前研究发现的被试在两类问题上的自信心没有差异是不一致的（Lubin et al.，2015；Mevel et al.，2015）。根据双加工理论，利用分析式系统解决问题能够提高被试对其答案的自信心（Bohner et al.，1995；Chen et al.，1999）。具体来说，与启发式加工相比，分析式加工需要个体付出更多的努力以对相关信息进行深入分析。基于同样的原因，问题解决者对经过深入分析而得到的答案（而不是经由启发式得到的答案）更有信心（Chen et al.，1999）。在本研究中，同比例问题相比，解决加法问题需要抑制比例策略。因此，正确解决两类问题的学生在加法问题上比在比例问题上付出的努力多，对加法问题的答案也更自信。此外，一旦学生成功抑制了比例策略，他们可能意识到加法运算比比例运算简单，因此对加法问题更自信。

三、工作记忆对抑制控制的影响

本章研究的两个实验均证明，抑制控制在克服比例推理的过度使用中起重要作用。那么，为什么有些学生在冲突问题上不能抑制比例策略？本研究发现这可

能与工作记忆容量有关。本章第二节的实验发现，工作记忆容量与被试在测试试次上对加法问题和比例问题的正确率呈显著正相关；本章第三节的实验发现，成功解决加法问题的学生比失败组的工作记忆容量大。这些结果说明工作记忆资源不足可能是抑制失败的原因。本研究结果与 Barrett 等（2004）的结果一致，该研究指出工作记忆容量大的个体像一个受动机激励的战略家一样，更倾向于运用控制加工策略，而工作记忆容量低的个体则像"认知吝啬鬼"，依赖于启发式策略解决问题。受动机激励的战略家有充足的认知资源去应对与目标相关的信息，更有能力处理相关与不相关的信息；而认知吝啬鬼的认知资源是有限的，因此其更可能依赖对资源需求较少的启发式策略（Beilock & DeCaro，2007）。在本研究中，抑制比例启发式策略需要消耗认知资源，工作记忆容量小的被试没有足够的资源，因此在加法问题上的表现比工作记忆容量大的被试差。这一结果与 Gillard 等（2009a）的研究结果一致，该研究发现，当被试的执行资源被第二个任务占用时，其在解决非比例问题时会犯更多的比例错误。

四、比例推理的过度使用与特异性抑制控制有关

本研究发现，学生的一般抑制能力与其在图片推理任务上的表现无关，与 Lubin 等（2015）的研究结果一致。先前的研究表明，存在两种抑制：自动抑制与忽略无关刺激有关；有意抑制与抑制误导性策略有关（Borst et al.，2013b；Vuilleumier et al.，2005）。自动抑制是个体忽略与任务无关的特征的一般抑制能力，通常采用 Stroop 范式进行测量（Szűcs & Soltész，2007）；有意抑制与抑制具体任务中的特定策略有关，通常采用负启动范式进行测量（Houdé & Borst，2014）。本研究中，被试需要抑制的是误导性策略，无论是图片推理任务还是文字应用题，被试均不需要抑制与任务无关的干扰。

五、结论

克服比例推理的过度使用需要抑制控制的参与，抑制效率无发展性差异。学生在解决加法问题时能够意识到策略与问题之间的冲突，因此在加法问题上的失败主要是由抑制失败而非冲突探测失败导致。工作记忆容量与克服比例推理的过度使用有关，成功解题者比失败者的工作记忆容量更大。一般抑制能力与克服比例推理的过度使用无关。

第十一章

整数比数字结构与比例推理的
过度使用：认知抑制的作用

第一节　整数比数字结构与乘法策略的激活

一、整数比数字结构与比例推理的过度使用

很多研究发现，比例推理的过度使用会受到题目中数字比结构的影响（Fernández et al.，2011；2012；江荣焕，李晓东，2017；van Dooren et al.，2009），已知数为整数比的数字结构比非整数比的数字结构更容易引发比例推理的过度使用。例如，"小红和小丽做玩偶。他们做得一样快，但是小丽先开始做。当小红做了 4 个玩偶时，小丽已经做了 12 个玩偶。当小红做了 20 个玩偶时，小丽做了多少个玩偶？"对于这样一道加法题，题目中的整数比（12/4，20/4）相对于非整数比（6/4，10/4），会引发学生更强烈的使用比例推理的倾向。为什么整数比会引发更多的比例推理的过度使用呢？其背后的认知机制是什么，目前并不清楚。

二、整数比数字结构影响算术运算策略的理论解释

（一）偏好假说

最近有研究者提出，加法和乘法策略的使用是一种偏好（preference）（Degrande et al.，2019；2020）。他们认为，儿童会偏好一种关系（乘法或加法），因而会产生错误，即如果偏好乘法策略，在加法问题上就会错误地使用乘法；如果偏好加法策略，在乘法问题上就会错误地使用加法。Degrande 等（2020）给出 3 个存在整数比关系的数（例如，4→12，16→？），要求被试给出第 4 个数，根据儿童的答案判断他们是偏好乘法还是偏好加法。结果发现，在前测中倾向于加

法偏好的儿童在后测中也倾向于选择加法答案，并倾向于认为乘法答案是不可能的；反之，在前测中倾向于乘法偏好的儿童在后测中也倾向于选择乘法答案，并认为加法答案是错误的。这说明儿童可能形成了加法或乘法偏好，这种偏好会导致他们过度使用加法或乘法的策略。但是偏好假设无法解释学生学习比例推理之后使用加法策略的情况就快速下降的现象，且在比例问题上，成人完全没有使用加法策略的现象（Fernández et al.，2011；2012b；Jiang et al.，2017，2020b）。而比例推理的过度使用则是持续存在的一种偏差，即使学生已经掌握了变量之间的协变关系（Fernández et al.，2014b）。实际上，在 Degrande 等（2020）的研究中，与加法偏好者相比，乘法偏好者在所有类型上的反应都更快，这可能与两类学生在知识和技能上的差异有关。此外，他们没有检验加法偏好者在乘法问题上的表现或者乘法偏好者在加法问题上的表现。如果两类偏好者都具备乘法或加法知识，偏好假设只是对儿童策略选择的一种描述而不是解释，即为什么儿童会偏好某一种方法而不是另一种方法。

（二）乘法事实自动激活假说

早期研究发现，对于学生来说，在整数比的条件下乘法运算较为容易（Karplus et al.，1983；Lesh et al.，1988）。例如，"A 容器中有 4 份橙子和 14 份水，B 容器中有 10 份橙子，如果想和 A 容器中的橙汁味道一样，B 容器需要多少份水？"，这道题中的三个数字如果分别改为 2、6、10，学生的正确率显著提高，因为整数比（6/2）比非整数比（14/4）条件下的乘法运算更容易。由于比例推理是基于乘法思维的，当题目中的数字比为整数比时，可能激活了个体进行乘法运算的直觉反应。在算术运算领域，有研究发现，当呈现整数时，人们会自动激活或提取乘法结果。例如，要求被试判断一个数字（如 35）是否在前一屏呈现，如果前一屏的刺激与乘法事实有关（如 7 和 6），被试的反应时要长于无关条件（如 6 和 9），研究者认为，这是由于乘法事实干扰了"否"反应（Galfano et al.，2003）。不仅如此，研究者提出，虽然其他简单算术运算也依赖于记忆提取，但乘法与事实提取关系更为密切（Galfano et al.，2004；Girelli et al.，1996；Roussel et al.，2002）。乘法事实在提取方面的优势可能与反复学习和运用乘法表有关（Roussel et al.，2002）。

在比例推理问题中，如果两个已知数（如 35 和 7）的比是整数，人们就可以在头脑中通过提取乘法事实自动激活乘法答案（如 35=7×5）（Vecchiato et al.，2013）。因此，比例推理中的整数比效应可能是由乘法事实的自动激活导致的。但是以往支持乘法事实可以自动激活的研究所用的数字最大为 9，而比例推理研究中涉及的数字可以有三位数（如 25、75、125、180，360、540 等）（Fernández et al.，

2010，2012b；江荣焕，李晓东，2017；Jiang et al.，2017；van Dooren et al.，2003，2009）。因此，对于包含两位数或三位数的问题，被试能否自动激活乘法事实尚不清楚。此外，之前的研究发现，在非符号推理任务中，整数比的情况会引发更多的比例推理误用（江荣焕，李晓东，2017；Jiang et al.，2020b）。因此，我们认为整数比效应是由数字之间的整比关系自动激活乘法策略所导致的启发式偏差。

为考察整数比能否引发乘法策略的过度使用，我们设计了两类问题：一致问题需要做乘法运算；不一致问题需要做加法运算，具体见以下各节的实验方法部分。如果乘法运算是自动激活的过程，被试就会将两个已知数的关系解释为乘法关系，在加法情境下就会导致乘法运算的过度使用。因此，我们假设在完成加法运算问题时，由于加法与乘法的启发式策略相冲突，被试的错误率会提高、反应时会延长。如果整数比效应是由乘法运算的启发式偏差造成的，那么克服这种偏差就需要抑制控制的参与。因此，本研究也将采用负启动的实验范式检验这一假设，同时考察抑制效率是否存在发展性差异。

第二节　整数比数字结构与乘法策略的过度使用：一种新的实验设计

一、实验目的

本研究考察整数比数字结构导致的乘法策略的过度使用是否由乘法策略是一种启发式策略导致。乘法思维是比例推理的基础。整数比数字结构之所以会促进比例推理的过度使用，是因为其首先激活了乘法策略。为检验此假设，本研究设计了两种问题：一种是含有整数比的乘法问题；另一种是含有整数比的加法问题。如果存在乘法策略的过度使用（"整数比，则用乘法"），那么相对于乘法问题，学生在解决整数比数字结构的加法问题时应有更高的错误率和更长的反应时。随着年级的升高，学生知识水平与抑制控制能力也会相应提高，因此乘法策略过度使用的现象会随着年级的升高而减少。

二、实验方法

（一）被试

237 名儿童、青少年和大学生参与了本研究，他们分别来自深圳市的小学、初中和大学。其中三年级学生 40 名（男生 19 名，女生 21 名，平均年龄为 7.7±0.8 岁），四年级学生 34 名（男生 18 名，女生 16 名，平均年龄为 9.3±0.8 岁），五年级学生 31 名（男生 15 名，女生 16 名，平均年龄为 10.5±0.7 岁），六年级学生 17 名（男生 9 名，女生 8 名，平均年龄为 11.2±0.6 岁），七年级学生 38 名（男生 19 名，女生 19 名，平均年龄为 12.50±0.8）岁，八年级学生 47 名（男生 23 名，女生 24 名，平均年龄为 13.1±0.8 岁），大学生 30 名（男生 15 名，女生 15 名，平均年龄为 20.2±1.4 岁）。所有被试智力正常，视力或矫正视力正常，无色盲，以前未参加过此类实验。所有被试均已学习过实验材料所涉及的数学知识。

（二）实验材料

本研究设计了加法题、乘法题两种题型，分别是加法算式 $x+k_1=y$ 和乘法算式 $x×k_2=y$。实验中，x 既可以通过加上 k_1 得到 y，也可以通过乘以 k_2 得到 y。要求被试根据运算符号"+"或"×"判断哪个 k 值（k_1 或 k_2）使得 x 可以得到 y。

本研究将算式分成三部分，采用分屏形式呈现，如图 11-1 所示。第一屏是数字呈现阶段，在这一阶段，屏幕上将呈现两个数字"$x→y$"，代表 x 是通过加法或者乘法运算得到 y 的。第二屏是符号呈现阶段，屏幕上会呈现本题应用的运算符号，若呈现"+"号，代表 x 是通过加法得到 y 的；若呈现"×"号，代表 x 是通过乘法得到 y 的。第三屏是反应阶段，屏幕上会呈现两个数值 k_1 和 k_2，分别代表加法算式中的 k_1 和乘法算式中的 k_2，被试需要根据前两屏提供的 x、y 值和运算符号选择正确的 k 值，k_1 和 k_2 选项分别对应键盘上的"F"键和"J"键。

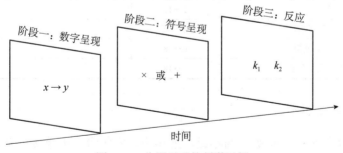

图 11-1　分屏呈现的刺激示例

之前的研究在检验乘法事实是否自动激活时采用的是提供一个不正确的、与乘法事实有关的算式（如 2+4=8），结果发现，被试判断该算式是否正确的反应时比判断与乘法事实无关的算式（如 2+6=8）短，说明被试首先激活了 2×4=8 这个乘法事实（Megías & Macizo，2015，2016a，2016b）。本研究将刺激分三个阶段呈现的方式可以引导被试注意从 x 到 y 的运算过程，这样可以探测到被试自动激活的是哪种运算（第二阶段的乘法或加法）。与 Degrande 等（2020）采用的缺值任务（给出 3 个数，求第 4 个数）相比，本研究只呈现两个数字，可以消除数字形式产生的干扰。

题目中的 x 为 2～19 的自然数，y 是小于 100 的自然数。排除加法和乘法运算结果相同的数字对（如 2 和 4，2 加 2 或 2 乘 2 的结果都是 4），因此共有 176 个数字对。为了控制运算难度，邀请 30 名大学生做预实验以筛选实验材料，要求被试在电脑上对这 176 个数字对完成"$y-x=?$"和"$y÷x=?$"两种运算，限制反应时为 1000ms，剔除反应时过长的数据，最终获得所有被试在两种运算中都得到正确答案的 80 组数字，作为正式实验的材料。

鉴于加法与乘法的运算性质，在同一个数字对中，乘法运算的 k 值一定会比加法运算的 k 值小，例如，对于"3→12"，若是加法运算，k 值为 9；若是乘法运算，k 值则为 4。为防止被试习得看到"+"就选择大的 k 值、看到"×"就选择小的 k 值这一规律，本研究混入平衡题，平衡题的结果选项与上面规律相反，在加法运算题中，小的 k 值是正确的，在乘法运算题中，大的 k 值正确，如表 11-1 所示。共设计平衡题 20 对，平衡题的反应不计入分析，但作为筛选被试的依据，如果被试在平衡题上的错误率超过 50%，说明他们可能运用了看到"+"就选大数字、看到"×"就选小数字的规则，这些被试将被排除。

表 11-1　实验一题目样例

题目类型	数字对	运算符号	k 值	
一致题（乘法）	2→12	×	6	10
不一致题（加法）	2→12	+	6	10
一致平衡题	6→18	×	2	3
不一致平衡题	6→18	+	12	15

（三）实验设计

采用 7（年级：三年级、四年级、五年级、六年级、七年级、八年级、大学生）×2（题目类型：加法题、乘法题）的混合实验设计，因变量为加法题和乘法题的反应时与错误率。在本实验中，x 既能通过加法运算得到 y，也能通过乘法运算得到 y。x 和 y 具有整数比数字结构，若优先激活了"整数比，则用乘法"的策略，被试在乘法题上就会做出快速而正确的反应；在不符合该策略的加法题上，被试可能需要抑制"整数比，则用乘法"的策略，因此会导致错误率提高、反应时增长，出现过度使用乘法策略的现象。

（四）实验程序

被试在实验室（中小学生在多媒体教室）内完成测试，实验程序用 E-prime2.0 软件进行编写与呈现。被试来到实验室后，主试告知被试这是一项心理学研究，其在实验中需要完成加法和乘法运算相关的算术题。之后，被试以舒适自然的姿势坐在距离电脑屏幕前约 50cm 处，实验开始前，向被试呈现如下指导语：

> 欢迎参与实验，本实验需要你完成一些加法和乘法算术题。实验中屏幕上会依次出现 5 张图片。首先是会出现一个黑色的五角星代表实验开始；接着屏幕上会出现一对数字，你需要判断第一个数字（加数/乘数）是如何通过运算（加法/乘法），得到第二个数字的（和/积）；然后，屏幕上会给出运算提示，即本题只能运用哪种运算；最后，屏幕上会呈现左右两个数字选项，你需要在给出的选项中选择正确的加数/乘数，如果左边的数字是正确答案，请按"F"键，如果右边的数字是正确答案，请按"J"键。如果你明白上面的要求，请等待实验员指示。

随后，实验员询问被试能否理解指导语，如果不理解，则为被试口头解释实验任务，接着告知被试将左手和右手的食指放在键盘的"F"键和"J"键上，按空格键进入练习。练习阶段共有 10 个试次，加法题与乘法题各 5 道，同时混入 2 道平衡题，加法题与乘法题中各混入 1 道。练习阶段的正确率达 80% 之后，被试进入正式实验。

正式实验共有 160 个试次，加法题与乘法题各 60 道，同时混入 40 道平衡题，其中加法题和乘法题各混入 20 道。所有试次均进行了左右平衡和按键平衡，实验采用伪随机设计，即同种类型题目不会连续出现 3 次及以上。正式实验中，首先会在屏幕中央呈现一个黑色"★"的注视点（为了和加号区分，采用五角星作为注视点），持续 800ms，之后出现"$x \rightarrow y$"，持续 1000ms（儿童被试设置为 1500ms），接下来呈现运算符号，持续 1000ms（儿童被试设置为 1500ms），再呈现结果选项，持续 2000ms（儿童被试设置为 3000ms）或直到被试做出按键反应，最后呈现一张中性图片作为掩蔽刺激，持续 1000ms。完整完成一次实验的总时长在 15min 左右。实验流程图见图 11-2。实验过程中的反应时与错误率由 E-prime 软件自动记录。平衡题的数据结果只用来筛选无效数据，不进入最后的统计分析。

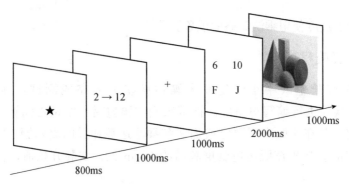

图 11-2 整数比数字结构与乘法策略激活的实验流程图

三、实验结果

在平衡题上的错误率超过 50% 的学生可能运用了看到"+"就选大数字、看到"×"就选小数字的规则而被排除。6 名三年级学生、5 名四年级学生、3 名五年级学生、3 名八年级学生和 1 名大学生数据被剔除。最后,有效被试为 34 名三年级学生(男生 15 名,女生 19 名,平均年龄为 7.7±0.8 岁),29 名 4 年级学生(男生 14 名,女生 15 名,平均年龄为 9.3±0.8 岁),28 名五年级学生(男生 14 名,女生 14 名,平均年龄为 10.6±0.7 岁),17 名六年级学生(男生 9 名,女生 8 名,平均年龄为 11.2±0.6 岁),38 名七年级学生(男生 19 名,女生 19 名,平均年龄为 12.5±0.8 岁),八年级学生 44 人(男生 22 名,女生 22 名,平均年龄为 13.1±0.9 岁),29 名大学生(男生 14 名,女生 15 名,平均年龄为 20.2±1.4 岁)。被试在一致(或不一致)问题上的反应时在政府 2 个标准差以外的数据被剔除,剔除率为 4.8%。计算被试在一致问题和不一致问题上的错误率和反应时(表 11-2)。

表 11-2 被试在一致和不一致问题上的错误率(%)和反应时(ms)(M±SD)

年级	错误率		反应时	
	一致	不一致	一致	不一致
三年级	19.41±13.83	28.48±17.68	790.25±149.74	884.66±202.17
四年级	16.03±16.67	16.78±12.37	698.57±101.07	748.81±103.2
五年级	8.45±8.45	17.38±18.02	643.54±81.24	742.53±137.37
六年级	9.80±10.03	12.55±10.39	599.80±59.75	661.90±90.61
七年级	4.25±4.41	6.36±6.03	522.05±96.31	565.61±107.81
八年级	4.43±4.39	6.10±5.44	502.99±60.79	544.14±77.88
大学生	6.67±5.06	3.62±3.21	460.92±79.07	498.13±95.97

对错误率和反应时分别做 2(问题类型:一致、不一致)×7(年级:三年级、

四年级、五年级、六年级、七年级、八年级、大学生）的混合实验设计方差分析。

在错误率上，问题类型主效应显著，$F(1，212)=22.27$，$p<0.001$，$\eta^2=0.10$；年级的主效应显著，$F(6，212)=22.70$，$p<0.001$，$\eta^2=0.39$；问题类型和年级的交互效应显著，$F(6，212)=2.57$，$p<0.05$，$\eta^2=0.07$。简单效应分析表明，对于三年级（$p<0.001$，$Cohen's\ d=0.57$）和五年级学生（$p<0.001$，$Cohen's\ d=0.63$）来说，其在一致问题上的表现显著好于不一致问题，其他年级在两类问题上的表现无显著差异，见图 11-3。

在反应时上，问题类型的主效应显著，$F(1，212)=173.48$，$p<0.001$，$\eta^2=0.40$；年级的主效应显著，$F(6，212)=48.93$，$p<0.001$，$\eta^2=0.58$；年级与问题类型的交互效应显著，$F(6，212)=4.83$，$p<0.001$，$\eta^2=0.12$。简单效应分析发现，所有年级水平的学生在不一致问题上的反应时均长于一致问题（三年级：$p<0.001$，$Cohen's\ d=0.53$；四年级：$p<0.001$，$Cohen's\ d=0.49$；五年级：$p<0.001$，$Cohen's\ d=0.88$；六年级：$p<0.001$，$Cohen's\ d=0.81$；七年级：$p<0.001$，$Cohen's\ d=0.43$；八年级：$p<0.001$，$Cohen's\ d=0.59$；大学生：$p<0.01$，$Cohen's\ d=0.42$），对于三、五、六年级学生来说差异更大一些，见图 11-4。

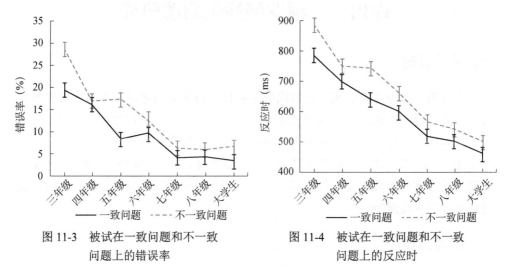

图 11-3 被试在一致问题和不一致
问题上的错误率

图 11-4 被试在一致问题和不一致
问题上的反应时

四、讨论

本实验结果表明，当呈现整数比时，学生倾向于自动激活乘法思维，并在不一致问题（即加法）上过度使用乘法运算，表现为在不一致问题的错误率更高、反应时更长。尤其是在不一致问题上，学生所犯的错误全部是乘法错误，所有年级的学生都出现过度使用乘法运算的情况。

本研究结果提示了整数比效应是如何随着学生数学思维发展而产生变化的。具体而言，三年级学生的乘法思维处于较低水平，整数比的呈现提高了他们在乘法问题上的表现，同加法问题相比，他们在乘法问题上正确率更高，反应时更短，但随着计算能力的提高，这种促进效应在四年级学生中逐渐变小。先前的研究亦发现，在四年级这个年龄段，儿童的心算能力是显著发展的（Rivera et al., 2005）。从五年级开始，整数比效应开始增大，同四年级学生相比，五年级学生在乘法运算上的正确率更高、反应时更短，但在加法运算上则没有进步。这说明四年级至五年级这个阶段，整数比自动激活乘法思维的现象是更加突出的，这与以往研究的结果是一致的（Koshmider & Ashcraft, 1991；Tronsky, 2005）。从六年级开始，整数比效应开始减弱，之后没有明显变化，说明青少年克服整数比偏差的能力开始发展，这可能与他们执行控制（特别是抑制控制）能力的发展有关。

第三节　抑制控制在克服乘法策略过度使用中的作用：一项发展性负启动研究

一、实验目的

本章第二节的实验表明，整数比数字结构会首先激活乘法思维，因此整数比数字结构不利于加法运算。本研究采用负启动实验范式，考察学生在解决不一致问题（即加法）时是否需要抑制乘法策略。如果学生在解决不一致问题时需要抑制乘法策略，那么随后在解决乘法问题需要重新激活该策略时则需要付出代价，表现为错误率的提高或反应时的增长，即出现负启动效应，并假设负启动效应会随着年级的升高而变小。

二、实验方法

（一）被试

169 名学生参加实验，其中三年级学生 24 名（男生 12 名，女生 12 名，平均年龄为 8.0±0.9 岁），四年级学生 28 名（男生 16 名，女生 12 名，平均年龄为 9.5±0.8 岁），五年级学生 14 名（男生 7 名，女生 7 名，平均年龄为 10.4±0.8 岁），六年级学生 15 名（男生 6 名，女生 9 名，平均年龄为 11.6±0.6 岁），七年级学生 26 名（男生 9 名，女生 17 名，平均年龄为 12.3±0.7 岁），八年级学生 34 名（男生 14 名，女生 20 名，平均年龄为 13.0±0.7 岁），大学生 28 名（男生 19 名，女生 9 名，平均年龄为 20.1±1.5 岁）。小学生来自深圳和汕头的两所小学，中学生来自深圳的一所普通中学，大学生来自深圳大学。所有被试视力或矫正视力正常，以前未参加类似实验。

（二）实验材料

实验材料包括 3 类问题：一致问题、不一致问题和中立问题。其中，一致问题和不一致问题与本章第二节的实验材料相同；中立问题分三屏呈现，但是不需要运算，见图 11-5。首先，要求被试记住括号里的数字；其次，呈现符号"#"，此时被试不需要计算。最后，要求被试选择第一屏呈现过的括号里的数。

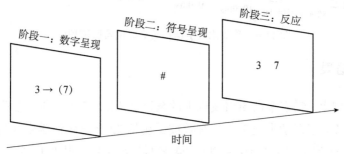

图 11-5　中立问题的呈现方式

（三）实验程序

整个实验在电脑上完成。告知被试需要心算一些算术题，问题会分屏呈现，被试的任务是判断与运算符号相符的 k 值，但当呈现的数字对中有括号时，他们只需要记住括号内的数字，并在"#"呈现后将其再认出来，要求被试又快又准地完成任务。确认被试明白指导语之后，给被试呈现 12 个练习题（每种问题类型各 3 题）并给予反馈，允许被试重复练习以熟悉实验程序。图 11-6 为负启动的实验流程。每个试次都包含一个启动项和一个探测项，先呈现启动项。如果左边的数字与运算符号相符或是需要记住的数字，就按"F"键；如果右边的数字是目标数字，就按"J"键。之后呈现探测项。一个试次完成后，呈现一个 1500ms 的掩蔽刺激，即中性物体（如一个筒）的图片（像素为 400×400）作为缓冲，以防止试次之间出现迁移效应。共有控制试次和测试试次各 30 个。控制试次中的启动项是非整数比结构，不会启动乘法思维。有 20 个平衡试次，中立问题作为启动项，平衡题（见本章第二节）作为探测项。试次以伪随机的方式呈现，即相同类型的试次不会连续出现 2 次及以上。电脑自动记录反应时和错误率。

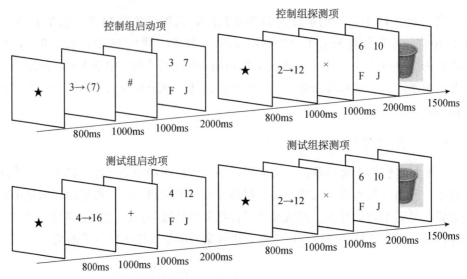

图 11-6　整数比数字结构负启动的实验流程图

三、实验结果

在平衡题上，错误率在 50% 及以上的被试被剔除。2 名三年级学生、4 名四年级学生、1 名七年级学生被剔除，有效被试包括 22 名三年级学生（男生 10 名，女生 12 名，平均年龄为 8.0±0.9 岁）、24 名四年级学生（男生 14 名，女生 10 名，平均年龄为 9.6±0.7 岁）、14 名五年级学生（男生 7 名，女生 7 名，平均年龄为 10.4±0.8 岁）、15 名六年级学生（男生 6 名，女生 9 名，平均年龄为 11.6±0.6 岁）、26 名七年级学生（男生 9 名，女生 17 名，平均年龄为 12.4±0.7 岁）、34 名八年级学生（男生 14 名，女生 20 名，平均年龄为 13.0±0.7 岁）和 28 名大学生（男生 19 名，女生 9 名，平均年龄为 20.1±1.5 岁）。将被试在一致（或不一致）问题上的反应时在平均数两个标准差以外的数据剔除，剔除率为 3.4%。计算被试在一致问题和不一致问题上的错误率和反应时，描述统计见表 11-3。

表 11-3　被试的错误率（%）、反应时（ms）和负启动量（ms）（$M \pm SD$）

自变量	错误率		反应时		负启动量
	控制组	测试组	控制组	测试组	
三年级	19.55±15.41	17.27±13.98	834.43±129.14	872.48±165.09	38.04±91.77
四年级	16.11±16.02	13.06±12.43	772.02±133.72	817.68±174.41	45.66±100.02
五年级	9.76±8.42	8.81±9.21	666.02±166.45	710.95±201.31	44.93±77.38
六年级	7.33±7.89	9.11±12.50	572.76±167.05	614.18±237.96	41.42±78.45

续表

自变量	错误率		反应时		负启动量
	控制组	测试组	控制组	测试组	
七年级	3.33±4.81	2.95±3.57	515.92±64.90	528.61±69.46	12.69±21.12
八年级	6.67±8.76	7.65±8.35	548.66±89.90	566.39±85.63	17.73±40.15
大学生	2.44±5.02	3.81±4.86	441.70±67.10	446.61±68.99	4.91±12.22

采用 2（测试类型：控制、测验）×7（年级：三年级、四年级、五年级、六年级、七年级、八年级、大学生）的混合实验设计方差分析，结果如下。

在错误率上，测试类型的主效应不显著，$F(1, 156)=0.43$，$p>0.05$；年级的主效应显著，$F(6, 156)=8.96$，$p<0.001$，$\eta^2=0.26$，错误率随着年级的升高而提高；年级和测试类型的交互效应不显著，$F(6, 156)=1.72$，$p>0.05$。

在反应时上，测试类型的主效应显著，$F(1, 156)=31.30$，$p<0.001$，$\eta^2=0.18$，被试在测试试次（634.91ms）上的反应时比控制试次（608.81ms）长，即出现了负启动效应；年级的主效应显著，$F(6, 156)=35.50$，$p<0.001$，$\eta^2=0.58$，年幼学生比年长学生在解决乘法问题时所需要的时间更长；年级和试次类型的交互效应不显著，$F(1, 68)=0.37$，$p>0.05$，说明各年级学生的负启动效应相近。

为进一步检验学生的抑制控制效率是否随着年级的升高而提高，我们将学生分成儿童（三至六年级学生）、青少年（七至八年级学生）和成人（大学生）三组，对负启动效应进行单因素方差分析。结果表明，各组之间差异显著，$F(2, 160)=4.91$，$p<0.01$，$\eta^2=0.06$。事后检验发现，儿童组的负启动量（38.85ms）显著大于青少年组（14.56ms，$p<0.05$，Cohen's $d=0.41$）和成人组（5.64ms，$p<0.01$，Cohen's $d=0.60$），青少年组和成人组之间不存在显著差异，见图 11-7。

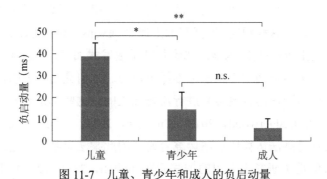

图 11-7　儿童、青少年和成人的负启动量

四、讨论

本实验验证了本章第二节中的实验结果，即在整数比数字结构的问题中，乘

法思维是一种启发式的过程。本研究显示，个体解决有整数比数字结构的加法问题（即不一致问题）时需要抑制乘法思维，这些结果与先前关于比例推理的研究一致，即学生在解决含有整数比数字结构的非比例问题时需要抑制控制的参与（江荣焕，李晓东，2017；Jiang et al.，2020b）。不仅如此，本研究结果进一步证实在面对整数比数字结构的问题时，学生真正需要抑制的目标是对于整数的乘法思维。

本研究所采用的材料排除了缺失值问题形式可能造成的影响，并将年级跨度增大，结果学生的抑制控制效率随年龄增长而提高。具体而言，同儿童相比，青少年和成人在解决不一致问题时能够更有效地抑制乘法思维的干扰。这一结果说明学生解决问题的表现不仅会受到自身知识水平的影响，也会受到其抑制误导性策略的能力的影响（Houdé & Borst，2014，2015；Lubin et al.，2013，2014）。

本 章 小 结

一、整数比数字结构会自动激活乘法策略

本章探讨了整数比数字结构所导致的比例推理过度使用的内在机制。通过两个实验研究，我们发现整数比的出现会自动激活乘法思维，从而导致比例方法的不当使用，而克服整数比偏差需要抑制控制的参与。从儿童期到青少年时期，学生对比例推理过度使用倾向的增强可能与乘法思维的启发式性质有关，从青少年到成人期，这种倾向的减弱可能与其控制效率的提升有关。

本章第二节的实验表明，当数字结构为整数比时，学生在面对加法问题时倾向于过度使用乘法运算，导致其在加法问题上的准确率下降、反应时增长，所有年级的学生都表现出这种倾向。根据双加工理论（Evans，2006；Evans & Stanovich，2013），出现整数比偏差是因为乘法思维是基于启发式加工，当遇到整数比数字结构的问题时，学生会自动基于乘法思维做出反应。本研究结果表明，同加法运算相比，乘法是更易通达的且更容易进行流畅加工的，这些都是启发式加工的核心特征（Chaiken & Ledgerwood，2012；Cimpian，2015；Etxegarai et al.，2019）。一个可能的质疑是乘法运算比加法运算容易，因此乘法思维不一定是启发式的或直觉加工的。但是本研究中采用的加法问题（例如，2+10=12）并不比乘法问题（例如，2×6=12）复杂（Morsanyi & Szucs，2015），而且本研究设置了时间压力，学生必须在有限的时间内运用有限的认知资源做出反应。因此，学生对乘法运算的快速反应更可能是由于启发式的性质而不是较低的任务难度。

二、克服整数比效应需要抑制控制的参与

本章第二节的实验显示，整数比效应对学生过度使用乘法思维的影响随着年级的升高而下降。对于三年级学生来说，整数比对他们的乘法运算是一个促进因素，因为他们正处于从加法思维向乘法思维过渡的阶段（van Dooren et al.，2010a）。但是，从五年级开始，整数比对学生区分乘法问题和非乘法问题开始起干扰作用，使他们在加法问题上表现不佳。整数比效应从六年级开始到成人逐渐减弱。因此，五年级可能是一个转折时期，五年级学生对乘法结构最敏感，但是尚未能够完全掌握启发式。从本章第三节的实验结果来看，这种发展性差异与抑制控制的效率发展有关，即学生在儿童期尚未发展出能够克服启发式误导的有效抑制功能，青少年则显现出更强的抑制能力。

很多研究表明，抑制控制是克服启发式偏差或过度学习策略的关键机制（Houdé & Borst，2015；Lubin et al.，2013，2016；Meert et al.，2010）。本研究发现，在完成不一致问题后再完成一致问题，被试出现了负启动效应，说明学生需要在加法运算问题上抑制乘法思维，这个结果与之前比例推理的研究结果是一致的。对于比例推理来说，重要的是能够区分比例与非比例的问题情境（Fernández et al.，2012b；van Dooren et al.，2005，2010a），但是对于一些倾向于过度使用比例推理的学生来说，其不仅要区分两类问题，还要有能力抑制比例推理的干扰。要克服比例推理的干扰，首先要克服整数比的干扰。

三、本研究对数学教育的启示

首先，在问题解决中整数乘法是一种强有力的工具（Hino & Kato，2019），但是随着对乘法运算的熟练掌握，尤其是当学生处于从加法思维向乘法思维转变的阶段时，其过度使用比例推理的倾向也比较严重（Fe rnández et al.，2012b；Jiang et al.，2017）。为了避免这种过度学习效应，教师应在教学中提供不同的样例来帮助学生理解数量关系，区分乘法与非乘法的应用情境。有研究表明，同时提供非比例和比例的缺失值问题可以帮助职前教师克服比较推理的谬误（Lim & Morera，2010）。之前研究发现，我国小学生有较强的过度使用比例推理的倾向（李晓东等，2014），因此可以借鉴这种干预方式，来增进小学生对比例推理的理解和掌握。

其次，教师在教学中呈现的样例如果主要是整数比结构的，可能存在潜在的不利影响，因为整数比会使学生把注意力放在如何准确而流畅地执行具体的算术运算程序上，从而忽略了数量关系。因此，如果在教学中呈现整数比的非比例问题以及非整数比的比例问题，教师就可以清楚地向学生解释这两类问题的差异，

以帮助学生了解整数比偏差产生的原因，从而使其正确理解和解决比例问题。

最后，克服整数比偏差需要抑制控制的参与，因此应在干预项目中加强训练学生抑制无关策略的能力。研究表明，同逻辑训练相比，抑制训练对提高学生在推理任务上的能力更有效（Cassotti & Moutier，2010；Houdé，2007；Houdé et al.，2000）。

四、结论

整数比数字结构导致更多的乘法运算，使个体出现整数比偏差。克服整数比偏差需要抑制控制的参与，抑制效率存在发展性差异，儿童的抑制效率低于青少年和成人。

第三篇

神经基础篇

第十二章

数学问题解决的神经基础

第一节 认知抑制在解决分数比较问题中的
作用：来自ERP的证据

一、实验目的

在第三章中，我们采用负启动实验范式从行为研究的角度证实了克服分数比较任务中的自然数偏差需要抑制控制的作用，本部分研究采用 ERP 技术，探讨大学生在完成分数比较任务时的神经机制。

二、实验方法

（一）被试

被试为 28 名深圳大学的本科生（男生 13 名，女生 15 名，平均年龄为 20.8±1.5岁）。所有被试视力和矫正视力正常，没有服用任何药物，无任何神经障碍或听力障碍，自愿参加实验。

（二）实验材料

实验材料分为 3 种：一致问题为同分母异分子的分数，如 2/3 vs. 1/3，符合"自然数大，则分数大"的直觉法则；不一致问题为同分子异分母的分数，如 1/3 vs. 1/4，不符合"自然数大，则分数大"的直觉法则；中立问题为两个相同的分数，其中一个下面划线，要求被试判断哪个分数下有横线，因此中立题与直觉法则无关。共有 80 道一致题、40 道不一致题和 40 道中立题，数字大小在 1～9。

（三）实验程序

实验程序由 E-prime 2.0 编写,刺激在屏幕上呈现,分辨率为1280×768像素。被试先完成有反馈的6个试次(一致问题、不一致问题和中立问题各2个),然后完成160个实验试次,测试试次和控制试次各80个。在测试试次中,被试先完成不一致问题再完成一致问题,在控制试次中,被试先完成中立问题再完成一致问题。如果左边的分数大或者有下划线,就按"F"键,如果右边的分数大或者有下划线,则按"J"键,对答案出现在左右的次数进行平衡。先呈现注视点800ms,然后是3000ms(或者直到被试做出反应)的分数比较任务,接着是500ms的空屏,之后是另外一个分数比较任务。为防止出现速度与准确率的权衡,每个任务最长呈现时间为3000ms。试次之间呈现一个中性物体(如篮子)作为缓冲,以避免迁移效应。实验采用伪随机的方式呈现,即相同试次不会连续出现2次以上。实验流程见图12-1。

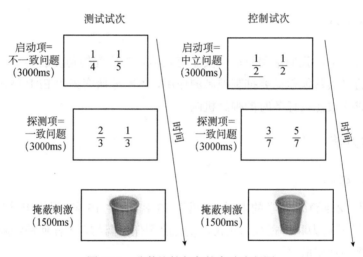

图 12-1 分数比较任务的实验流程图

（四）脑电数据采集与分析

使用根据国际10-20系统扩展的64导电极帽采集脑电数据,用 Brain Product (Germany)系统全程记录被试在实验中的 EEG 信号。每个电极与头皮之间的电阻小于5KΩ。连续记录时滤波带通为0.05~100Hz,采样率为1000Hz。采集时参考电极放置在双侧乳突。对离线数据用 Brain Vision Analyzer 2.0 软件分析。

首先将参考电极转换为双侧乳突电极的平均值,再进行 VEOG (vertical electrooculogram,垂直眼电)和 HEOG (horizontal electrooculogram,水平眼电)

的眼电伪迹矫正，低通滤波值设置为 0.1～30Hz，波幅的绝对值大于 80μV 者将被视为伪迹而被自动剔除（Gajewski & Falkenstein，2013）。分析时程从探测项出现前 200ms 到出现后 800ms，共 1000ms。

三、实验结果

4 名被试的数据因伪迹过多而被剔除，最后纳入分析的有效被试为 24 名（男生 11 名，女生 13 名，平均年龄为 20.6±1.4 岁）。

（一）行为结果

只分析启动项和探测项都正确的反应时，剔除平均反应时在正负 3 个标准差以外的极端数据，剔除率为 1.5%。分别计算每名被试在各项目上的平均正确率和反应时，描述统计见表 12-1。

表 12-1　测试试次和控制试次中的反应时（ms）和正确率（%）（$M \pm SD$）

类别		反应时	正确率
启动项	测试	1365.77±302.41	99.97±0.04
	控制	751.03±110.31	100.00±0.01
探测项	测试	1032.54±234.21	99.99±0.03
	控制	987.79±239.52	100.00±0.00

由于大多数被试在任务上几乎全部正确，因此正确率没有太大的检验意义，只对反应时进行配对样本 t 检验并报告效果量。

对启动项的配对 t 检验结果表明，被试在测试试次中的不一致问题上的反应时长于在控制试次中的中立问题上的反应时，$t(23)=12.90$，$p<0.001$，Cohen's $d=2.70$。被试在测试试次中的一致问题上的反应时长于在控制试次中的中立问题上的反应时，$t(23)=2.24$，$p<0.05$，Cohen's $d=0.20$，表明出现了负启动效应。

（二）ERP 结果

N1 和 N2 成分采自前中央区的 6 个电极位置（Fz、F3、F4、Cz、C3 和 C4），P3 成分采自额中央顶叶区的 9 个电极点（Fz、F3、F4、Cz、C3、C4、Pz、P3 和 P4）。为了反映不同区域间大脑活动的差异，除测试类型外，本研究也将位置（左、中、右）和区域（额、中、顶）作为被试内变量，对测试试次中探测项的 N1、N2、P3 波幅分别进行 2×3×3 的重复测量方差分析。波形图和地形图见图 12-2。

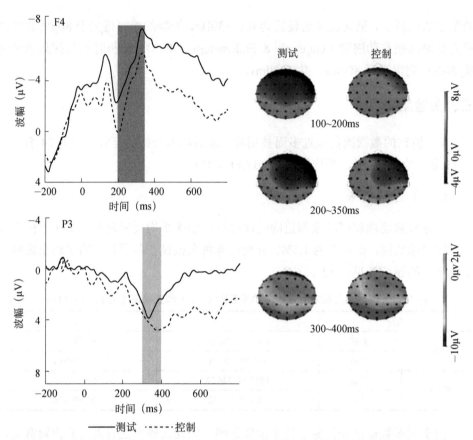

图 12-2　分数比较任务中 N1、N2 和 P3 成分在测试与控制条件下的波形图和地形图

对于 N1，实验条件的主效应显著，测试试次的波幅（−6.3±1.2μV）大于控制试次的波幅（−4.7±1.3μV），$F(1, 23)=5.95$，$p<0.05$，$\eta^2=0.21$；位置的主效应显著，中线位置的波幅（−5.8±1.1μV）大于右边位置的波幅（−5.0±1.2μV），$F(2, 46)=3.75$，$p<0.05$，$\eta^2=0.14$；区域的主效应显著，额叶区的波幅（−6.5±1.5μV）大于中央区的波幅（−4.5±0.8μV），$F(1, 23)=14.47$，$p<0.01$，$\eta^2=0.39$；位置与区域的交互效应显著，$F(2, 46)=20.39$，$p<0.001$，$\eta^2=0.47$，进一步分析表明，右侧额叶区的波幅大于中央区（−7.2±1.6μV vs. −6.3±1.5μV，$p<0.05$）和左侧额叶区域（−6.0±1.6μV，$p<0.01$）；中部中央区的波幅（−5.2±0.9μV）大于右侧区域（−4.3±0.8μV，$p<0.05$）和左侧中央区的波幅（−3.7±1.3μV，$p<0.001$）。

对于 N2，实验条件的主效应显著，测试试次的波幅（−6.5±2.0μV）大于控制试次的波幅（−5.1±1.9μV），$F(1, 23)=8.73$，$p<0.01$，$\eta^2=0.28$；位置的主效应显著，左侧的波幅（−3.7±1.8μV）小于中线（−6.8±2.1μV）和右侧的波幅（−6.9±2.3μV），

$F(2,46)=12.82, p<0.001, \eta^2=0.36$；区域的主效应显著,额叶区的波幅$(-7.0\pm2.3\mu V)$大于中央区的波幅$(-4.6\pm1.7\mu V)$, $F(1,23)=13.26$, $p<0.05$, $\eta^2=0.34$；位置和区域的交互效应显著, $F(2,46)=3.41$, $p<0.05$, $\eta^2=0.13$,进一步分析发现,左侧额叶的波幅$(-4.7\pm1.9\mu V)$小于中央区$(-7.6\pm2.3\mu V$, $p<0.001)$和右侧额叶的波幅$(-8.5\pm3.2\mu V$, $p<0.01)$。左侧中央区的波幅$(-2.8\pm1.7\mu V)$小于中线$(-5.9\pm2.0\mu V$, $p<0.01)$和右侧中央区的波幅$(-5.2\pm1.8\mu V$, $p<0.05)$。

对于P3,条件的主效应显著,测试试次的波幅$(0.7\pm1.5\mu V)$小于控制试次的波幅$(2.3\pm1.5\mu V)$, $F(1,23)=8.86$, $p<0.01$, $\eta^2=0.29$；位置的主效应显著,左侧的波幅$(2.9\pm1.5\mu V)$大于中线$(1.1\pm1.6\mu V)$和右侧的波幅$(0.4\pm1.7\mu V)$, $F(2,46)=8.02$, $p<0.01$, $\eta^2=0.26$；区域的主效应显著,顶叶区的波幅$(4.8\pm1.5\mu V)$大于中央区$(0.4\pm1.6\mu V)$和额叶区的波幅$(-0.8\pm1.9\mu V)$, $F(2,46)=31.31$, $p<0.001$, $\eta^2=0.58$。位置和区域的交互效应显著, $F(4,92)=4.33$, $p<0.01$, $\eta^2=0.16$,进一步分析表明,左侧的波幅$(1.4\pm1.8\mu V)$大于中线$(-0.7\pm1.9\mu V$, $p<0.01)$和右侧额叶区的波幅$(-3.0\pm3.1\mu V$, $p<0.01)$。左侧的波幅$(1.8\pm1.9\mu V)$大于中线$(-0.2\pm1.9\mu V$, $p<0.01)$和右侧中央区的波幅$(-0.3\pm1.7\mu V$, $p<0.05)$。左侧的波幅$(5.5\pm1.6\mu V)$大于顶部中央区的波幅$(4.4\pm1.7\mu V$, $p<0.01)$。

四、讨论

本研究发现,掌握了有理数知识的大学生在分数比较任务中出现了负启动效应,表明克服"自然数大,则分数大"的直觉法则需要抑制控制的参与,这与之前的研究结果一致。值得一提的是,本研究对第三章中的中立项进行了改进。第三章中的中立项要求被试在两个"#"号中选择有下划线的一个,在外形上与分数有较大的差异,容易对被试产生知觉上的干扰。而本研究的中立项要求被试在两个分数间选择有下划线的那个,从而消除了知觉上的差异。

ERP研究结果则进一步支持了克服分数比较任务中的自然数偏差需要抑制控制的参与。先前的研究表明,抑制可以持续长达6s以上(Hasher et al., 1991; Tipper et al., 1991)。本研究中的启动项和探测项的反应时在700～1400ms,被试在测试试次中的一致项上比在控制试次中的一致项上产生了更大的N1和N2波幅以及较小的P3波幅。这些结果说明,之前不一致项上的抑制过程干扰了被试对随后一致项的加工。N2和P3成分是冲突探测与抑制控制的指标(Borst et al., 2013a)。N2成分记录的最大波幅通常发生在前额叶中央区,该区域与认知控制有关(Bruin et al., 2001; Nieuwenhuis et al., 2003)。本研究发现,N2的最大波幅发生在右前侧中央区,该区域与抗拒干扰有关(Wager et al.,2005)。此外,先前的 fMRI 研究发现,儿童和成人在抑制类皮亚杰守恒任务中"长即多"的启发式策略时,激活了右侧额下回(Houdé et al.,2011;Leroux et al.,2009;Poirel et al.,2012)。本研究发现,同先完成中立项再完成一致项相比,先完成不一致项再完成一致项时激活了更大的 N2 波幅,这一结果与 Daurignac 等(2006)的发现一致,说明成人正确解决不一致任务时需要抑制启发式策略。

先前的研究表明,P3 成分反映动作执行水平、对反应的自信心和认知负荷(Kok,2001;Zhang et al.,2013)。本研究发现,同中立--一致试次对相比,在不一致--一致试次对中,一致项激活了较小的 P3 波幅,这一结果与 Leroux 等(2006)关于类皮亚杰数量守恒任务的研究结果一致,他们发现被试在解决一致问题时,P3 早期波幅发生在 300~400ms,显著高于不一致问题。有研究显示,P3 波幅的减小表示控制过程的参与(Polich,2007;Seib-Pfeifer et al.,2019)。因此我们认为,个体不仅在解决不一致问题时需要抑制控制,在解决一致问题时也需要抑制控制克服来自前面不一致问题的干扰。

一个可能的假设是,被试如果在不一致问题上没有探测到冲突,则无需抑制控制的参与。鉴于被试在不一致问题上的高准确率(97%),可以排除这一假设。同时,本研究中的 N1 波幅在不一致--一致条件下比在中立--一致条件下大,表明被试是能够探测到冲突的。N1 成分反映的是个体将有限资源指向信息的区分过程(Luck & Kappenman,2012;Vogel & Luck,2000)。有研究指出,N1 成分反映的是过去经验在视觉中形成的强烈影响(Trujillo et al.,2010)以及自上而下的注意控制(Waldhauser et al.,2012)。在本研究中,测试试次与控制试次中的一致问题是相同的,因此,N1 波幅上的差异不能归因于被试在两种条件下对一致项的视觉差异。N1 波幅上的差异不是由探测项引起的,而是由先前启动项引起的。在测试试次中,不一致项同中立项相比需要更多的注意资源,从而引发了被试在后面一致项上 N1 波幅的增大。

第二节 认知抑制在解决小数比较问题中的作用:来自 ERP 的证据

一、实验目的

在第四章中,我们采用负启动实验范式从行为研究的角度证实了克服小数比较任务中的自然数偏差需要抑制控制的作用，本研究采用 ERP 技术，探讨大学生在完成小数比较任务时的神经机制。

二、实验方法

（一）被试

被试为 33 名深圳大学的本科生（男生 15 名，女生 18 名，平均年龄为 19.3±1.7岁）。所有被试视力和矫正视力正常，没有服用任何药物，无任何神经障碍或听力障碍，自愿参加实验。

（二）实验材料

实验材料包括两部分。第一部分为实验任务图片，分为一致项目、不一致项目和中立项目。一致项目是与自然数规则相符合的小数比较问题，如小数位数多且数值大（3.761>3.52）；不一致项目是与自然数规则不相符的小数比较问题，如小数位数多却数值小（1.198<1.4）；中立项目是与自然数规则无关的问题。第二部分为缓冲图片，从中性情绪图片库中选取 60 张实物图片，并做灰阶处理，用于间隔两种实验条件。所有实验图片采用 Adobe Photoshop CS6 软件处理，图片大小、明暗及对比度等属性保持基本一致。一致图片 60 张，不一致图片 30 张，中立图片 30 张。实验过程中所有的实验材料重复一次，共 120 个试次。

（三）实验程序

同第四章第二节的实验程序。

（四）脑电数据采集和分析

使用根据国际 10-20 系统扩展的 64 导电极帽采集脑电数据，用 Brain Product（Germany）系统全程记录被试在实验中的 EEG 信号。每个电极与头皮之间的电阻小于 5KΩ。连续记录时，滤波带通设置为 0.05～100Hz，采样率为 1000Hz。HEOG的电极置于左眼眶下约 1cm 的正中间处。采集时参考电极放置在双侧乳突。对离线数据用 Brain Vision Analyzer 2.0 软件进行分析。

首先将参考电极转换为双侧乳突电极的平均值，再进行 VEOG 和 HEOG 的眼电伪迹矫正，低通滤波值设置为 0.1～30Hz，当波幅的绝对值大于 $80\mu V$ 者将被视为伪迹而自动剔除（Gajewski & Falkenstein，2013）。分析时程从探测项出现前200ms 到出现后 800ms，共 1000ms。

对每名被试在测试条件和控制条件下诱发的 ERP 成分分别进行叠加平均，只有正确反应的试次才能进入统计分析。N1 成分时程选取 100～200ms，并选取额中区 6 个电极点（Fz、F3、F4、Cz、C3、C4）。N2 成分时程选取 200～300ms，也选取额中区的 6 个电极点（Fz、F3、F4、Cz、C3、C4）。P3 成分时程选取 300～400ms，由于 P3 成分接近于顶叶区，所以选取额中顶叶区的 9 个电极点（Fz、F3、F4、Cz、C3、C4、Pz、P3、P4）。自变量包括大脑半球（左、中、右）和位置（额叶区、中央区、顶叶区）两个被试内因素。对 N1 和 N2 成分进行数据分析，使用 2（实验类型：测试条件、控制条件）×3（大脑半球：左、中、右）×2（位置：额叶区、中央区）的重复测量方差分析。对 P3 成分进行数据分析时，使用 2（实验类型：测试条件、控制条件）×3（大脑半球：左、中、右）×3（位置：额叶区、中央区、顶叶区）的重复测量方差分析。

本研究采用负启动实验范式，包括启动项和探测项，其中测试条件和控制条件下的探测项是研究的重点，因此本研究只分析探测项的脑电数据。

三、实验结果

错误率高于 50% 的被试数据不进入统计分析，剔除错误的反应以及反应时在正负 3 个标准差以外的数据，剔除率为 0.3%。另外，只对启动阶段和探测阶段都正确作答的反应时进行统计分析，删除数据率为 14.0%。4 名被试因脑电伪迹过多或错误率过高而被剔除，有 29 名被试（其中男生 13 名，女生 16 名）的数据进入后续离线分析，被试在测试条件下与控制条件下的波形图和地形图如图 12-3 所示。

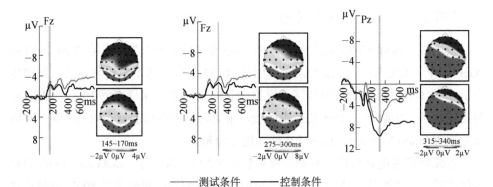

——测试条件 ——控制条件

图 12-3　小数比较任务中 N1、N2 和 P3 成分在测试条件与控制条件下的波形图和地形图

在 N1 波幅上，实验类型的主效应显著，$F(1, 19)=7.15$，$p<0.05$，$\eta^2=0.27$，

测试条件下的波幅（−3.19μV）比控制条件更负（−2.20μV）；大脑半球的主效应显著，$F_{(2, 38)}=6.29$，$p<0.05$，$\eta^2=0.25$，右半球的波幅（−3.12μV）比左半球更负（−2.16μV），中半球（−2.79μV）也比左半球的波幅更负；位置的主效应显著，$F_{(1, 19)}=13.10$，$p<0.05$，$\eta^2=0.41$，额叶区的波幅（−3.82μV）比中央区更负（−1.53μV）；实验类型和大脑半球的交互效应不显著，$F_{(2, 38)}=1.46$，$p>0.05$，$\eta^2=0.07$；实验类型和位置的交互效应不显著，$F_{(1, 19)}=1.70$，$p>0.05$，$\eta^2=0.08$。大脑半球和位置的交互效应显著，$F_{(2, 38)}=4.58$，$p<0.05$，$\eta^2=0.19$。简单效应分析发现，左半球额叶区的波幅（−3.47μV）比中央区更负（−0.85μV）（$p<0.05$），中半球额叶区的波幅（−3.57μV）比中央区更负（−2.01μV）（$p<0.05$），右半球额叶区的波幅（−4.41μV）比中央区更负（−1.85μV）（$p<0.05$）。实验类型、大脑半球和位置三者的交互效应不显著，$F_{(2, 38)}=1.56$，$p>0.05$，$\eta^2=0.08$。

在 N2 波幅上，实验类型的主效应显著，$F_{(1, 19)}=6.50$，$p<0.05$，$\eta^2=0.26$，测试条件下的波幅（−2.15μV）比控制条件下的更负（−0.83μV）；大脑半球的主效应显著，$F_{(2, 38)}=12.31$，$p<0.05$，$\eta^2=0.39$，右半球的波幅（−2.40μV）比左半球更负（−0.09μV），中半球的波幅（−1.97μV）比左半球更负，但与右半球的波幅不存在显著差异；位置的主效应显著，$F_{(1, 19)}=27.23$，$p<0.05$，$\eta^2=0.59$，额叶区的波幅（−3.21μV）比中央区更负（0.23μV）；实验类型和半球的交互效应不显著，$F_{(2, 38)}=0.07$，$p>0.05$，$\eta^2=0.004$；实验类型和位置的交互效应不显著，$F_{(1, 19)}=1.33$，$p>0.05$，$\eta^2=0.07$；大脑半球和位置的交互效应显著，$F_{(2, 38)}=6.35$，$p<0.05$，$\eta^2=0.25$，简单效应分析发现，左半球额叶区的波幅（−1.71μV）比中央区更负（1.52μV）（$p<0.05$），中半球额叶区的波幅（−3.31μV）比中央区更负（−0.64μV）（$p<0.05$），右半球额叶区的波幅（−4.61μV）比中央区更负（−0.19μV）（$p<0.05$）。实验类型、大脑半球和位置三者的交互效应显著，$F_{(2, 38)}=4.14$，$p<0.05$，$\eta^2=0.18$。简单效应分析发现，左半球额叶区测试条件下的波幅（−2.50μV）比控制条件下更负（−0.92μV）（$p<0.05$），中半球中央区测试条件下的波幅（−1.61μV）比控制条件下更负（−0.34μV）（$p<0.05$），右半球中央区测试条件下的波幅（−1.10μV）比控制条件下更负（−0.73μV）（$p<0.05$）。

在 P3 波幅上，实验类型的主效应显著，$F_{(1, 19)}=8.40$，$p<0.05$，$\eta^2=0.31$，控制条件下的波幅（5.68μV）比测试条件下更正（4.05μV）；大脑半球的主效应显著，$F_{(2, 38)}=9.86$，$p<0.05$，$\eta^2=0.34$，左半球的波幅（6.39μV）比中半球更正（4.07μV），也比右半球的波幅更正（4.12μV），中半球与右半球的波幅不存在显著差异；位置的主效应显著，$F_{(2, 38)}=61.92$，$p<0.05$，$\eta^2=0.77$，顶叶区的波幅（10.53μV）比中央区更正（4.06μV），也比额叶区更正（−0.01μV）；实验类型和半

球的交互效应不显著，$F_{(2, 38)}=0.79$，$p>0.05$，$\eta^2=0.04$；实验类型和位置的交互效应不显著，$F_{(2, 38)}=2.37$，$p>0.05$，$\eta^2=0.11$；大脑半球和位置的交互效应显著，$F_{(4, 76)}=2.99$，$p<0.05$，$\eta^2=0.14$，简单效应分析发现，左半球顶叶区的波幅（11.63μV）比中央区（5.84μV）和额叶区（1.71μV）更正（$p<0.05$），中半球顶叶区的波幅（9.30μV）比中央区（3.55μV）和额叶区（−0.63μV）更正（$p<0.05$），右半球顶叶区的波幅（10.67μV）比中央区（2.80μV）和额叶区（−1.11μV）更正（$p<0.05$）；实验类型、大脑半球和位置三者的交互效应显著，$F_{(4, 76)}=2.53$，$p<0.05$，$\eta^2=0.12$。简单效应分析发现，中半球中央区控制条件下的波幅（4.60μV）比测试条件下更正（2.50μV）（$p<0.05$），中半球顶叶区控制条件下的波幅（10.75μV）比测试条件下更正（7.86μV）（$p<0.05$），右半球中央区在控制条件下的波幅（3.91μV）比测试条件下更正（1.68μV）（$p<0.05$），右半球顶叶区控制条件下的波幅（11.36μV）比测试条件下更正（9.98μV）（$p<0.05$）。

四、讨论

本研究采用 ERP 技术考察大学生在克服小数比较任务中的自然数偏差时的认知神经机制，结果与第四章行为研究的结果一致，即成人也需要抑制"小数数位越多，数值越大"的自然数偏差。被试在测试试次的一致项上比在控制试次的一致项上产生了更大的 N1 和 N2 波幅及更小的 P3 波幅，N2 波幅的增大及 P3 波幅的减小与冲突探测和抑制启发式或误导性直觉策略有关（Fu et al.，2020；Leroux et al.，2006）。本研究结果说明，之前不一致项上的抑制过程会干扰个体对随后一致项的加工。这一结果与分数比较任务的研究结果一致。

第三节　认知抑制在解决算术运算中的作用：来自ERP的证据

一、实验目的

在第五章中，我们采用负启动实验范式从行为研究的角度证实了克服算术运算中的自然数偏差需要抑制控制的作用，本研究采用 ERP 技术，探讨大学生在解决算术运算问题中的神经机制。

二、实验方法

（一）被试

被试为17名深圳大学的本科生（男生10名，女生7名，平均年龄为21.5±2.0岁）。所有被试视力和矫正视力正常，没有服用任何药物，无任何神经障碍或听力障碍，自愿参加实验。

（二）实验材料

实验材料同第五章第二节、第三节的实验，为避免干扰对脑活动成分的影响，缓冲刺激由空屏代替。

（三）实验程序

被试填写完知情同意书后进入实验室，在电脑屏幕前的椅子上坐好。告知被试实验将持续30～40min，要求被试保持坐姿，尽可能减少活动。告知被试需要心算解决一些简单的算术问题，刺激是分屏、系列呈现的。被试的任务是判断算式的运算结果与先前的未知数（由字母代表的一个正整数）相比是变大了还是变小了。以a÷5这道题为例，被试需要判断a÷5是大于还是小于a。被试先完成8道练习题（加减乘除每种运算各2道）并给予反馈。然后正式实验，实验程序与第五章第二节的实验相同。

（四）脑电数据采集与分析

脑电数据采集与分析的设备及方法同本章第二节。

对数据进行预处理后，识别数学任务中的4个ERP成分：N1（刺激呈现100～180ms后出现的负波波幅）作为视觉辨别和注意加工的指标（Hopf et al.，2002；Luck et al.，2000），由于一致问题与不一致问题包含不同类型的数（即自然数和有理数），我们采用N1检验被试对最后一屏的数字是否产生了不同的注意过程从而影响了其问题解决的表现；P2（刺激呈现150～250ms后出现的正波波幅）作为反映直觉加工的指标（刘耀中，唐志文，2012；Zhu et al.，2019）；N2（刺激呈现250～350ms后出现的负波波幅）以及P3（刺激呈现300～400ms后出现的正波波幅）作为冲突探测和抑制控制的指标（Bruin et al.，2001；Donkers & van Boxtel，2004；Fu et al.，2020；Gajewski & Falkenstein，2013）。

三、实验结果

两名被试在实验中的电脑伪迹过多，他们的数据被剔除，进入分析的被试有

15 名（男生 9 名，女生 6 名，平均年龄为 21.7±1.9 岁）。在一致问题和不一致问题上反应时超过 3 个标准差的极端数据被剔除，剔除率为 3.9%。

（一）行为结果

由于错误率和反应时均不符合正态分布，我们进行了威尔科克森符号秩检验这一非参数检验。在错误率上，结果表明，被试在一致问题和不一致问题上的表现不存在显著差异，z（14）$=-1.16$，$p=0.25$；在反应时上，相较于一致问题（734.14ms），被试在不一致问题上的反应时更长（758.54ms），z（14）$=2.61$，$p<0.01$，存在自然数偏差。

（二）ERP 结果

参考前人分析（Boksem et al.，2005；Covey et al.，2017；Fu et al.，2020；Leroux et al.，2006；Li et al.，2021），N1 和 P2 的电极点分别采自额中区（N1：Cz、Pz、Cpz、POz、Oz；P2：FCz、Cz、Cpz、Pz、POz、Oz）；N2 和 P3 的电极点分别采自额中区和顶叶区（N2：C3、C4、Fpz、Fz、FCz、Cz；P3：P3、P4、Fz、FCz、Pz、POz）。图 12-4 为一致问题与不一致问题上的波形图和地形图。

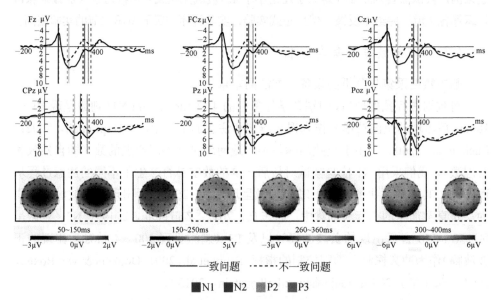

图 12-4　算术运算任务中 N1、P2、N2 和 P3 的波形图和地形图

夏皮罗-威尔克检验结果显示，每种成分的 ERP 波幅均符合正态分布。对每种问题类型进行重复测量方差分析，结果如下。

对于 N1，2（问题类型：一致、不一致）×5（电极位置：Cz、Pz、Cpz、POz、Oz）的重复测量方差分析表明，电极位置的主效应显著，$F(4, 11)=4.15$，$p<0.05$，$\eta^2=0.60$，无论是一致问题还是不一致问题，N1 的峰值均出现在 Cz 和 Cpz。问题类型的主效应不显著，$F(1, 14)=0.65$，$p=0.43$，电极位置与问题类型的交互效应不显著，$F(4, 11)=1.87$，$p>0.05$。

对于 P2，2（问题类型：一致、不一致）×6（电极位置：FCz、Cz、Cpz、Pz、POz、Oz）的重复测量方差分析表明，问题类型的主效应显著，$F(1, 14)=21.35$，$p<0.01$，$\eta^2=0.60$，一致问题激活的波幅（5.99μV）大于不一致问题（3.82μV）；电极位置的主效应不显著，$F(5, 10)=1.06$，$p>0.05$；问题类型和电极位置的交互效应显著，$F(5, 10)=3.51$，$p<0.05$，$\eta^2=0.20$。简单效应分析发现，一致问题激活的波幅在所有电极点上都大于不一致问题，其中 FCz 和 POz 上的差异较大。

对于 N2，2（问题类型：一致、不一致）×6（电极位置：C3、C4、Fpz、Fz、FCz、Cz）的重复测量方差分析表明，问题类型的主效应显著，$F(1, 14)=23.51$，$p<0.01$，$\eta^2=0.62$，不一致问题激活的波幅（−2.69μV）大于一致问题（0.11μV）；电极位置的主效应显著，$F(5, 10)=6.29$，$p<0.01$，$\eta^2=0.31$；电极位置与问题类型的交互效应显著，$F(5, 10)=3.98$，$p<0.01$，$\eta^2=0.22$。事后分析表明，在所有电极点，不一致问题比一致问题激活的波幅更负，但 Fz 和 Cz 上的差异更大。

对于 P3，2（问题类型：一致、不一致）×6（电极位置：P3、P4、Fz、FCz、Pz、POz）的重复测量方差分析表明，问题类型的主效应显著，$F(1, 14)=18.34$，$p<0.01$，$\eta^2=0.57$，不一致问题激活的波幅（3.19μV）小于一致问题（6.01μV）；电极位置的主效应显著，$F(5, 10)=17.10$，$p<0.01$，$\eta^2=0.55$，峰值出现在 P4 和 POz；问题类型和电极位置交互效应不显著，$F(5, 10)=1.16$，$p>0.05$。

为考察 ERP 成分与被试的行为表现之间的相关，尽管样本量较小，我们依然做了相关分析，结果见表 12-2。被试在不一致问题上的 N2 波幅与其在不一致问题上的反应时显著负相关，$r=-0.55$，$p<0.05$，说明 N2 波幅越负，被试在不一致问题上的反应时越长。被试在不一致问题上的 P3 波幅也与其在不一致问题上的反应时显著负相关，$r=-0.56$，$p<0.05$，说明 P3 波幅下降得越多，被试在解决不一致问题时花费的时间越长。此外，被试在不一致问题上的 P3 波幅与其在一致问题上的反应时显著负相关，$r=-0.53$，$p<0.05$，说明被试在不一致问题上的 P3 波幅下降得越少，在一致问题上的反应时越短（即较易激活自然数偏差）。其他行为表

现与 ERP 成分无显著相关。

表 12-2　被试在不同问题类型上的行为表现与 ERP 成分之间的相关结果

变量	1	2	3	4	5	6	7	8	9
1. 一致问题的错误率	1								
2. 不一致问题的错误率	0.43	1							
3. 一致问题的反应时	−0.23	−0.46	1						
4. 不一致问题的反应时	−0.32	−0.46	0.98**	1					
5. 一致问题的 P2 波幅	−0.01	0.09	−0.51	−0.50	1				
6. 不一致问题的 P2 波幅	0.04	0.09	−0.48	−0.52*	0.85**	1			
7. 一致问题的 N2 波幅	−0.28	−0.26	−0.40	−0.44	0.50	0.55*	1		
8. 不一致问题的 N2 波幅	−0.01	0.08	−0.47	−0.55*	0.51	0.65**	0.70**	1	
9. 一致问题的 P3 波幅	−0.07	−0.34	−0.15	−0.20	0.45	0.48	0.73**	0.35	1
10. 不一致问题的 P3 波幅	0.21	−0.11	−0.53*	−0.56*	0.65**	0.73**	0.63*	0.56*	0.77**

四、讨论

　　本研究结果与第五章中的行为研究结果一致。大学生在不一致问题上的反应时长于一致问题。更为关键的是，在一致问题上，我们发现了与直觉反应和期待过程有关的 P2 成分（刘耀中，唐志文，2012；Paynter et al.，2009；Zhu et al.，2019）更正向的激活，说明当运算符号呈现时，自然数偏差（即"加法和乘法使结果变大，减法和除法使结果变小"）被自动激活了。此外，大学生在解决含有有理数的运算时需要抑制自然数偏差，表现为在不一致问题上有较大的 N2 波幅和较小的 P3 波幅。这些结果与先前的研究结果一致，其发现 N2 波幅的增大及 P3 波幅的减小与冲突探测和抑制启发式或误导性直觉策略有关（Fu et al.，2020；Leroux et al.，2006）。本研究还发现，N1 波幅在一致问题和不一致问题上的激活程度相似，说明学生在不同类型问题上的视觉加工和注意激活相当。

　　同时，本研究还发现，学生在不一致问题上的行为表现与其在不一致问题上的 N2 和 P3 波幅有关。尽管样本量小，这一结果依然为抑制控制参与了个体克服算术运算中的自然数偏差提供了有力证据。本研究没有发现一致问题上的 P2 波幅与一致问题上的行为表现存在关系（二者之间的相关值边缘显著，$r=−0.51$，$p=0.05$），未来研究可以采用更大的样本量对此进行验证。

第四节　认知抑制在解决非符号概率比较问题中的作用：来自ERP的证据

一、实验目的

在第六章中，我们采用负启动实验范式从行为研究的角度证实了克服非符号概率比较任务中的自然数偏差需要抑制控制的作用，本研究采用 ERP 技术，探讨大学生完成非符号概率比较任务时的神经机制。

二、实验方法

（一）被试

被试为 25 名深圳大学的本科生（男生 13 名，女生 12 名，平均年龄为 19.9±1.4 岁）。所有被试视力和矫正视力正常，未服用任何药物，无任何神经障碍或听力障碍，自愿参加实验。

（二）实验材料

实验材料包括两部分。第一部分为实验任务图片，分为一致项目、不一致项目和中立项目。图片中有两个盒子，盒子中有不同数量的绿球和黄球，问哪个盒子中抽取到绿球的概率大？在一致项目中，绿球的数量与抽取到绿球的概率协变，即绿球数量多的盒子中抽取到绿球的概率大（左边盒子中有 2 个绿球和 3 个黄球，右边盒子中有 1 个绿球和 3 个黄球）；不一致项目中，绿球的数量与抽取到绿球的概率相互干扰，如绿球数量不同，但抽取到绿球的概率相同（左边盒子中有 6 个绿球和 4 个黄球，右边盒子中有 3 个绿球和 2 个黄球）；中立项目中呈现的是与概率无关的问题。第二部分为缓冲图片，从中性情绪图片库中选取 60 张实物图片，并做灰阶处理，用于间隔两种实验条件。所有实验图片采用灰底黑线，经 Adobe Photoshop CS6 软件处理，保证其大小、明暗及对比度等属性保持基本一致。一致图片有 60 张，不一致图片有 30 张，中立图片有 30 张。实验过程中所有的实验材料重复出现一次，共 120 个试次。

（三）实验程序

同第六章第二节。

（四）脑电数据采集和分析

脑电数据采集与分析的设备与方法同本章第二节。

三、实验结果

错误率高于 50% 的被试数据不进入统计分析，剔除反应时在正负 3 个标准差以外的数据，剔除率为 0.4%。另外，只有在启动阶段和探测阶段都正确作答的反应时才进行统计分析，删除率为 16.0%。5 名被试因脑电伪迹过多或错误率过高而被剔除，有 20 名被试（其中男生 10 名，女生 10 名）的数据进入后续离线分析，被试在测试条件与控制条件下波形图和地形图如图 12-5 所示。

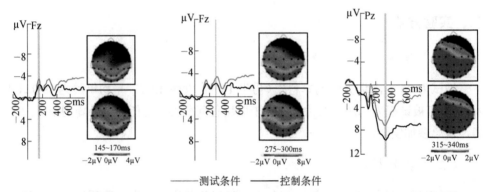

图 12-5　非符号概率比较任务中 N1、N2 和 P3 在测试条件与控制条件下的波形图和地形图

对于 N1，实验类型的主效应显著，$F_{(1, 19)}=7.15$，$p<0.05$，$\eta^2=0.27$，测试条件下的波幅（$-3.19\mu V$）比控制条件下（$-2.20\mu V$）的更负；大脑半球的主效应显著，$F_{(2, 38)}=6.29$，$p<0.05$，$\eta^2=0.25$，右半球的波幅（$-3.12\mu V$）比左半球更负（$-2.16\mu V$），中半球的波幅（$-2.79\mu V$）比左半球更负；位置的主效应显著，$F_{(1, 19)}=13.10$，$p<0.05$，$\eta^2=0.41$，额叶区的波幅（$-3.82\mu V$）比中央区更负（$-1.53\mu V$）；实验类型和大脑半球的交互效应不显著，$F_{(2, 38)}=1.46$，$p>0.05$，$\eta^2=0.07$；实验类型和位置的交互效应不显著，$F_{(1, 19)}=1.70$，$p>0.05$，$\eta^2=0.08$；大脑半球和位置的交互效应显著，$F_{(2, 38)}=4.58$，$p<0.05$，$\eta^2=0.19$。简单效应分析发现，左半球额叶区的波幅（$-3.47\mu V$）比中央区更负（$-0.85\mu V$）（$p<0.05$），中半球在额叶区的波幅（$-3.57\mu V$）比中央区更负（$-2.01\mu V$）（$p<0.05$），右半球在额叶区的波幅（$-4.41\mu V$）比中央区更负（$-1.85\mu V$）（$p<0.05$）。实验类型、大脑半球和位置三者的交互效应不显著，$F_{(2, 38)}=1.56$，$p>0.05$，$\eta^2=0.08$。

在 N2 波幅上，实验类型的主效应显著，$F_{(1, 19)}=6.50$，$p<0.05$，$\eta^2=0.26$，测试条件下的波幅（$-2.15\mu V$）比控制条件下的更负（$-0.83\mu V$）；大脑半球的主效应显著，$F_{(2, 38)}=12.34$，$p<0.05$，$\eta^2=0.39$，右半球的波幅（$-2.40\mu V$）比左半球更负（$-0.09\mu V$），中半球的的波幅（$-1.97\mu V$）比左半球更负，但与右半球的波幅不存在显著差异；位置的主效应显著，$F_{(1, 19)}=27.23$，$p<0.05$，$\eta^2=0.59$，额叶区的波幅（$-3.21\mu V$）比中央区更负（$0.23\mu V$）；实验类型和大脑半球的交互效应不显著，$F_{(2, 38)}=0.07$，$p>0.05$，$\eta^2=0.004$；实验类型和位置的交互效应不显著，$F_{(1, 19)}=1.33$，$p>0.05$，$\eta^2=0.07$；大脑半球和位置的交互效应显著，$F_{(2, 38)}=6.35$，$p<0.05$，$\eta^2=0.25$。简单效应分析发现，左半球额叶区的波幅（$-1.71\mu V$）比中央区更负（$1.52\mu V$）（$p<0.05$），中半球额叶区的波幅（$-3.31\mu V$）比中央区更负（$-0.64\mu V$）（$p<0.05$），右半球额叶区的波幅（$-4.61\mu V$）比中央区更负（$-0.19\mu V$）（$p<0.05$）。实验类型、大脑半球和位置三者的交互效应显著，$F_{(2, 38)}=4.14$，$p<0.05$，$\eta^2=0.18$，简单效应分析发现，左半球额叶区测试条件下的波幅（$-2.50\mu V$）比控制条件下的更负（$-0.92\mu V$）（$p<0.05$），中半球中央区测试条件下的波幅（$-1.61\mu V$）比控制条件下的更负（$-0.34\mu V$）（$p<0.05$），右半球中央区测试条件下的波幅（$-1.10\mu V$）明显比控制条件下的更负（$-0.73\mu V$）（$p<0.05$）。

在 P3 波幅上，实验类型的主效应显著，$F_{(1, 19)}=8.40$，$p<0.05$，$\eta^2=0.31$，控制条件下的波幅（$5.68\mu V$）比测试条件下的更正（$4.05\mu V$）；大脑半球的主效应显著，$F_{(2, 38)}=9.86$，$p<0.05$，$\eta^2=0.34$，左半球的波幅（$6.394\mu V$）比中半球（$4.07\mu V$）和右半球更正（$4.12\mu V$）（$p<0.05$），中半球与右半球的波幅不存在显著差异；位置的主效应显著，$F_{(2, 38)}=61.92$，$p<0.05$，$\eta^2=0.77$，顶叶区的波幅（$10.53\mu V$）比中央区（$4.06\mu V$）和额叶区更正（$-0.01\mu V$）（$p<0.05$）；实验类型和大脑半球的交互效应不显著，$F_{(2, 38)}=0.79$，$p>0.05$，$\eta^2=0.04$；实验类型和位置的交互效应不显著，$F_{(2, 38)}=2.37$，$p>0.05$，$\eta^2=0.11$；大脑半球和位置的交互效应显著，$F_{(4, 76)}=2.99$，$p<0.05$，$\eta^20.14$，简单效应分析发现，左半球顶叶区的波幅（$11.63\mu V$）比中央区（$5.84\mu V$）和额叶区更正（$1.71\mu V$）（$p<0.05$），中半球顶叶区的波幅（$9.30\mu V$）比中央区（$3.55\mu V$）和额叶区更正（$-0.63\mu V$）（$p<0.05$），右半球顶叶区的波幅（$10.67\mu V$）比中央区（$2.80\mu V$）和额叶区更正（$-1.11\mu V$）（$p<0.05$）；实验类型、大脑半球和位置三者的交互效应显著，$F_{(4, 76)}=2.53$，$p<0.05$，$\eta^2=0.12$，简单效应分析发现，中半球中央区控制条件下的波幅（$4.596\mu V$）比测试条件下的更正（$2.50\mu V$）（$p<0.05$），中半球顶叶区控制条件

下的波幅（10.75μV）比测试条件下的更正（7.86μV）（$p<0.05$），右半球中央区控制条件下的波幅（3.91μV）比测试条件下的更正（1.68μV）（$p<0.05$），右半球顶叶区控制条件下的波幅（11.36μV）比测试条件下的更正（9.98μV）（$p<0.05$）。

四、讨论

本研究探讨了成人在克服概率比较任务中的误导性策略时是否激活了与认知抑制相关的脑区，结果发现被试在测试试次中的一致项上比在控制试次中的一致项上产生了更大的 N1、N2 波幅和更小的 P3 波幅。在探测阶段，测试条件下的 N1 波幅明显比控制条件下的更负，即测试条件激活了更大的 N1 成分，可见在测试条件下完成一致项目需要更多的知觉注意；测试条件下的 N2 波幅比控制条件下的更正。因此，本研究中成人在非符号概率比较任务中确实需要认知抑制的参与来抑制直觉偏差。这一结果与上述关于分数和小数比较任务的研究结论一致。本研究的结果也与第六章的行为研究结果一致，说明成人在完成非符号概率比较任务时，依然会受到"目标越多，概率越大"的直觉启发式的影响。要克服非符号概率比较任务中的直觉偏差，需要抑制控制的参与。

第五节　认知抑制在克服整数比偏差中的作用：来自ERP的证据

一、实验目的

我们在第十一章发现整数比数字结构会自动激活乘法思维，在进行非乘法运算时需要抑制乘法思维。这一结果支持了比例推理的过度使用与乘法思维的启发式加工有关的假设，而克服比例推理的过度使用需要抑制控制的参与。但是其认知神经机制尚不清楚，就目前掌握的文献看，尚未见到关于比例推理/乘法思维脑机制的研究。因此，本实验的目的是采用 ERP 技术探讨相关的认知过程。

二、实验方法

（一）被试

被试为 32 名深圳大学的本科生（男生 13 名，女生 19 名，平均年龄为 21.2±1.4

岁）。所有被试视力和矫正视力正常，没有服用任何药物，无任何神经障碍或听力障碍，自愿参加实验。

（二）实验材料

除缓冲刺激采用空屏外，其他实验材料与第十一章的实验相同。

（三）实验程序

被试填写知情同意书后进入实验室，在电脑屏幕前的椅子上坐好。告知被试实验将持续 20min。要求被试保持坐姿，尽可能减少活动。告诉被试需要心算解决一些简单的算术问题，刺激是分屏、系列呈现的。被试的任务是判断 k 值与哪个运算符号相匹配。要求被试又快又准地作答。被试先完成 12 道练习题（每种问题类型各 4 道）并给予反馈，被试可重复练习直到熟悉实验任务为止。随后进入正式实验，实验程序与第十一章第二节实验相同。

（四）脑电数据采集与分析

脑电数据采集与分析的设备与方法同本章第二节。

三、实验结果

所有被试的错误率都低于 50%，因此全部被试的数据都被纳入分析。被试在一致任务和不一致任务上平均反应时在正负 3 个标准以外的数据被剔除，剔除率为 0.31%。

（一）行为结果

对问题类型（一致 vs. 不一致）进行单因素重复测量方差分析，结果表明，大学生在不一致问题上的错误率（5.36%）显著高于一致问题（1.77%），$F(1, 31)=29.52$，$p<0.001$，$\eta^2=0.49$；在不一致问题上的反应时（490.06ms）显著长于一致问题（463.61ms），$F(1, 31)=57.21$，$p<0.001$，$\eta^2=0.65$。说明存在整数比偏差，整数比结构自动激活了乘法思维。

（二）ERP 结果

参考前人的分析（Boksem et al.，2005；Covey et al.，2017；Li et al.，2021），N1 成分主要采自电极位置 Oz 和 POz，P2 成分主要采自电极位置 Fz 和 FCz，P3 成分主要采自电极位置 Pz 和 CPz。图 12-6 为 ERP 不同成分在一致问题与不一致问题上的波形图和地形图。

进行 2（问题类型：一致、不一致）×2（电极位置：Oz、POz，Fz、FCz，Pz、CPz）的重复测量方差分析，结果如下。

对于 N1 波幅来说，电极位置的主效应显著，$F(1,31)=12.40$，$p<0.01$，$\eta^2=0.29$；问题类型的主效应不显著，$F(1，31)=0.02$，$p>0.05$；电极位置与问题类型的交互效应不显著，$F(1，31)=0.42$，$p>0.05$。

对于 P2 波幅来说，问题类型的主效应显著，$F(1,31)=6.05$，$p=0.02$，$\eta^2=0.16$，一致问题激活的波幅（6.08μV）大于不一致问题（5.16μV）；电极位置的主效应不显著，$F(1，31)=0.02$，$p>0.05$；电极位置与问题类型的交互效应不显著，$F(1，31)=1.95$，$p>0.05$。

对于 P3 波幅来说，问题类型的主效应显著，$F(1，31)=5.10$，$p<0.05$，$\eta^2=0.14$，一致问题上的波幅（5.36μV）大于不一致问题（4.44μV）；电极位置的主效应不显著，$F(1，31)=0.57$，$p>0.05$，电极位置与问题类型的交互效应不显著，$F(1，31)=0.49$，$p>0.05$。

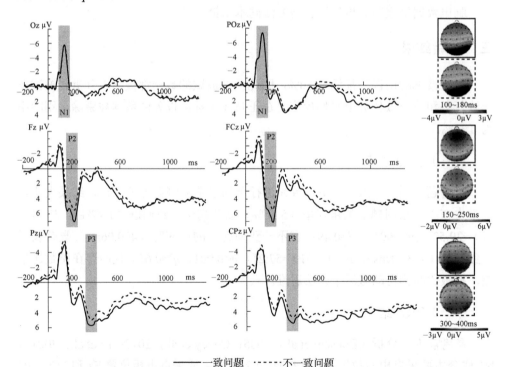

———— 一致问题　　……… 不一致问题

图 12-6　整数比数字结构任务中 ERP 不同成分在一致问题与不一致问题上的波形图和地形图

四、讨论

　　本研究与第十一章第二节、第三节的实验结果一致。大学生在不一致问题上的错误率更高，在不一致问题上的反应时也更长。被试在乘法问题上激活了更大的 P2 波幅，说明乘法思维是一种在整数比数字结构中能够被自动激活的启发式策略，正如先前研究显示，P2 是一种与直觉反应有关的成分（刘耀中，唐志文，2012；Zhu et al.，2019），且与启发式加工有关（Paynter et al.，2009）。不仅如此，学生在不一致问题上激活的 P3 波幅较小，说明他们在解决加法问题时需要抑制乘法启发式，这一结果与先前的研究一致（Fu et al.，2020；Leroux et al.，2006）。

　　本研究发现，在一致问题和不一致问题上激活的 N1 波幅是相似的，说明被试在两类问题上的视觉加工和注意激活程度是相似的。这说明学生在一致问题和不一致问题上的表现差异不太可能由题目的外部视觉刺激导致。

本 章 小 结

　　本章共报告了 5 个脑电研究，内容涉及分数比较、小数比较、非符号概率比较、算术运算以及整数比数字结构中的直觉偏差，揭示了个体解决这类问题的认知神经机制。系列研究结果与前面行为研究的结果一致，即在数学问题解决过程中，个体要克服直觉启发式偏差或误导性策略，需要认知抑制的参与。

第四篇

干 预 篇

第十三章

比例推理过度使用的干预研究

第一节　数学问题解决的干预研究

一、提示线索对数学问题解决的影响

Stavy 和 Babai（2010）希望通过引起八年级学生对任务无关维度（面积）注意和识别来减少其在周长比较任务中的 *more A-more B* 直觉偏差。他们将学生随机分成实验组和控制组。首先对实验组、控制组进行周长比较任务的前测；前测结束后约一个月，对实验组进行为时约 45min 的干预训练，训练过程中引导学生对不同的周长比较类型进行充分的思考、讨论和策略总结，而控制组则未接受任何训练。近一周后的后测发现，实验组在不一致题目上的正确率显著高于控制组。

Babai 等（2015）考察了警告干预对提高周长比较正确率的影响。正式实验前给予实验组一个警告干预，提示被试要进行周长比较而不是面积比较，要注意克服比较面积而非周长的倾向，旨在借此激活被试的抑制控制机制。实验发现，与控制组相比，实验组被试在不一致项目上的正确率得到显著提高。此外，研究者认为除了图形的复杂性和周长面积关系的一致性外，任务当中的有效线索（边长）和无关线索（面积）的凸显性也是影响被试任务表现的重要因素，面积这一干扰维度的凸显性越高，学生越容易根据面积判断周长大小。如图 13-1 所示，由于图 13-1（a）没有边框，所以面积这一维度更为凸显，因此，与边框为实线的图形[图 13-1（b）]相比，被试更容易对周长做出错误判断（Stavy & Babai，2010；Stavy et al.，2006a）。

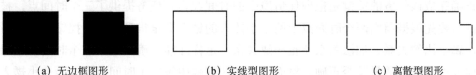

(a) 无边框图形　　　　(b) 实线型图形　　　　(c) 离散型图形

图 13-1　线索凸显性不同的周长比较任务示例

Babai 等（2016）考察了两种不同的图形呈现形式对儿童周长比较的影响：一类是普通的边框为实线的图形，如图 13-1（b）所示；另一类是边框为离散线段的图形，如图 13-1（c）所示。研究发现，与实线型图形相比，凸显周长这一维度的边框为离散线段的图形更容易唤起被试对相关维度的注意，提高其在不一致项目上的正确率。凸显相关维度，降低启发式策略的优势地位，有利于提高学生在周长比较任务上的成绩。根据任务当中边框的凸显性可知，在周长比较的难度上，无边框图形>实线型图形>离散型图形。

二、认知训练对数学问题解决的影响

Cassotti 和 Moutier（2010）考察了元认知抑制训练对大学生被试完成合取谬误（conjunction fallacy）任务的影响。合取谬误是一种机率谬误，即个体存在认为多重条件"甲且乙"比单一条件"甲"发生的可能性更大的认知错误。研究者对控制组进行了单纯的逻辑训练，而对实验组的逻辑训练包括情绪唤醒警报，警告学生可能会掉进"陷阱"，意在促进被试对错误的优势反应的觉察和抑制，即元认知抑制训练。实验发现，元认知抑制训练能够更有效地提高个体的推理水平。

上述的干预研究都是针对任务本身的，干预内容与实验任务有直接关系。另有一种干预是领域一般性的，干预措施与所要解决的问题没有直接关系，旨在通过领域一般性的干预激活被试的分析式系统。例如，Attridge 和 Inglis（2015）给被试提供了容易产生直觉错误的认知反思任务（Cognitive Reflection Test，CRT）。例如，一个球拍和一个球的价格是 1.1 美元，球拍比球贵 1 美元，球的价格是多少美元？被试非常容易做出错误的直觉反应，认为球的价格是 1.1-1=0.1 美元。但是，如果让被试在完成 CRT 前，先完成一项有一定难度的、需要使用分析式策略的瑞文高级推理测验（Raven's Advanced Progressive Matrices，RAPM），那么他们在 CRT 上的表现要显著好于直接完成 CRT。因为瑞文高级推理测验激活了学生的分析式系统，从而使其在 CRT 上的表现更好。

本研究以比例推理过度使用为例，对中小学生进行干预训练，提高他们对关键线索的注意，考察训练能否改善他们在非比例问题上的表现。

第十章第二节的图片推理任务中设置了两个小矮人挖钻石的故事情境，被试正确完成该任务的关键是把握住情境中的时间线索。任务提供了三个时间点，被试需要先根据前面两个时间点上两个小矮人的钻石数量推理出他们挖钻石的数量是属于比例关系、加法关系还是一致关系，这样才能准确判断第三个时间点上绿矮人挖钻石的数量是否正确。然而，在加法问题中第二个时间点上，两个小矮人的钻石数量为整数倍关系，被试容易被整数倍关系误导而忽略问题情境，从而做出错误的推断。Babai 等（2016）认为，在推理任务当中，有效线索和无关线索的凸显性是影响学生任务表现的重要因素。因此，对于比例推理过度使用的干预研究，我们希望通过唤起被试对时间线索的注意，来降低启发式策略使用的可能性。

第二节　比例推理过度使用的干预研究

一、实验目的

本研究通过在图片推理任务中唤起被试对时间线索的注意，降低干扰线索的凸显性，从而促进被试对启发式策略的抑制并克服比例策略的过度使用。研究假设是：如果降低干扰线索的凸显性能够促进学生在解决非比例问题时对比例策略的抑制，那么加法问题的正确率会有所提高，并且被试的认知过程可能会发生一定程度的变化，负启动效应可能会下降或消失，表现为探测阶段错误率的降低或负启动量的减少。

二、实验方法

（一）被试

被试来自河南省封丘县一所小学和二所中学，其中六年级学生 98 名（男生 44 名，女生 54 名，平均年龄为 11.1±0.5 岁）、八年级学生 97 名（男生 41 名，女生 56 名，平均年龄为 13.1±0.6 岁）。被试被随机分配到实验组和控制组：六年级实验组共 47 名学生，控制组 51 名学生；八年级实验组 50 名学生，控制组 47 名学生。在进行实验之前通过班主任了解学生的信息，排除智力有缺陷或者存在阅读障碍的被试。所有被试的视力或矫正视力正常，并且以前未参加过类似的实验。被试均已学习过解决问题所需的比例知识和加法知识，经过讲解后能够理解题目的意思。

（二）材料

实验材料和第十章第二节的实验一致，使用江荣焕和李晓东（2017）的图片推理任务，任务中有比例问题、加法问题和中立问题 3 种题目类型。图片推理任务的背景是：一个小镇上有两个小矮人（1 个绿矮人和 1 个黄矮人，图 13-2 中左侧为黄矮人，右侧为绿矮人），他们正在挖钻石，随着时间的推移，两个小矮人挖钻石的数量逐渐增加。两人的钻石数量具有共变关系（即随着其中一个小矮人钻石数量的变化，另一个小矮人的钻石数量也一起发生变化）。控制组使用的实验材料与第十章第二节的实验完全相同，实验组的区别在于，前两个时间阶段都分别被红框（图 13-2 中的黑色框）圈起，意图唤起被试对时间线索的注意。实验组的设计样例见图 13-2。

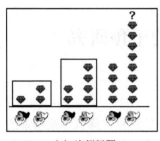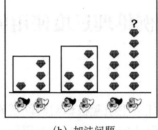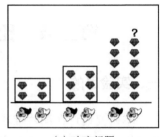

(a) 比例问题　　　　　　　(b) 加法问题　　　　　　　(c) 中立问题

图 13-2　实验组实验材料示例

图片内容为被试提供了以下信息：①共有三个时间点，两个小矮人挖钻石的数量都随着时间点的推移而增加；②被试可以根据前两个时间点的钻石数量推理出两个小矮人的钻石数量是属于比例关系、加法关系还是一致关系。被试的任务是根据前两个时间点上两个小矮人的钻石数量推断第三个时间点上绿矮人挖钻石的数量（带问号）是否正确。所有的钻石数量均在 10 以内，并且钻石数量之间的比均为小于或等于 3 的整数。对于比例问题和加法问题，有一半的题目给出的是比例答案（在比例问题中为正确），而另一半题目给出的是加法答案（在加法问题中为正确）。在加法问题中，第二个时间点的钻石数量之间为整数倍关系，这会诱发被试使用比例推理从而做出错误的判断。因此，要成功解决加法问题，被试需要对比例策略进行抑制。实验组的三个时间点都分别被红框圈起，以期学生能够注意到每个时间点与钻石数量的共变关系，从而提高个体在加法问题解决过程中对比例策略的抑制效率。中立问题呈现的知觉特征与比例问题、加法问题有高度的一致性，但是学生在解决中立问题时仅需要简单地比较，而不需要进行加减乘除等运算（如比较两列钻石是否相等）。这一设置保证了被试在完成中立问题时所接受的视觉刺激以及图片理解过程与其在完成比例问题和加法问题时保持一致，同时也不需要激活或者抑制上述两种策略。

（三）实验流程

被试统一在安静的空教室内完成测试，实验组和被试组分开进行。实验程序用 E-prime 2.0 编写，实验中的试次均呈现在计算机屏幕上。实验组和控制组的指导语是一致的。主试告知被试这是一项心理学研究，其需要在实验中完成一些推理任务。之后，被试以舒适自然的姿势坐在距离电脑屏幕前约 50cm 处。实验开始前，向被试呈现如下指导语：

> 在我们的实验中，你将会看到如下一幅图片（屏幕上有示例的图片出现）。这幅图表示随着时间的推移，两个小矮人挖钻石的数量逐渐增加，你的任务是根据前面两个时间点的钻石数量推断出两个小矮人所挖钻石的数量之间属于什么关系，并判断第三个时间点中绿矮人的挖矿数量（带问号）是否正确。如果正确，请按"J"键，如果错误，请按"F"键。如果你明白上面的要求，请等待实验员指示。

随后实验员询问被试能否理解指导语，如果不理解，则为被试口头解释实验任务，接着告知被试将左手和右手的食指分别放在键盘上的"F"键和"J"键上，按空格键进入练习实验。之后，被试进行 6 个试次的练习，包括 2 道比例问题、2 道加法问题、2 道中立问题（各类问题包括答案正确、错误的题目各 1 道）。练习过程中屏幕上会自动给出反馈，告知被试反应是否正确。如果被试在练习过程中出现太多错误，可以返回再练习一次。为了平衡练习题目可能带来的启动效应，练习题目均为随机出现，并且练习题目不会在正式实验中出现。

练习结束后，屏幕上出现提示语："请注意：所有题目的答题时间为 15s，请你又快又准地做出应答。"随后，被试将完成 16 个实验试次，其中包含 8 个控制试次和 8 个测试试次。在控制试次中，被试先完成中立问题，再完成比例问题；在测试试次中，被试先完成加法问题，再完成比例问题。为了平衡实验条件的顺序效应及可能出现的习惯化反应，16 个试次的呈现顺序采用伪随机设计，即同种类型的试次不会连续出现 3 次或者 3 次以上，而测试试次与控制试次中的题目则是完全随机出现的。需要强调的是，为了使每种试次中作为探测项的比例问题的难度保持一致，控制试次中的比例问题与测试试次中的比例问题所用到的 8 组数字是完全一致的，只是两种试次中应用题的主人公及其所进行的活动不一样，并且所有的题目均为随机提取，因此有效地避免了练习效应。此外，正式实验中，每道应用题的主人公的名字、所进行的活动都不相同，从而避免了题目之间的互相混淆。正式实验中，首先会在屏幕上出现 3s 的倒计时动画，之后出现"Go"字样，接着屏幕上会呈现一个红色的"+"号注视点，持续 800ms，随后出现启动项（中立问题或加法问题），持续 15 000ms，之后空屏

800ms，再出现探测项（比例问题），持续 15 000ms。随后呈现一张中性图片作为掩蔽刺激，持续 1500ms。实验过程中由 E-prime 2.0 自动记录被试的正确率和反应时。

三、实验结果

负启动效应只能在被试正确解决加法问题的情况下出现，因此，实验组有 19 名六年级学生（占样本的 40.43%）、14 名八年级学生（28.00%）由于加法问题的正确率低于 50%（含）而被剔除，控制组有 24 名六年级学生（占样本的 47.06%）、16 名八年级学生（34.04%）由于加法问题的正确率低于 50%（含）而被剔除。对实验组和控制组的剔除率进行单因素方差分析，结果发现组别的主效应不显著，$F(1，191)=0.84$，$p>0.05$，$\eta^2<0.01$，实验组和与控制组在剔除率上无显著差异；年级的主效应不显著，$F(1，191)=3.37$，$p>0.05$，$\eta^2=0.02$。

实验组总共有 28 名六年级学生和 36 名八年级学生的数据进入统计分析，控制组共有 27 名六年级学生和 31 名八年级学生的数据进入统计分析。对于这些被试的数据，我们将其错误反应的反应时剔除，同时剔除各类题目的平均反应时在正负 3 个标准差之外的数据。需要强调的是，对于测试试次中探测项的反应时，我们仅保留启动项（即加法问题）和探测项（即比例问题）均正确的情况下的数据。实验组和控制组被试在各项目上的平均错误率和反应时分别见表 13-1 和表 13-2。

表 13-1　实验组被试的错误率（%）和反应时（ms）（$M \pm SD$）

	因变量		六年级	八年级
错误率	启动项	测试	24.11±14.41	24.31±12.66
		控制	9.07±10.58	2.16±4.71
	探测项	测试	27.23±18.02	16.32±16.32
		控制	37.95±18.47	25.69±14.00
反应时	启动项	测试	6662.70±1675.60	6234.77±1748.26
		控制	3114.33±786.12	3081.08±1084.44
	探测项	测试	7481.52±2214.00	6708.41±1546.55
		控制	7115.05±1936.37	6115.36±1556.37
	负启动量		366.47±1592.43	593.05±1200.39

注：负启动量=测试试次中探测项目的反应时–控制试次中探测项目的反应时

表 13-2　控制组被试的错误率（%）和反应时（ms）（$M \pm SD$）

因变量			六年级	八年级
错误率	启动项	测试	25.46±12.73	22.98±10.75
		控制	9.26±14.12	4.53±8.22
	探测项	测试	37.26±18.07	27.82±15.38
		控制	37.50±15.88	30.24±15.74
反应时	启动项	测试	7213.05±2224.58	6597.54±2064.65
		控制	3238.56±1074.36	3238.24±923.13
	探测项	测试	7957.96±2248.97	7170.26±2018.18
		控制	6954.52±1555.40	6397.63±1576.75
	负启动量		1003.43±1546.86	772.63±1864.80

对探测项的错误率和反应时进行 2（年级：六年级、八年级）×2（组别：控制组、实验组）×2（试次类型：控制、测试）的重复测量方差分析，结果如下。

对于错误率，试次类型的主效应显著，$F_{(1, 118)}=11.62$，$p<0.01$，$\eta^2=0.09$。年级的主效应显著，$F_{(1, 118)}=16.07$，$p<0.01$，$\eta^2=0.12$，八年级学生的错误率（24.72%）显著低于六年级学生（34.94%）。组别的主效应显著，$F_{(1, 118)}=6.64$，$p<0.05$，$\eta^2=0.05$。组别和试次类型的交互效应显著，$F_{(1, 118)}=6.82$，$p<0.01$，$\eta^2=0.06$，进一步简单效应分析发现，实验组和控制组在测试试次中的探测项上的错误率差异显著，$F_{(1, 118)}=12.23$，$p<0.01$，实验组的错误率（21.09%）显著低于控制组（31.05%）；在控制试次中的探测项上，二者的错误率（32.22% vs. 33.62%）差异不显著，$F_{(1, 118)}=0.50$，$p>0.05$。年级和试次类型的交互效应不显著，$F_{(1, 118)}=0.02$，$p>0.05$，$\eta^2<0.01$。年级和组别的交互效应不显著，$F_{(1, 118)}=0.42$，$p>0.05$，$\eta^2<0.01$。年级、组别和试次类型的交互效应不显著，$F_{(1, 118)}=0.28$，$p>0.05$，$\eta^2<0.01$。

对于反应时，试次类型的主效应显著，$F_{(1, 118)}=22.52$，$p<0.01$，$\eta^2=0.16$，相较于控制试次（6602.24ms），被试解答测试试次中的比例问题所需要的时间（7279.74ms）显著更长，出现了负启动效应。年级的主效应显著，$F_{(1, 118)}=6.69$，$p<0.05$，$\eta^2=0.05$，八年级学生对两类题目的反应时（6940.99ms）短于六年级学生（7375.83ms）。组别的主效应不显著，$F_{(1, 118)}=0.77$，$p>0.05$。组别和试次类型的交互效应不显著，$F_{(1, 118)}=2.01$，$p>0.05$。年级与试次类型的交互效应不显著，$F_{(1, 118)}=0.0$，$p>0.05$。年级与组别的交互效应不显著，$F_{(1, 118)}=0.13$，$p>0.05$。年级、组别和试次类型的交互效应不显著，$F_{(1, 118)}=0.63$，$p>0.05$。

本 章 小 结

一、提示线索对克服比例推理过度使用的影响

本研究在实验组的材料中采用将变量关系加框的方式，试图提高中小学生对此的注意力，以帮助他们克服加法问题中比例推理过度使用的倾向。从实验结果来看，实验组与控制组在不一致项目（加法问题）上的错误率不存在显著差异，与控制组相比，给予提示线索的实验组在加法问题上的正确率并没有显著提高。这与 Babai 等（2016）针对周长比较的干预研究的结果不一致，主要原因可能是本研究中的干预设置略显简单，除了在刺激上加框作为注意线索外，实验组与控制组在其他方面是一致的。本研究没有向被试强调应对两个小矮人钻石数量的关系加以注意，也没有给予警告或提示，因此仅有知觉线索可能无法唤起被试的警觉。此外，干预能否起作用还可能与任务复杂程度、时间压力有关系。与 Babai 等（2016）的周长比较任务相比，本研究中的图片推理任务难度较大，涉及的分析步骤多，并且需要心算。此外，图片推理任务有更高的时间压力，每道题目都需要学生在 15s 内做出反应，而先前的干预研究均未设置时间限制（Stavy & Babai，2010；Babai et al.，2015；2016；Cassotti & Moutier，2010）。

本章的实验结果与第十章第二节的实验结果一致，与先完成中立问题再完成一致任务（比例问题）相比，无论是实验组还是控制组，被试在完成不一致任务（加法问题）后再完成一致任务的反应时更长，出现了负启动效应。值得关注的是，虽然实验组的负启动量要小于控制组，但两者差异不显著，说明实验组和控制组一样，在图片推理任务中要克服比例推理的过度使用，需要抑制控制的参与。本研究发现，在测试试次中的探测项上，实验组的错误率显著低于控制组，而在控制试次的探测项上，实验组和控制组并无显著差异。对实验组单独做分析，也发现其在测试试次中的探测项上的错误率显著低于在控制试次中的探测项上的错误率，$F_{(1, 62)}=17.02$，$p<0.01$，$\eta^2=0.21$，而控制组则在测试试次和控制试次中的探测项上的错误率不存在显著差异，$F_{(1, 56)}=0.35$，$p>0.05$。负启动的逻辑是，在测试试次中，由于比例策略先前受到抑制，所以个体在探测项上需要付出更大的"代价"去激活该策略，那么与控制试次的探测项相比，被试对于测试试次中的探测项需要更长的反应时或出现更高的错误率。而本研究中，实验组在探测项上的负启动效应在错误率上发生反转，这说明我们的干预影响了实验组被试

的认知加工过程。

负启动实验要求被试在不一致任务上回答正确，因此被试在不一致任务上错误率达 50%及以上的会被剔除掉，纳入实验的被试相对来说在不一致问题上表现较好，可提升的空间有限，这可能也是本研究没有发现干预效果的重要原因。未来研究可针对在不一致问题上回答错误的学生进行干预，这将更有实用价值。

二、结论

实验组和控制组在解决加法问题之后再解决比例问题时均出现了负启动效应，说明克服比例推理的过度使用需要抑制控制的参与。对刺激材料加框处理的干预效果不明显，没有降低被试在加法问题上的错误率或缩短其反应时，但降低了被试在测试试次中比例问题上的错误率。

第十四章

小数比较中自然数偏差的干预研究

第一节　小数比较中自然数偏差干预研究的现状与不足

一、反馈与样例教学

研究发现，同整数和分数知识相比，小数大小知识对于学生在七年级时的代数成绩具有独特的正向预测作用（DeWolf et al., 2015）。有研究者以六年级和八年级学生为对象，考察反馈对学生小数比较策略的影响。结果发现，同控制组相比，反馈组在接受反馈的进程中，对整数策略的使用（即自然数）不断减少，而对规范的小数策略的使用则会增多，没有得到反馈的控制组学生在策略上则没有上述变化。此外，反馈组在实验结束后的测验中以及间隔两周后的测验中同样较少使用整数策略，而更多使用规范的小数策略，但学生在小数比较任务上的进步未能迁移到小数加减运算任务中（Ren & Gunderson, 2021）。Durkin和 Rittle-Johnson（2015）考察短暂的教学能否改变小学生关于小数的错误概念。给学生呈现一些0～1小数数字线问题的样例（在给出的几个小数中，根据数字线上的特定位置选择一个小数），同时配有相应的提示（描述某个学生将小数放在数字线上以及该学生用的方法或程序）供学生讨论。结果发现，随着时间的推移，有些学生开始意识到自己把小数当成自然数的想法是不正确的，于是开始修正自己的错误概念。但同时该研究发现，有些学生形成了关于小数的新的错误概念，即认为"越短的小数越大"。学生原来认为数位多的小数越大，当他们发现有些数位多的小数比数位少的小数小时，就会把这一假设推广到所有小数，说明学生虽然意识到先前的概念是错误的，但并不意味着他们就理解了正确的概念。

二、任务形式

　　研究者探讨小数大小比较时通常并列呈现两个小数，要求学生判断哪个小数大（Ren & Gunderson，2019，2021；Roell et al.，2017，2019a），结果发现，不同年龄的被试均存在"小数越长，小数越大"的自然数偏差现象。Vamvakoussi 等（2012）采用正误判断任务（例如，判断 1.4<1.198 是对还是错），全面考察了大学生在四种有理数任务（分数、小数、运算和密度）上的表现，结果发现，大学生在小数比较任务上的正确率出现了一致性效应，但是与自然数偏差不同，其方向是相反的，即被试在不一致小数比较问题上的正确率反而高于一致问题，他们选择了"越短的小数越大"策略，而被试在反应时上则没有出现一致性效应。对于该结果，一种解释是之前有研究显示，小数比较任务中的"越长的小数越大"这种自然数偏差主要出现在年幼儿童身上，且这种偏差随着儿童年龄的增长而减小，而"越短的小数越大"这种错误则出现在年长儿童和成人身上（Desmet et al.，2010；Stacey et al.，2001）；另一种解释是学生可能很快意识到一致问题的"陷阱"性质，对一致问题产生怀疑，从而引发其在一致问题上的反转效应。这种现象在非比例问题推理的研究中也曾出现，一旦学生觉察到他们面对的是非比例问题，他们在比例问题上的成绩就下降了，因为他们对比例问题产生了怀疑（van Dooren et al.，2004）。除了上述解释，他们的实验设计可能存在一定的缺陷，被试首先完成两个区组的分数比较任务，然后完成小数比较任务，前面的分数比较任务也可能对小数比较任务有影响，即前面的不一致问题让他们对后面的不一致问题有了警觉。

　　综上所述，我们认为任务形式可能会影响大学生在小数比较任务上的表现，本章将对这一问题进行考察。

第二节　任务形式对小数比较中的自然数偏差的影响

一、研究目的

　　本研究考察任务形式对小数比较任务中自然数偏差的影响，并假设成人在小数比较任务上是否存在自然数偏差可能与任务形式有关，当要求被试选择两个小数哪个更大时，其更可能出现自然数偏差；当给出两个小数之间的数量关系时，被试更可能觉察其中的"陷阱",因而不会出现自然数偏差。

二、研究方法

(一)被试

使用 Gpower 3.1 计算样本量,在效应量 f=0.25,双侧检验 a=0.05,统计检验力 $1-\beta$=0.90 的前提下分析,本研究共需要被试 28 名。共招募 38 名深圳大学在校生参与本实验,其中 1 名被试的正确率未达到 70%,因而没有被纳入最终数据分析。最终实验被试共 37 名,其中男生 18 名,女生 19 名,平均年龄为 19.8±1.3 岁。所有被试视力或矫正视力正常,未曾参加过此类型实验,实验开始前都填写知情同意书,实验后给予报酬。

(二)实验材料

Vamvakoussi 等(2012)的研究未对无关变量进行严格控制。首先,在小数材料上,该研究选取的小数是带小数,且未对每对小数对的整数部分进行控制,虽然成对呈现的小数对的整数部分一致(例如,1.3 vs. 1.857),但不同小数对的整数部位并不相同,这可能对后续小数部位的加工造成额外的认知负荷。其次,该研究未对小数的兼容效应和距离效应进行控制,相关研究指出,个体在兼容小数对(例如,0.68 vs. 0.3,其中 6>3,且 8>3)上的表现会优于不兼容小数对(例如,0.39 vs. 0.5,其中 3<5,但 9>5;Nuerk et al.,2001;Varma & Karl,2013),且相较于数值距离较小的数字对(例如,4 vs. 5),个体对数值距离较大的数字对(例如,2 vs. 9)的反应更快(Moyer & Landauer,1967;Schneider et al.,2009)。除此之外,该研究也未对不等号("、>""<")的朝向进行平衡控制,这些无关变量都可能会对小数数值比较造成影响。基于此,本研究对小数材料做进一步改进和控制,采用整数部位都为"0"的纯小数。

0~1 之间的纯小数共 48 对,将小数对分为一致项和不一致项各 24 对,一致项表示小数对"位数越多,数值越大"(例如,0.56 vs. 0.4),不一致项表示小数对"位数越多,数值越小"(例如,0.467 vs. 0.89)。小数包含一位小数、两位小数和三位小数。为避免无关变量对小数数值比较的影响,首先,本研究对每对小数的兼容性进行控制,使所有小数对的兼容性保持一致(即 0.57>0.3,其中,5>3 且 7>3;0.8>0.36,其中 8>3 且 8>6;Ren & Gunderson,2019,2021);其次,小数比较的难度通过每对小数的十分位距离进行控制,距离范围控制在 1~6,每个条件下的总体距离不存在显著差异(Roell et al.,2019a);另外,有研究指出,0 对于小数比较具有促进作用，为避免 0 对小数比较产生额外影响，本研究除了个位数上的 0，其他任何小数部分不出现 0（Varma & Karl，2013）；最后，按照自然数研究中的惯例，小数中不含有相同的数字，例如，0.33 将被排除（Moeller et al.，2009；Zhou et al.，2008）。

（三）实验设计

实验采用 2（任务类型：大小比较任务、不等式判断任务）×2（一致性：一致、不一致）的被试内实验设计。因变量为完成大小比较任务与不等式判断任务的反应时和错误率。

（四）实验程序

被试在实验室内单独施测，实验程序均使用 E-prime 3.0 编写。在正式实验之前，会告知被试接下来将进行一个心理学行为实验，实验内容为简单的数学问题，并建议被试将坐姿调整到自己舒适的状态，身体距离电脑屏幕前约 50cm，在被试了解实验任务并征得其同意后进入实验。实验包括两个任务，即大小比较任务和不等式判断任务，为避免任务呈现顺序的干扰，一半被试先完成大小比较任务再完成不等式判断任务，另一半被试与之相反，每个任务又包括练习实验和正式实验两个阶段。两个任务开始前都会进行练习实验，练习实验共 12 个试次，其中一致项和不一致项各 6 个，每个试次结束后都会给予正误反馈，正确即呈现"正确"，错误即呈现"错误"，超过时间限制则呈现"太慢"，练习正确率达到 60%方进入正式实验。

正式实验阶段，在大小比较任务中，先呈现一个 500ms 的注视点"+"，提醒被试实验开始，接着呈现一对小数，包含一致项和不一致项，要求被试选出较大的小数，如果左边的小数更大，则按"F"键，如果右边的小数更大，则按"J"键，刺激呈现限时 2500ms，接着呈现 800ms 的空屏，进入下一试次。依次循环进行 48 个试次。在不等式判断任务中，先呈现一个 500ms 的注视点"+"，提醒被试实验开始，接着呈现一对由不等号">""<"连接的小数，要求被试对小数不等式的结果进行判断，如果不等式错误，则按"F"键，如果不等式正确，则按"J"键，刺激呈现限时 2500ms，接着呈现 800ms 的空屏，进入下一试次。依次循环进行 48 个试次。对大小比较任务中的两类反应（左边大、右边大）以及不等式判断任务中的四类反应（大于正确、大于错误、小于正确、小于错误）进行了平衡控制。具体的实验流程如图 14-1 所示。

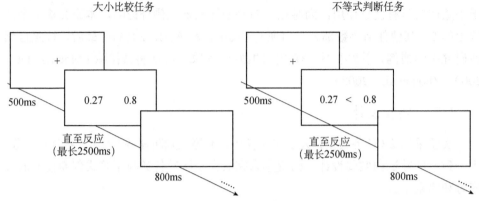

图 14-1　大小比较任务和不等式判断任务流程图

三、实验结果

（一）被试在两类任务上的表现

使用 SPSS 22.0 对数据进行分析。分别剔除大小比较任务和不等式判断任务中未反应的试次，选择正确作答的数据，剔除平均反应时在正负 3 个标准差以外的数据，大小比较任务中的剔除率为 1.70%，不等式判断任务中的剔除率为 1.75%。最后对反应时和错误率分别进行 2（任务类型：大小比较任务、不等式判断任务）×2（一致性：一致、不一致）的重复测量方差分析。被试在大小比较任务和不等式判断任务中的平均反应时与错误率见表 14-1。

表 14-1　被试在大小比较任务和不等式判断任务中的平均反应时（ms）与错误率（%）（$M \pm SD$）

任务类型	一致性	反应时	错误率
大小比较任务	一致	635.38±118.72	0.86±1.67
	不一致	685.40±125.56	4.00±4.42
不等式判断任务	一致	1086.59±214.18	5.22±5.36
	不一致	1089.68±216.89	4.78±4.73

1. 反应时

重复测量方差分析结果显示，任务类型的主效应显著，$F(1, 36)=233.42$，$p<0.001$，$\eta^2=0.87$。一致性的主效应显著，$F(1, 36)=8.72$，$p<0.01$，$\eta^2=0.20$。任务类型与一致性的交互效应显著，$F(1, 36)=10.39$，$p<0.01$，$\eta^2=0.22$。进一步的简单效应分析发现，在大小比较任务中，一致项与不一致项之间差异显著，不一致项的反应时（685.40ms）显著长于一致项（635.38ms），$p<0.001$，出现了自然数偏差。在不等式判断任务中，一致项（1086.59ms）与不一致项的反应时

（1089.68ms）之间差异不显著，$p>0.05$。在一致条件下，不等式判断任务的反应时（1086.59ms）显著长于大小比较任务（635.38ms），$p<0.001$；在不一致条件下，不等式判断任务的反应时（1089.68ms）也显著长于大小比较任务（685.40ms），$p<0.001$。结果见图 14-2。

2. 错误率

重复测量方差分析结果显示，任务类型的主效应显著，$F（1，36）=15.81$，$p<0.01$，$\eta^2=0.31$。一致性的主效应不显著，$F（1，36）=3.17$，$p>0.05$。任务类型与一致性的交互效应显著，$F（1，36）=5.88$，$p<0.01$，$\eta^2=0.14$。进一步的简单效应分析发现，在大小比较任务中，一致与不一致条件之间差异显著，不一致条件下的错误率（4.00%）显著高于一致条件（0.86%），$p<0.001$；在不等式判断任务中，一致条件（5.22%）与不一致条件下的错误率（4.78%）之间差异不显著，$p>0.05$。在一致条件下，不等式判断任务的错误率（5.22%）显著高于大小比较任务的错误率（0.86%），$p<0.001$；在不一致条件下，不等式判断任务的错误率（4.78%）与大小比较任务的错误率（4.00%）之间无显著差异，$p>0.05$。结果见图 14-3。

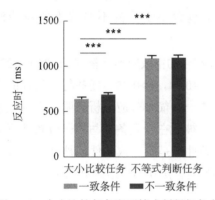 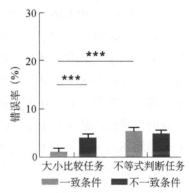

图 14-2 大小比较任务和不等式判断任务中一致条件与不一致条件下的反应时　　图 14-3 大小比较任务和不等式判断任务中一致条件与不一致条件下的错误率

（二）不等号方向对被试表现的影响

在不等式判断任务中，不等号方向可能会影响被试的反应，比如，大于号（>）在知觉流畅性上可能好于小于号（<）。下面我们考察被试的表现是否会受到不等号方向的影响。

以一致性（一致、不一致）和符号（大于号、小于号）为自变量，以反应时和错误率为因变量，进行 2×2 的重复测量方差分析。被试在不同符号上的平均反应时与错误率见表 14-2。

表 14-2 被试在两类不等式上的平均反应时（ms）与错误率（%）（M±SD）

符号	一致性	反应时	错误率
大于号	一致	1035.67±189.92	3.32±5.73
	不一致	1054.16±210.05	4.00±6.37
小于号	一致	1140.81±264.64	6.32±8.25
	不一致	1126.73±237.75	4.05±6.78

在反应时上，重复测量方差分析结果显示，符号的主效应显著，$F_{(1, 36)}=25.41$，$p<0.001$，$\eta^2=0.41$。相对于包含大于号的不等式（1044.91ms），被试在包含小于号的不等式上的反应时（1133.76ms）显著更长。一致性的主效应不显著，$F_{(1, 36)}=0.02$，$p>0.05$。任务与一致性的交互效应不显著，$F_{(1, 36)}=1.53$，$p>0.05$。进一步的简单效应分析表明，无论是包含大于号的不等式，还是包含小于号的不等式，一致条件与不一致条件下的反应时差异均不显著，$p>0.05$。在一致条件下，被试在包含大于号的不等式上的反应时（1035.67ms）显著短于包含小于号的不等式上的反应时（1140.81ms），$p<0.001$；在不一致条件下，被试在包含大于号的不等式上的反应时（1054.16ms）也显著短于包含小于号的不等式上的反应时（1126.72ms），$p<0.001$。结果见图 14-4。

在错误率上，重复测量方差分析结果显示，符号的主效应不显著，$F_{(1, 36)}=2.33$，$p>0.05$；一致性的主效应不显著，$F_{(1, 36)}=0.44$，$p>0.05$；任务与一致性的交互效应不显著，$F_{(1, 36)}=1.46$，$p>0.05$。进一步简单效应分析表明，无论是包含大于号的不等式还是包含小于号的不等式，被试在一致条件与不一致条件下的错误率差异均不显著，$p>0.05$。无论是一致条件还是不一致条件，被试在包含大于号与小于号的不等式上的错误率差异均不显著，$p>0.05$。结果见图 14-5。

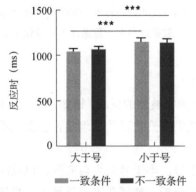

图 14-4 被试对包含不同符号的不等式在一致条件与不一致条件下的反应时

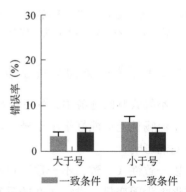

图 14-5 被试对包含不同符号的不等式在一致条件与不一致条件下的错误率

本 章 小 结

一、任务形式对小数比较中自然数偏差的影响

本研究考察了任务形式对小数比较任务中的自然数偏差的影响。当采用传统的大小比较任务时，与先前的研究一样（Roell et al.，2017，2019a），我们发现大学生存在"小数越长，小数越大"的自然数偏差，具体表现为相较于一致问题，被试在不一致问题上的反应时更长、错误率更高。但是被试在不等式判断任务中的自然数偏差消失了，其在一致问题和不一致问题上的反应时、错误率都不存在显著差异。进一步分析不等号方向的影响，发现被试在不一致问题与一致问题上的反应时和错误率都不存在显著差异，但是他们在包含大于号的不等式上的反应时更短，说明不等式符号的方向只会影响被试的反应速度，但不影响一致性效应，也就是说不存在自然数偏差。这一结果与 Vamvakoussi 等（2012）的一致，但本研究的实验材料更加全面和完善，排除了无关变量的干扰。Vamvakoussi 等（2012）对于大学生在小数比较任务中未能显示出自然数偏差的解释有两点。第一种解释是，小数自然偏差只在低年龄儿童中出现，在年长儿童和成人中不会出现（Desmet et al.，2010；Stacey et al.，2001）。但本研究采用大小比较任务时发现，大学生也会出现"越长的小数越大"的自然数偏差。第二种解释是，年长学生能更快地意识到一致问题的"陷阱"性质，因而对一致问题产生怀疑，从而引发一致问题上的反转效应。但本研究中的被试在一致问题和不一致问题上的错误率不存在差异，未出现反转效应。因此，笔者认为，Vamvakoussi 等（2012）的研究中大学生在小数比较任务中没有出现自然数偏差是由任务形式造成的，正如本研究证明的那样。

二、任务形式影响小数比较中自然数偏差的原因

不等号的加入为什么能让自然数偏差消失呢？我们认为，当并列呈现两个小数让被试做大小判断时，被试只要在两个小数中选择更大的一个数即可，此时被试容易受到小数数位多少及知觉长度的误导，因此更容易激活直觉反应。但是在不等式判断任务中，实验给定了两个小数之间的数量关系，要求被试对二者的关系进行正误判断，这时被试就需要思考，其采用的是分析式思维。双加工理论认为，个体存在两种加工系统：系统 1（启发式系统）的加工是快速的、自动化的，

且占用很少的认知资源；而系统 2（分析式系统）则是缓慢的、深思熟虑的，且需要付出较多的认知努力。在本研究中，被试在大小比较任务上的反应时显著短于不等式判断任务，因此，我们认为被试在完成大小比较任务时激活的更可能是启发式系统，而不等号判断任务激活的是分析式系统。未来研究可以对这一问题进行进一步探讨。

三、不等号方向对小数比较的影响

本研究还发现，不等号的方向虽然不会影响被试在一致问题和不一致问题上的正确率与反应时，但是影响了被试总体的反应时，被试在包含大于号的不等式上的反应比在包含小于号的不等式上的反应更快。这说明知觉的流畅性起了作用。Wang 等（2021）采用不等式判断任务，探究不等号与空间-数值之间的关系时发现，被试在包含大于号的不等式上的表现会显著优于其在包含小于号的不等式上的表现。究其原因，一种解释是，不等号本身的含义具有语言标记性。根据词语出现的频率，语言的标记性可分为标记形式和非标记形式（Greenberg，1966），通常来说，个体对非标记形式的加工更容易且更快速（Hines，1990；Huber et al.，2015）。而在中国文化中，大于号出现的频率（40.27%）高于小于号（（29.07%）（《现代汉语频率词典》，1986），那么根据语言的标记性，大于号相当于非标记形式，而小于号则相当于标记形式，因而语言的标记性使得个体对大于号进行判断时会更容易且更加快速。此外，本研究结果也可能与任务本身的极性有关。Arend 和 Henik（2015）研究了任务指令的极性（选择较大的目标 vs. 选择较小的目标）对大小一致性效应的调节作用。他们发现，在 Stroop 任务中，无论数字大小及其字体大小是否一致，当要求成人选择较大的目标时，他们的速度明显快于选择较小的目标。这一结果表明，在数值判断中，选大的判断可能比选小的判断更有优势。在不等式判断任务中，大于号可能引起了被试做出选大的判断，而小于号则可能引起了被试做出选小的判断。因而基于 Arend 和 Henik 的发现，"选大"的优势反应使得被试在包含大于号的不等式判断任务上的表现更优。

四、结论

任务形式对小数比较任务中的自然数偏差有显著影响。小数自然数偏差只在大小比较任务中存在，而在不等式判断任务中不存在。

第十五章

周长比较任务中的直觉偏差干预研究

第一节 奖励与惩罚对学习的影响

一、物质奖惩对学习的影响

激发学生的学习动机是改善学生学习效果的重要途径。在教学实践中，教师最常用的手段就是奖励和惩罚，通过奖励来强化学生好的行为，运用惩罚降低学生不良行为再次发生的可能性。奖励与惩罚能够唤起个体的外部动机，即学生会为了获得奖励或规避惩罚而投入学习活动（李晓东，1998）。动机的强化理论认为，奖赏与表现存在依随关系，通过个体对期待结果的预期与渴望来提高动机和表现。根据该理论，外部动机的强化会改善个体的动机和表现。从期望价值理论（expectancy-value theory）看，个体的行为倾向由成功的可能性与结果的效价决定，而奖赏通过增加任务的吸引力（即效价），如给予个体想要的物品来提高动机，并且奖赏还提供了能力信息，因此也增强了个体的能力信念，增强了其对成功可能性的预期（Hendijani & Steel，2020）。奖赏对学生学习行为的促进作用是十分明显的。例如，Filsecker 和 Hickey（2014）使用数字货币考察外部奖励对学生玩教育游戏的动机、参与度和学习时长的影响，结果发现，外部奖励不仅没有削弱五年级学生的动机，反而显著促进了他们对知识概念的理解。Bilouk（2015）研究了外部奖励（短篇小说）对个体内部动机及阅读表现的长期影响，实验中 91 名大学生均参加了无奖励和奖励的实验条件，结果发现与无奖励条件相比，奖励增强了个体学习和努力的动机，使他们在精读阶段的表现更优。Byron 和 Khazanchi

（2012）对 60 项有关奖励与创造力关系的研究进行元分析后发现，与创造力表现相关的外部社会及物质激励均有助于提高个体的创造力表现，而为非创造力表现提供奖励则会减弱个体的动机并减少其创造力行为。Fuad 等（2021）发现，奖励与惩罚的实施对学生的动机均有积极影响，奖惩措施使学生积极参与各种活动，使其避免预定的惩罚。de Haas 和 Conijn（2020）考察了奖惩反馈对机器人辅助语言学习的收益、动机和拟人化的影响，结果发现，奖惩反馈只会影响学习收益，与无奖惩相比，机器人在惩罚条件下的语言学习效果最好，其次是奖励。

二、社会性奖惩对学习的影响

鉴于外部奖惩潜在的负面影响，特别是惩罚行为可能会让学生产生负面情绪，容易引发其攻击行为，研究者认为应该多采用社会性奖励和惩罚，如表扬、批评等。Darolia 和 Wydick（2011）发现，父母的表扬、鼓励会增强孩子的自尊心，进而改善其学业成绩。Gundersen 和 McKay（2019）发现，学校和家庭的鼓励都与学生更好的考试成绩相关。与不表扬孩子相比，如果家长私下表扬孩子在学校的表现，那么孩子在算数、识字和字母识别测试分数会普遍高出 2%～5%。受到教师在公众场合的赞扬和奖励的学生，与没有受到公开赞扬和奖励的学生相比，其数学和识字成绩会普遍高出 3%～4%。Melinda 等（2018）通过问卷调查的方法探究奖励和惩罚是否会影响四年级学生的学习动机，结果发现，奖惩变量对学生学习动机的提升存在显著的正向影响。

三、奖惩对认知过程的影响

大量研究表明，奖赏能够通过诱发动机和情绪提升个体的认知控制能力（Botvinick & Braver，2015；Braver et al.，2014；Pessoa，2009），即与无奖赏刺激相比，奖赏相关刺激能够帮助个体有效抑制无关刺激干扰，从而使其任务表现更优（Boehler et al.，2014；Krebs et al.，2011）。

Padmala 和 Pessoa（2011）采用 Stroop 任务考察了金钱奖励对大学生抑制控制的影响。在该任务中，被试需要对呈现的图像（建筑或房屋）进行区分，略过与图像一同呈现的不一致、中性或一致的字符串（house、building 或 xxxxx）。每个试次开始时都会呈现提供奖励或不提供任何奖励的中立线索，被试在快速、正确地做出反应后会得到对应的金钱奖励（或无奖励）反馈。结果发现，相比无奖励线索，奖励动机线索下，被试的正确率显著提高，反应时显著缩短。更具体地说，奖励动机线索不仅降低了不一致试次中字符串对被试图像识别的干扰效应，而且促进了被试在一致试次中的认知行为表现，表明金钱奖励能够增强个体的认知控制能力，提升个体的认知灵活性，从而降低任务的冲突效应。Veling 和 Aarts（2011）则考察了金钱奖励强度对色词 Stroop 效应的影响，结果发现，高奖励动机改善了被试的反应时表现。同时，相比于低奖励，高奖励动机更有助于降低被试的错误率，促进其行为的目标导向性和稳定性，表现为冲突效应的降低、反应时缩短和错误率下降。

电生理研究也表明金钱奖励对抑制控制有影响。Rosell-Negre 等（2016）通过 fMRI 技术探究了金钱奖励强度对个体在 Stroop 任务中的抑制控制影响的认知神经机制。行为结果显示，相对于无奖励线索，随着金钱奖励强度的增大，个体在反应时与正确率上的表现均有显著提高。而 fMRI 结果显示，与抑制控制有关的脑区，如左侧前额叶皮层（left dorsolateral prefrontal cortex，DLPFC）和纹状体（striatum）会受到奖励强度变化的调节。Boehler 等（2014）采用停止信号任务范式发现，相对于无金钱线索，Stop 试次下个体的前脑岛和额下回（anterior insula and inferior frontal gyrus，aI/IFG）、背侧前扣带回和前辅助运动区（dorsal anterior cingulate cortex and pre-supplementary motor area，dACC/pre-SMA）会因受到金钱的奖励而明显激活，其抑制控制表现明显提升。Greenhouse 和 Wessel（2013）采用 EEG 技术探究了动机与抑制的关系，结果发现，金钱奖励与 Stop 试次相关时会诱发更大的 P3 波幅，反映了个体的抑制能力受到动机线索的动态调节。Diao 等（2016）有关金钱强度的研究也进一步证实，相比于低金钱奖励条件，高金钱奖励条件诱发了与抑制控制相关的更大的 P3 波幅，P3 波幅与个体行为表现呈正相关。

综上所述，奖励与惩罚对个体的学习与认知加工均有影响。以往研究对奖励的作用探究较多，对惩罚的作用探究相对较少。行为研究中大多探讨的是外在动机与学业成绩的关系及其对反应抑制的影响。本章将从奖励和惩罚两个角度探讨外在动机的激发对大学生完成周长比较任务的影响，为有效设计教学干预项目提供实证依据。

第二节　金钱奖惩对周长比较任务中直觉偏差的影响

一、实验目的

本研究采用金钱线索延迟任务（monetary incentive delay task，MIDT）（Knutson

et al.，2001），考察金钱奖惩动机对周长比较任务中的直觉偏差的影响。实验假设为：相对于无奖惩的中立条件，金钱奖励和惩罚动机会使被试的表现更好，从而减少周长比较任务中的直觉偏差。

二、实验方法

（一）被试

被试为深圳大学在校大学生。使用 GPower 3.1 计算，在效应量 f=0.25，双侧检验 a=0.05，统计检验力 $1-\beta$=0.90 的前提下分析，需要被试 24 名。为了避免潜在无效被试或数据，本研究共招募 30 名大一、大二学生，其中男生 7 名，女生 23 名，平均年龄为 19.1±0.9 岁。所有被试视力或矫正视力正常，以往均未参加过类似实验，均为右利手，智力正常，均已掌握几何图形的周长和面积知识。实验结束后根据被试的积分表现，给予最高 30 元的报酬。

（二）实验材料

本研究共包含两类实验材料。第一类是数学问题中的几何图形周长比较任务。几何图形材料包括两类题型，分别是一致题目和不一致题目。一致题目是指符合 *more A-more B* 直觉法则的题目，运用"面积大，则周长长"直觉策略即可得出正确答案，如图 15-1（a）所示；不一致题目是指"面积大却周长小"的题目，被试需要抑制"面积大，则周长长"的直觉策略才能得出正确答案，如图 15-1（b）所示。第二类是动机线索的材料，分别是有金币掉入钱袋的奖励动机、有金币掉出钱袋的惩罚动机和仅有一个钱袋的中立动机线索，见图 15-2。

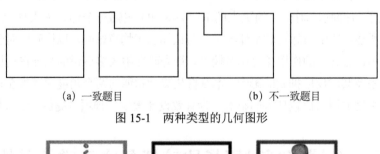

（a）一致题目　　　　　　　　（b）不一致题目

图 15-1　两种类型的几何图形

（a）奖励　　　　（b）中立　　　　（c）惩罚

图 15-2　动机线索

动机测量采用 MIDT 进行，该任务被认为是最有效的能对奖惩动机进行操纵的任务，得到了广泛的运用（Balodis & Potenza，2015）。MIDT 包括三类线索提示（如绿色方块、红色方块和蓝色方块，分别表示奖励条件、惩罚条件和无奖惩条件）、一个目标刺激（需要做出按键反应的刺激）以及相应的金钱反馈（如+5 分、−5 分、+0 分、−0 分）。在预期阶段，3 种线索刺激会以相同的概率随机呈现。接下来，屏幕中央出现目标刺激，此时要求被试在一定的时间内对其进行按键反应，最后根据被试的结果给予奖励或者惩罚反馈。该任务最大的优点是能够对奖赏加工的不同阶段进行测量，如奖赏预期、反应过程和结果反馈过程（Lutz & Widmer，2014）。

（三）实验设计

本实验采用 2（题目类型：一致题目、不一致题目）×3（动机线索：奖励、惩罚、中立）的被试内混合实验设计，因变量为不同动机线索下完成一致题目和不一致题目的反应时与错误率。实验设 1 个区组，为了避免产生练习效应，采用伪随机设计，即相同动机和题目类型的组合不会连续出现 3 次或 3 次以上，同时也对正确反应按键进行了平衡。

（四）实验程序

对所有被试均在实验室内单独施测。被试与电脑屏幕之间的距离为 50cm 左右，并以自然舒服的坐姿坐好。实验程序使用 E-prime 3.0 编写。在正式实验之前，主试会告知被试接下来将进行一个心理学行为实验，实验内容为简单的周长大小比较问题，在被试了解实验任务要求及表示同意后开始进行实验。

实验开始前，向被试呈现指导语。在实验中，首先会在屏幕中央呈现一个"★"号注视点，提醒被试实验即将开始，接着呈现一张表示奖励、惩罚或中立的动机线索钱袋；之后呈现几何图形周长比较任务：如果认为图片中左边图形的周长更长，请按"F"键；如果认为右边图形的周长更长，请按"J"键。最后将根据动机线索以及反应是否正确呈现绿色字体（表示正确）或红色字体（表示错误）的反馈，分别对应 3 种情况：在奖励线索下，正确反应将呈现"+5"的金钱积分，错误反应则对应"−0"的反馈；在惩罚线索下，正确反应将呈现"+0"的金钱积分，错误反应则对应"−5"的反馈；在中立线索下，正确反应与错误反应将分别呈现"+0"和"−0"的反馈。奖励和惩罚线索下，结果反馈中的数字积分"5"对应着报酬 0.25 元。金钱积分初始值为 0，最高可获得 120 分，最低可获得−120分，实验结束后，根据积分多少可获得相应的金钱奖励。被试只有在呈现几何图形对时，才需进行按键行为。

在指导语呈现后、正式实验前有一个练习实验，以确保被试熟悉实验的规则及流程。练习实验共有 6 个试次，3 种动机线索各包括 2 道题，一致题目和不一致题目各 3 道，左右按键的比例为 1 : 1，练习阶段的正确率达到 67%才能进入正式实验（共 6 道题目，被试需要正确回答 4 道及以上），练习实验与正式实验中均有正误反馈，练习实验中的题目不会重复出现在正式实验中。同时，要求被试在练习实验和正式实验过程中始终把左手食指放在键盘的"F"键上，把右手食指放在键盘的"J"键上，并又快又准确地做出判断。

正式实验部分，被试需要完成一个区组共计 72 个试次的实验，需要在 3 种动机线索下分别作答一致题目和不一致题目各 12 道。正式实验中，屏幕上首先会呈现一个持续 500ms 的"★"号注视点，随之会出现持续 750ms 的奖励、惩罚或中立动机线索，紧接着是 500ms 的空屏，接下来呈现的是一致题目或不一致题目，要求被试对此进行按键反应，该屏会持续 2500ms 或直到被试做出按键反应，然后呈现 500ms 的空屏，最后根据动机线索和被试对题目的正确与错误作答，给予该试次的结果反馈。具体实验流程如图 15-3 所示。

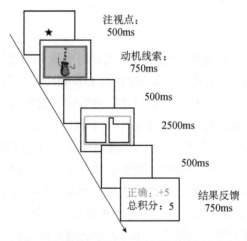

图 15-3　金钱奖惩对周长比较的影响实验流程图

三、实验结果

本研究以错误率和反应时的中位数作为因变量。中位数不受偏态数据或离群值的影响，因此常被用来衡量反应时的集中趋势（Hilbig & Pohl, 2009；Jiang et al., 2020a）。对被试数据进行整理，剔除被试错误反应的试次，数据剔除率为 4.58%。

对被试的错误率和反应时进行 2（题目类型：一致题目、不一致题目）×3（动机线索：奖励、惩罚、中立）的重复测量方差分析，并报告效果量 η^2。本实验中，被试在 3 种动机线索条件下完成一致题目与不一致题目的错误率和中位数平均反应时见表 15-1。

表 15-1　3 种动机线索下不同题目类型的错误率（%）和中位数平均反应时（ms）（$M \pm SD$）

因变量		奖励	中立	惩罚
错误率	一致题目	1.40±4.93	0	0.56±3.04
	不一致题目	5.28±8.03	6.39±10.42	2.78±4.00
	偏差大小	3.89±8.11	6.39±10.42	2.22±4.34
反应时	一致题目	530.45±137.13	531.20±125.68	512.53±110.00
	不一致题目	588.68±99.72	596.42±108.43	557.47±91.99
	偏差大小	58.23±8238	65.22±77.46	44.93±66.71

注：错误率（或反应时）偏差大小=不一致题目的错误率（或反应时）—一致题目的错误率（或反应时），下同。因四舍五入，个别偏差值不等于两数之差

在错误率上，题目类型的主效应显著，$F_{(1, 29)}=14.24$，$p<0.001$，$\eta^2=0.33$，不一致题目上的错误率高于一致题目上的错误率（4.83%>0.67%），表明存在明显的面积大小直觉偏差现象；动机线索的主效应显著，$F_{(2, 28)}=3.42$，$p<0.05$，$\eta^2=0.20$，惩罚动机线索下的错误率（1.7%）显著低于奖励动机线索（3.3%，$p<0.05$），且显著低于中立动机线索（3.2%，$p<0.05$），而奖励与中立动机线索下的错误率之间不存在显著差异，$p>0.05$；动机线索与题目类型的交互效应不显著，$F_{(2, 28)}=2.70$，$p>0.05$。

在反应时上，题目类型的主效应显著，$F_{(1, 29)}=20.46$，$p<0.001$，$\eta^2=0.41$，被试在不一致题目上的反应时（580.86ms）比一致题目上的明显更长（524.73ms），表明存在明显的面积大小直觉偏差现象；动机线索的主效应显著，$F_{(2, 28)}=15.73$，$p<0.001$，$\eta^2=0.53$，中立动机线索下的反应时（563.81ms）显著长于惩罚动机线索（535.00ms），奖励动机线索下的反应时（559.57ms）显著长于惩罚动机线索（535.00ms），而奖励和中立动机线索下的反应时差异不显著；题目类型和动机线索的交互效应不显著，$F_{(2, 28)}=3.24$，$p>0.05$。

为了更直观地了解奖惩动机对直觉偏差冲突的调节作用，我们对被试在 3 种动机线索下的偏差大小进行单因素重复测量方差分析，结果发现错误率偏差的差异不显著，$F_{(2, 28)}=2.70$，$p>0.05$；不同动机线索下的反应时偏差的差异边缘显著，$F_{(2, 28)}=3.24$，$p=0.05$，$\eta^2=0.19$，仅惩罚动机线索下的偏差（44.93ms）与中立动机线索下的偏差（65.22ms）存在显著差异（$p<0.05$），而惩罚与奖励动

机线索（58.23ms）、奖励与中立动机线索下的偏差的差异均不显著（*p*>0.05）。

四、讨论

本研究使用改编的金钱线索延迟任务来考察奖励与惩罚是否会影响被试在周长比较任务上的表现，结果发现，无论动机怎样，相比于一致题目，被试在不一致题目上的错误率更高、反应时更长，说明大学生在周长比较任务中依旧存在"面积大，则周长长"的直觉偏差，与前人的研究结果一致。

外在动机虽然不能使"面积大，则周长长"的直觉偏差消失，但是对被试在周长比较任务上的表现产生了一定的影响。被试在惩罚动机条件下的错误率（1.7%）显著低于中立条件（3.2%）和奖励条件（3.3%），在惩罚条件下（535.00ms）的反应时显著短于中立条件（563.81ms）和奖励条件（559.57ms），说明相对于中立和奖励条件，惩罚能使被试的表现更好。这可能与人们普遍存在的厌恶损失心理有关，有研究认为损失比同等的奖励具有更大的主观权重（Yechiam & Hochman，2013）。

第三节　金钱奖惩强度对周长比较任务中直觉偏差的影响

一、实验目的

本章第二节的实验只发现，相比于奖励和中立条件，被试在惩罚条件下在周长比较任务中表现更好，但没有发现被试在奖励与中立条件下的差异，同时奖励与惩罚对直觉偏差的大小没有产生显著影响，这可能是因为该实验中的奖励和惩罚强度相对较小。有研究发现，个体在认知任务上的表现可能会随着奖励强度的增大而改善，相反，惩罚强度的变化则不会有类似的线性作用（Kubanek et al.，2015）。此外，个体对金钱奖励的敏感性也可能会对其行为产生影响，先前研究发现，个体对奖惩刺激的敏感性不同，诱发的动机水平也会存在差异，而这种唤醒差异则会不同程度地激活个体的认知神经活动，从而影响其相关行为（Rosell-Negre et al.，2016；王斌强等，2019）。因此，本实验从两个方面进行改进：一是控制被试的奖惩敏感性；二是改变奖惩的强度。本实验假设相对于无奖惩的中立条件，个体的表现会随着金钱奖励强度的增大而改善；相反，个体的表现不会受到金钱惩罚强度变化的影响，高、低惩罚条件下个体在直觉偏差及反应时上的表现差异不显著。

二、实验方法

（一）被试

被试为深圳大学在校大学生。依据 GPower 3.1 计算，在效应量 f=0.25，双侧检验 a=0.05，统计检验力 $1-\beta$=0.90 的前提下分析，需要被试 18 名。为了避免潜在无效被试或数据，同时结合本章上一节实验的被试情况，本研究共招募 39 名大一、大二学生，因实验过程中个别被试存在频繁扭动身体和打瞌睡情况，剔除 2 名被试的无效行为数据，最终纳入数据分析的被试有 37 名，其中男生 17 名，女生 20 名，平均年龄为 20.3±1.6 岁。所有被试视力或矫正视力正常，以往均未参加过类似实验，均为右利手，智力正常，均已掌握几何图形的周长和面积知识。实验结束后根据被试的积分表现，给予最高 30 元的报酬。

（二）实验材料

本研究共涉及三类实验材料：第一类是几何图形周长大小比较的材料，同本章上一节的实验；第二类是动机线索的材料，分别以"+5""+25"表示低奖励和高奖励，"–5""–25"表示低惩罚和高惩罚，中立则始终以"0"表示，见图 15-4；第三类是由 Torrubia 等编制，经王恩界（2012）修订的中文版奖惩敏感性量表（Sensitivity to Punishment and Sensitivity to Reward Questionnaire，SPSRQ），该量表由 16 道奖励敏感性分量表题目和 18 道惩罚敏感性分量表题目组成，被试根据题目内容进行"是"或"否"的回答。中文版 SPSRQ 的整体 Cronbach'α 系数为 0.74，奖励敏感性和惩罚敏感性分量表的 Cronbach'α 系数分别为 0.80 和 0.64（王恩界，2012）。本研究中，SPSRQ 整体的 Cronbach'α 系数为 0.84，奖励敏感性和惩罚敏感性分量表的 Cronbach'α 系数分别为 0.73 和 0.83。

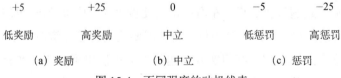

图 15-4 不同强度的动机线索

（三）实验设计

本次实验采用 2（题目类型：一致题目、不一致题目）×5（动机线索：低奖励、高奖励、中立、低惩罚、高惩罚）的被试内设计，因变量为不同动机线索下被试完成一致题目和不一致题目的反应时与错误率。实验共设 2 个区组，5 种奖惩动机线索随机分布于其中。为了避免正式实验产生练习效应，每个区组均采用伪随机设计，即相同动机和题目类型的结合不会连续出现 3 次或 3 次以上，同时也对正确反应的左右按键进行了平衡。

（四）实验程序

所有被试均在深圳大学的一个实验室内单独施测。实验程序使用 E-prime 3.0 编写。在正式实验之前，让所有被试完成中文版 SPSRQ，然后告知其接下来将进行一个心理学行为实验，实验内容为简单的周长大小比较问题，并调节被试与电脑屏幕之间的距离为 50cm 左右，要求其调整为自然舒服的坐姿，在被试了解实验任务并征得其同意后进行实验。

与本章第二节实验不同的是，在提示实验即将开始的"★"号呈现后，屏幕上将随机出现代表低奖励（+5）、高奖励（+25）、中立（0）、低惩罚（−5）以及高惩罚（−25）的数字积分动机线索图片，之后呈现周长比较任务：如果认为左边图形的周长更长，请按"F"键；如果认为右边图形的周长更长，请按"J"键。最后根据动机线索以及反应正确与否呈现绿色字体（表示正确）或红色字体（表示错误）的反馈界面，分别对应以下情况：在奖励线索"+5""+25"下，正确反应将呈现"+5""+25"的金钱积分，错误反应则对应"−0"的反馈；在惩罚线索"−5""−25"下，正确反应将呈现"+0"的金钱积分，错误反应则对应"−5""−25"的反馈；在中立线索"0"下，正确与错误反应相应呈现"+0、−0"反馈。动机线索的数字"5""25"分别对应报酬 0.2 元和 1 元。金钱积分初始值为 0，最高可获得 720 分，最低可获得−720 分，实验结束后根据积分大小，被试可获得相应的金钱奖励。告知被试只有在呈现几何图形对时才需进行按键行为。

在指导语呈现之后会有一个练习实验，以确保被试熟悉实验的规则及流程。练习实验共有 6 个试次，高、低奖励、惩罚动机线索各 1 个，中立动机线索 2 个，一致题目和不一致题目各 3 道，左右按键的比例为 1∶1，练习阶段的正确率达到 67% 才能进入正式实验（共 6 道题目，被试需要正确回答 4 道及以上），练习实验与正式实验均有正误反馈，练习实验的题目不会再次出现在正式实验中。同时，要求被试在练习实验和正式实验过程中始终把左手食指放在键盘的"F"键上，把右手食指放在键盘的"J"键上，并又快又准确地做出判断。

正式实验部分，被试需要完成 2 个区组共计 144 个试次的实验，需要在高、低奖励、惩罚动机线索条件下分别完成一致题目和不一致题目各 12 个，在中立动机线索下完成一致题目和不一致题目各 24 个。正式实验中，屏幕上首先会呈现一个持续 500ms 的"★"号注视点，随之会出现持续 750ms 的 5 种动机线索之一，紧接着是 500ms 的空屏，然后进入呈现一致题目或不一致题目的按键反应阶段，该阶段会持续 2500ms 或直到被试做出按键反应，接下来再呈现 500ms 的空屏，最后根据动机和题目的正确与错误给予该试次的正误反馈。具体的实验流程与本章第二节实验相同。

三、实验结果

以错误率和反应时的中位数作为因变量，整理并剔除被试错误反应的试次，数据剔除率为 1.3%。

对被试的错误率和反应时进行 2（题目类型：一致题目、不一致题目）×5（动机线索：低奖励、高奖励、中立、低惩罚、高惩罚）的重复测量方差分析，并报告效果量 η^2。本实验中，被试在 5 种动机线索条件下完成一致题目与不一致题目的错误率和中位数平均反应时见表 15-2。

表 15-2　5 种动机线索下不同题目类型的错误率（%）和中位数平均反应时（ms）（$M \pm SD$）

因变量		低奖励	高奖励	中立	低惩罚	高惩罚
错误率	一致题目	0	1.13±2.89	0.11±0.69	0.45±2.74	0.20±1.40
	不一致题目	2.70±5.91	2.03±3.63	1.58±2.84	2.48±3.86	2.48±4.76
	偏差大小	2.70±5.91	0.90±3.28	1.46±2.98	2.03±4.97	2.25±5.07
反应时	一致题目	521.97±78.64	521.53±75.77	527.31±77.02	522.19±89.30	537.32±77.57
	不一致题目	605.20±115.21	588.43±109.34	612.01±126.01	595.47±121.07	595.68±122.3
	偏差大小	83.23±63.12	66.91±56.67	84.70±60.35	73.28±80.53	58.35±63.42

首先，使用皮尔逊（Pearson）相关分析方法对行为反应时和奖惩敏感性进行分析，结果发现被试在高、低金钱奖励动机线索下的反应时与奖励敏感性之间相关不显著（$r = -0.22 \sim -0.08$，$p > 0.05$），被试在高、低金钱惩罚动机线索下的反应时与惩罚敏感性之间的相关也不显著（$r = -0.05 \sim 0.02$，$p > 0.05$），表明被试在不同金钱奖惩强度动机下的反应时不受奖惩敏感性的影响，故后续分析不考虑奖惩敏感性。

其次，对错误率进行分析，结果发现题目类型的主效应显著，$F_{(1, 36)} = 22.28$，$p < 0.001$，$\eta^2 = 0.38$，被试在不一致题目上的错误率（2.3%）显著高于一致题目上的错误率（0.4%），表明存在"面积大，则周长长"的直觉偏差现象；动机线索的主效应不显著，$F_{(4, 33)} = 1.16$，$p > 0.05$，$\eta^2 = 0.13$，表明 5 种奖惩动机线索并不会影响被试在不同类型题目上的错误率。题目类型和动机线索的交互效应不显著，$F_{(4, 33)}=1.14$，$p>0.05$，$\eta^2=0.12$。

最后，对反应时进行分析，结果发现题目类型的主效应显著，$F_{(1, 36)}=66.80$，$p<0.001$，$\eta^2=0.65$；动机线索的主效应显著，$F_{(4, 33)}=3.19$，$p<0.05$，$\eta^2=0.28$；题目类型和动机线索的交互效应显著，$F_{(4, 33)}=7.49$，$p<0.001$，$\eta^2=0.48$。进一步简单效应分析结果表明，在不同动机线索下，被试在一致题目上的反应时差异均不显著。在不一致题目上，被试在中立动机线索下的反应时（612.01ms）显著长于高奖励动机线索（588.43ms，$p<0.01$）和高惩罚动机线索（595.68ms，$p<0.05$），而低奖励动机线索（605.20ms）与中立动机线索、中立动机线索与低惩罚动机线索（595.47ms）、低惩罚动机线索与高惩罚动机线索下的反应时之间不存在显著差异（$p>0.05$），见图 15-5。

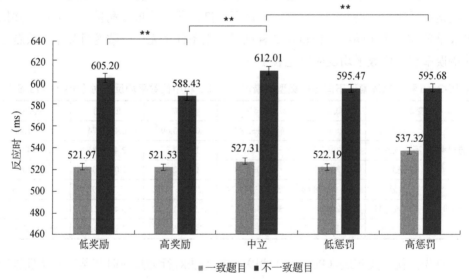

图 15-5　5 种动机下被试完成一致题目和不一致题目的反应时

为了更直观地了解奖惩动机强度对直觉偏差冲突的调节作用，我们对被试在 5 种动机线索下的偏差大小进行了单因素重复测量方差分析，结果发现错误率的偏差差异不显著，$F_{(4, 33)}=1.14$，$p>0.05$，$\eta^2=0.12$；不同动机线索下被试的反应时偏差差异显著，$F_{(4, 33)}=7.49$，$p<0.001$，$\eta^2=0.48$，高奖励动机（66.91ms）与中立动机（84.70ms）线索之间的差异边缘显著，$p=0.06$，而低奖励动机（83.23ms）与高奖励动机线索、低奖励动机与中立动机线索之间不存在显著差异（$p>0.05$）；高惩罚动机（58.35ms）与中立动机线索之间存在显著差异（$p<0.01$）；而低惩罚

动机（73.28ms）与高惩罚动机线索、低惩罚动机与中立动机线索之间不存在显著差异（$p>0.05$）。

四、讨论

本研究发现，个体对金钱的敏感性与其在周长比较任务上的表现无关，因此，在本章第二节的实验中，奖励与控制条件下不存在差异显著的结果，应该不是由个体金钱敏感性差异造成的。与本章第二节实验结果一致，本实验中，无论动机怎样，相较于不一致题目，被试在一致题目上的错误率更高、反应时更长，说明周长比较任务中的"面积大，则周长长"是一种顽固的直觉启发式偏差。

本研究主要关心的是动机强度对被试数学问题解决的影响，结果发现动机强度影响显著，同控制条件相比，高奖励和高惩罚动机都使被试在不一致问题上的反应时更短。被试在高、低惩罚条件之间不存在显著差异，但在高、低奖励条件之间存在差异，即被试在高奖励条件下比低奖励条件下的表现更好。本研究还发现，同控制条件相比，高奖励和高惩罚都减小了被试在周长比较任务中的直觉偏差。与本章第二节的实验相比，在改变奖惩大小后，我们发现高强度的金钱奖励与惩罚都能减小直觉偏差，说明只有唤起足够的动机强度，学生才有动力投入学习活动，从而提高学习效果。

第四节 混合实验条件下社会性奖惩对周长比较任务中直觉偏差的影响

一、实验目的与假设

本章第二节和第三节的实验考察的是物质（金钱）奖惩对大学生在周长比较任务中的表现的影响。在教学实践中，物质性奖赏和惩罚会随着学生年级的升高而减少，一方面，奖品的吸引力下降，对低年级学生有效的奖品，已经不能引起高年级学生的兴趣，即使用代币制也是如此；另一方面，学生对来自重要他人的认可越发看重，教师的表扬和批评对学生的影响可能更大。因此，本实验将从社会性外部动机的角度考察奖励与惩罚对大学生问题解决行为的影响。由于本章第三节的实验发现奖惩强度对被试的表现及偏差大小有影响，本研究考察社会性奖惩动机强度的影响，并假设相对于无奖惩的中立条件，社会奖励和社会惩罚动机均有助于减少直觉偏差的影响，促进个体表现出更短的反应时及更低的错误率，同时，个体的表现会随着社会奖励强度的增大而变好，受到直觉偏差的影响会减小，会更快地做出反应；相反，个体的表现不会受到社会惩罚强度变化的影响，高、低社会惩罚条件下的直觉偏差及反应时差异均不显著。

二、实验方法

（一）被试

被试为深圳大学在校大学生。依据 GPower 3.1 计算，在效应量 f=0.25，双侧检验 a=0.05，统计检验力 $1-\beta$=0.90 的前提下分析，需要被试 18 名。为了避免潜在无效被试或数据，以及结合本章第三节实验中的被试情况，本研究共招募 38 名大一、大二学生，其中男生 18 名，女生 20 名，平均年龄为 19.0±1.0 岁。所有被试视力或矫正视力正常，以往均未参加过类似实验，均为右利手，智力正常，均已掌握几何图形的周长和面积知识。实验结束后根据被试的表现，给予课程加分作为奖励。

（二）实验材料

本研究共涉及两类实验材料：第一类是几何图形周长大小比较的材料，同本章第二节中的实验；第二类是动机线索的材料，如图 15-6 所示。

(a) 低奖励　　(b) 高奖励　　(c) 中立　　(d) 低惩罚　　(e) 高惩罚

图 15-6　社会性奖惩动机线索

（三）实验设计

采用 2（题目类型：一致题目、不一致题目）×5（动机线索：低奖励、高奖励、中立、低惩罚、高惩罚）的被试内设计，因变量为不同动机线索下被试在一致题目和不一致题目上的反应时与错误率。实验共 2 个区组，5 种奖惩动机随机分布于其中，为了避免产生练习效应，每个区组采用伪随机设计，即相同的动机线索和题目类型不会连续出现 3 次或 3 次以上，同时也对正确反应的左右按键进行了平衡。

（四）实验程序

所有被试均在深圳大学的实验室内完成实验。采用单独施测方式。实验程序使用 E-prime 3.0 编写。告知被试将进行一个心理学行为实验，实验内容为简单的周长大小比较问题，并调节被试与电脑屏幕之间的距离为 50cm 左右，要求其调整为自然舒服的坐姿，在被试了解实验任务并征得其同意后进行实验。

实验开始前，向被试呈现指导语。每个试次开始前，电脑屏幕中央均会呈现一个"★"号，提醒被试实验开始，接着随机呈现表示低奖励、高奖励、中立、低惩罚和高惩罚的社会动机线索，之后呈现周长比较任务：如果认为左边图形的周长更长，请按"F"键；如果认为右边图形的周长更长，请按"J"键。最后将根据动机线索以及反应正确与否呈现绿色字体（表示正确）或红色字体（表示错误）的反馈界面，分别对应以下情况：在低奖励或高奖励线索下，正确反应将呈现代表社会性奖励的向上大拇指或带有正性情绪面孔及向上大拇指的社会性积极反馈，错误反应则会出现黑色手掌心的中性社会性反馈；而在低惩罚或高惩罚线索下，错误反应将呈现代表社会性惩罚的向下大拇指或带有负性情绪面孔及向下大拇指的消极社会性反馈，正确反应将呈现黑色手掌心的中性社会性反馈；中立线索下，正确与错误反应均会出现中性黑色手掌心的社会性反馈。告知被试只有在呈现几何图形时，才需进行按键行为。

被试通过练习试次后进入正式实验。被试需要完成 2 个区组共计 120 个试次的实验，需要在高、低奖惩和中立动机线索下分别完成一致题目和不一致题目各12 个。具体的实验流程与本章第三节的实验相同。

三、实验结果

以错误率和反应时的中位数作为因变量，整理并剔除被试错误反应的试次，数据剔除率为 1.4%。

对被试的错误率和反应时进行 2（题目类型：一致题目、不一致题目）×5（动机线索：低奖励、高奖励、中立、低惩罚、高惩罚）的重复测量方差分析，并报告效果量 η^2。本实验中，被试在 5 种动机线索条件下完成一致题目与不一致题目的错误率和中位数平均反应时见表 15-3。

表 15-3　5 种动机线索下不同题目类型的错误率（%）和中位数平均反应时（ms）（$M \pm SD$）

	因变量	低奖励	高奖励	中立	低惩罚	高惩罚
错误率	一致题目	0.44±1.89	0	0	0.44±2.70	0.88±4.24
	不一致题目	1.54±3.27	2.41±4.71	3.29±5.98	2.85±5.23	1.97±4.08
	偏差大小	1.10±3.96	2.41±4.71	3.29±5.98	2.41±3.83	1.10±3.96
反应时	一致题目	552.76± 87.08	531.83± 81.26	522.96±77.05	541.74±82.78	544.62±72.17
	不一致题目	597.96± 96.45	613.05± 97.51	633.11±109.25	618.72±88.19	625.22± 104.92
	偏差大小	45.20± 70.16	81.17± 79.16	110.14±70.00	76.98±59.41	80.60±62.39

对错误率进行分析，结果发现，题目类型的主效应显著，$F_{(1, 37)}=23.16$，$p<0.001$，$\eta^2=0.39$，被试在不一致题目上的错误率（2.40%）显著高于一致题目上的错误率（0.34%），表明存在"面积大，则周长长"的直觉偏差现象；动机线索的主效应不显著，$F_{(4, 34)}=0.69$，$p>0.05$，$\eta^2=0.08$，表明5种奖惩动机并不会影响被试在不同类型题目上的错误率；题目类型和动机线索的交互效应不显著，$F_{(4, 34)}=1.64$，$p>0.05$，$\eta^2=0.16$。

对反应时进行分析，结果发现，题目类型的主效应显著，$F_{(1, 37)}=99.73$，$p<0.001$，$\eta^2=0.73$，被试在不一致题目上的反应时（617.61ms）显著长于一致题目上的反应时（538.79ms），表明存在"面积大，则周长长"的直觉偏差现象；动机线索的主效应不显著，$F_{(4, 34)}=1.80$，$p>0.05$，$\eta^2=0.17$；题目类型和动机线索的交互效应显著，$F_{(4, 34)}=7.11$，$p<0.001$，$\eta^2=0.46$。进一步简单效应分析的结果表明，在一致题目上，被试在低奖励动机线索下的反应时（552.76ms）显著长于中立动机线索下的反应时（522.96ms，$p<0.05$）；其余动机线索下的反应时差异均不显著，$p>0.05$。在不一致题目上，被试在中立动机线索下的反应时（633.11ms）显著长于低奖励动机线索下的反应时（597.96ms，$p<0.01$）；而低奖励动机与高奖励动机、高奖励动机与中立动机、中立动机与低惩罚动机、中立动机与高惩罚动机、低惩罚动机与高惩罚动机线索间的反应时均不存在显著差异（$p>0.05$），见图15-7。

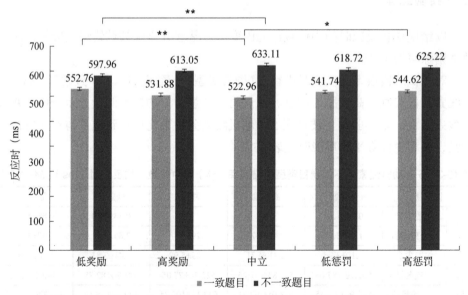

图15-7　5种动机线索下被试在一致题目和不一致题目上的反应时结果

为了更直观地了解奖惩动机强度对直觉偏差大小的影响，我们对被试在 5 种动机线索下的偏差大小进行单因素重复测量方差分析，结果发现错误率偏差的差异不显著，$F_{(4, 34)}=1.64$，$p>0.05$；不同动机线索下反应时的偏差大小差异显著，$F_{(4, 34)}=7.11$，$p<0.001$，$\eta^2=0.45$，低奖励动机（45.20ms）与高奖励动机（81.17ms，$p<0.05$）、低奖励动机与中立动机（110.15ms，$p<0.001$）、低奖励动机与低惩罚动机（76.99ms，$p<0.05$）、低奖励动机与高惩罚动机（80.61ms，$p<0.01$）、低惩罚动机与中立动机（$p<0.01$），高惩罚动机与中立动机线索（$p<0.01$）之间的反应时偏差大小存在显著差异，高奖励动机与中立动机线索之间的反应时偏差差异边缘显著（$p=0.05$），其余动机线索下反应时的偏差大小均不存在显著差异。

四、讨论

本实验结果与本章第二节和第三节的实验结果一致，在社会性奖惩动机条件下，相较于一致题目，被试在不一致题目上的错误率更高、反应时更长，再一次证明大学生在周长比较任务中存在"面积大，则周长长"的直觉偏差。

个体在低社会奖励线索下的直觉偏差最小，在不一致题目上的反应时最短，其余社会奖惩动机线索间均不存在显著差异。与社会激励相比，金钱激励动机线索下的个体行为表现更好。这可能是由本实验采用的混合实验设计造成的，被试在不同奖惩条件间的转换使得不同动机之间的差异无法体现，即可能没有成功唤起被试相应的动机水平。

第五节　独立条件下社会性奖惩对周长比较
任务中直觉偏差的影响

一、实验目的

在本章第四节的实验中，奖励和惩罚条件是混合随机呈现的，这可能不利于成功唤起被试的趋避动机。本实验改进上一节的实验设计，将社会性动机设计成独立的奖励区组和惩罚区组，进一步考察社会性奖惩动机对周长比较任务中的直觉偏差的影响，并假设相对于无奖惩的中立条件，社会奖励和惩罚动机均有助于减少直觉偏差，同时个体的表现会随着社会奖励强度的增大而更好，但不会受到社会惩罚强度变化的影响，高、低惩罚间的直觉偏差及反应时差异不显著。

二、实验方法

（一）被试

被试为深圳大学在校大学生。依据 Gpower 3.1 计算，在效应量 f=0.25，双侧检验 a=0.05，统计检验力 $1-\beta$=0.90 的前提下分析，需要被试 18 名。为了避免潜在无效被试或数据，本研究共招募 40 名大一、大二学生，其中男生 17 名，女生23 名，平均年龄为 19.2±1.1 岁。所有被试视力或矫正视力正常，以往均未参加过类似实验，均为右利手，智力正常，均已掌握几何图形的周长和面积知识。实验结束后根据被试的表现，给予课程加分作为奖励。

（二）实验材料

本研究涉及三类实验材料：第一类是几何图形周长大小比较的材料，同本章第二节的实验；第二类是动机线索的材料，同本章第四节的实验；第三类是王恩界（2012）修订的中文版 SPSRQ。本研究中 SPSRQ 的整体 Cronbach' α 系数为0.71，奖励敏感性和惩罚敏感性分量表的 Cronbach' α 系数分别为 0.52 和 0.76。

（三）实验设计

采用 2（题目类型：一致题目、不一致题目）×2（动机线索：奖励、惩罚）×3（奖惩强度：低、无、高）的被试内设计，因变量为被试在不同动机和奖惩强度下，在一致题目和不一致题目上的反应时与错误率。实验分别设置由奖励、无奖励、惩罚、无惩罚组成的区组，采用被试内平衡。为了避免产生练习效应，每个区组采用伪随机设计，即相同的动机线索、奖惩强度和题目类型不会连续出现 3 次或3 次以上，同时也对正确反应的左右按键进行了平衡。

（四）实验程序

所有被试均在深圳大学的实验室内完成实验。采用单独施测方式。实验程序使用 E-prime 3.0 编写。在正式实验之前，让被试先填写中文版 SPSRQ，然后告知被试接下来将进行一个心理学行为实验，实验内容为简单的周长大小比较问题，并调节被试与电脑屏幕之间的距离为 50cm 左右，要求其调整为自然舒服的坐姿，在被试了解实验任务并征得其同意后进行实验。

实验开始前，被试被随机分配，先后完成奖励区组或惩罚区组的周长比较任务，实验指导语会随着奖惩区组的变换而变化。

正式实验部分，被试需要先后完成奖励区组与惩罚区组的周长比较任务，采用被试内平衡，每个区组设有 72 个试次，分别在奖励和惩罚的 3 种（低、无、高）动机线索下完成一致题目和不一致题目各 12 个，共计 144 个试次。具体的实验流程与本章第二节的实验相同。

三、实验结果

本研究中，同样以错误率和反应时的中位数作为因变量，整理并剔除被试的错误反应试次，数据剔除率为 2.3%。

使用皮尔逊相关分析方法对反应时和奖惩敏感性的关系进行分析，结果发现，被试在高、低社会奖励线索下的反应时与奖励敏感性相关不显著（$r=0.17\sim0.24$，$p>0.05$），在高、低社会惩罚线索下的反应时与惩罚敏感性相关也不显著（$r=-0.02\sim0.10$，$p>0.05$），表明被试在不同社会奖惩强度线索下的反应时与奖惩敏感性无关。这表明，社会奖惩对周长比较任务中的直觉偏差的调节作用不受奖惩敏感性的影响，故后续分析不考奖惩敏感性。

对被试的错误率和反应时进行 2（题目类型：一致题目、不一致题目）×2（动机线索：奖励、惩罚）×3（奖惩强度：低、无、高）的重复测量方差分析，并报告效果量 η^2。本实验中，被试在 6 种动机线索条件下完成一致题目与不一致题目的错误率和中位数平均反应时见表 15-4。

表 15-4　6 种动机线索下不同题目类型的错误率（%）和中位数平均反应时（ms）（$M\pm SD$）

类别	错误率			反应时		
	一致题目	不一致题目	偏差大小	一致题目	不一致题目	偏差大小
低奖励动机	0.21±1.31	4.37±9.05	4.17±9.25	495.25±75.45	547.63±88.39	52.37±50.05
无奖励动机	0.21±1.31	4.79±5.93	4.58±5.95	493.35±81.55	577.58±98.50	84.23±60.29
高奖励动机	0	4.79±8.83	4.79±8.83	495.73±72.27	579.58±105.72	83.84±65.92
低惩罚动机	0	4.37±6.80	4.37±6.80	479.94±92.98	539.64±103.84	59.70±50.64
无惩罚动机	0	3.12±5.56	3.12±5.56	474.78±87.15	546.10±90.04	71.33±45.49
高惩罚动机	0.42±1.84	5.83±10.20	5.40±10.43	478.11±92.45	521.61±87.91	43.50±38.87

对于错误率的方差分析结果表明，题目类型的主效应显著，$F(1, 39)=25.87$，$p<0.001$，$\eta^2=0.40$，被试在不一致题目上的错误率（4.5%）显著高于一致题目上的错误率（0.1%），表明存在明显的面积直觉偏差现象；动机线索的主效应不显著，$F(1, 39)=0.04$，$p>0.05$，表明奖励、惩罚动机并不会影响被试在不同类型题目上的错误率；奖惩强度的主效应不显著，$F(2, 38)=1.33$，$p>0.05$，表明奖惩动机强度并不会影响被试在不同类型题目上的错误率；题目类型与动机线索的交互

效应不显著，$F(1, 39)=0.04$，$p>0.05$；题目类型与奖惩强度的交互效应不显著，$F(2, 38)=0.90$，$p>0.05$；动机线索与奖惩强度的交互效应不显著，$F(2, 38)=1.67$，$p>0.05$；题目类型、动机线索与奖惩强度三者的交互效应不显著，$F(2, 38)=0.69$，$p>0.05$。

对于反应时的方差分析结果表明，题目类型的主效应显著，$F(1, 39)=173.54$，$p<0.001$，$\eta^2=0.82$，被试在不一致题目上的反应时（552.02ms）显著长于一致题目上的反应时（486.19ms）；动机线索的主效应不显著，$F(1, 39)=3.06$，$p>0.05$；奖惩强度的主效应不显著，$F(2, 38)=2.02$，$p>0.05$。题目类型与动机线索的交互效应显著，$F(1, 39)=5.06$，$p<0.05$，$\eta^2=0.12$，奖励动机下，被试在不一致题目上的反应时（568.26ms）显著长于一致题目上的反应时（494.78ms）；惩罚动机下，被试在不一致题目上的反应时（535.78ms）同样显著长于一致题目上的反应时（477.61ms）；相比奖励动机（568.26ms），惩罚动机下被试在不一致题目上的反应时（535.78ms）更短，但被试在一致题目上的反应时不存在这种显著差异。题目类型与奖惩强度的交互效应显著，$F(2, 38)=4.16$，$p<0.05$，$\eta^2=0.18$，不同奖惩强度下被试在不一致题目上的反应时均显著长于一致题目上的反应时。动机线索与奖惩强度的交互效应显著，$F(2, 38)=7.80$，$p<0.01$，$\eta^2=0.29$。题目类型、动机线索与奖惩强度三者的交互效应显著，$F(2, 38)=6.17$，$p<0.01$，$\eta^2=0.25$。

进一步简单效应分析的结果表明，对于一致题目，被试在不同动机线索与奖惩强度下的反应时均不存在显著差异。而对于不一致题目，被试在无奖励动机下的反应时（577.58ms）显著长于低奖励动机（547.63ms，$p<0.01$），在高奖励动机下的反应时（579.58ms）显著长于低奖励动机（$p<0.01$），在低惩罚动机下的反应时（539.64ms）显著长于高惩罚动机（521.61ms，$p<0.05$），在无惩罚动机下的反应时（546.10ms）显著长于高惩罚动机（$p<0.01$），而高奖励动机与无奖励动机、低惩罚动机与无惩罚动机下的反应时不存在显著差异，见图15-8。

为了更直观地了解奖惩动机强度对直觉偏差大小的影响，我们对被试在6种动机线索下的偏差大小进行了单因素重复测量方差分析，结果发现，错误率偏差大小的差异不显著，$F(5, 35)=0.78$，$p>0.05$；不同动机线索下的反应时偏差大小差异显著，$F(5, 35)=4.70$，$p<0.01$，$\eta^2=0.40$，事后比较发现，低奖励动机（52.38ms）与高奖励动机（83.84ms，$p<0.01$）、低奖励动机与无奖励动机（84.23ms，$p<0.01$）下的反应时偏差大小差异显著，高惩罚动机与无惩罚动机、高奖励动机与无奖励动机、高惩罚动机与低惩罚动机、低惩罚动机与无惩罚动机下的反应时偏差大小均不存在显著差异（$p>0.05$）。

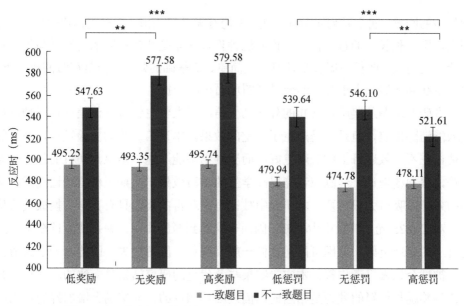

图 15-8 6 种动机下被试在一致题目和不一致题目上的反应时结果

四、讨论

本实验中，考虑到相对于金钱奖惩，社会性奖惩的动机诱发性较低，我们对实验中的混合社会性奖惩预期线索进行了改进，将社会性奖励和惩罚分成两个独立的区组。结果同样表明，不同动机线索下被试在不一致题目上比在一致题目上的反应时更长、错误率更高，再次表明大学生在周长比较任务中受到了"面积大，则周长长"直觉偏差的影响，这与前 3 个实验的结果一致。

在将奖励与惩罚分成区组施测后，我们发现同控制条件和高奖励条件相比，低奖励条件下被试在不一致题目上的反应时更短，这一结果与本章第四节的实验结果是一致的。此外，惩罚的效应也出现了，即与控制条件和低惩罚条件相比，高惩罚条件下被试在不一致题目上的反应时更短，而本章第四节的实验则没有发现该效应，这说明实验条件的确影响了被试的动机唤醒。但在偏差大小上，本实验结果与本章第四节的实验结果是一致的，即被试在低社会性奖励下的直觉偏差最小。

本 章 小 结

一、金钱奖惩对周长比较中的直觉偏差的影响

本研究从外部动机的角度考察了奖励与惩罚对大学生在周长比较任务中的直

觉偏差的影响。四个系列实验均证实，无论有无动机唤醒，大学生始终表现出"面积大，则周长长"的直觉偏差，说明这种直觉偏差是非常顽固的，奖励与惩罚都不能使之消失。面积与周长是几何中最简单、最基础的知识，但是在时间压力下，大学生在判断周长大小时仍然会受到图形面积的干扰。

　　本研究试图从奖励与惩罚的外部动机角度对大学生的直觉偏差进行干预，虽然未能消除偏差，但是还是产生了一定的效果。本章第二节的实验发现，惩罚能使被试在不一致题目上的表现更好，而奖励则不能。这一结果与动机的强化理论不符，根据该理论，奖励应该能提高学生的学习效果。从期望价值理论出发，奖励的效价即吸引力很重要，本研究中被试每次获得的奖励只有 5 分，换成货币价值只对应 0.25 元，其吸引力不够，因而未能起到激励作用。惩罚使被试在不一致题目上的表现更好，原因可能是人们一般会避免、厌恶损失。因此，为了回避损失，被试会认真思考作答。本实验结果与桑代克的研究结果是一致的。桑代克最初认为奖励与惩罚的效力是相当的，但效应是相反的，即奖励会增加好的行为，惩罚会减少不良行为，但是他的研究发现，惩罚与奖励一样，都提高了被试的记忆效果（转引自李晓东，2020）。

　　本章第三节的实验考察了金钱奖惩的强度对周长比较任务中的知觉偏差是否有影响，将本章第二节实验中的奖惩力度作为低强度，同时，考虑到被试对于金钱的敏感性不同，奖惩的效果也可能会有所不同，因此加入了金钱敏感性的测量。结果发现，金钱敏感性与被试在周长比较任务上的表现无关。但是动机强度确实产生了不同的影响。同控制条件相比，高奖励和高惩罚都使被试在不一致问题上的反应时更短。高、低惩罚之间不存在显著差异，但高、低奖励之间存在差异，即被试在高奖励条件下的表现比在低奖励条件下更好。同时本章第三节的实验还发现，同控制条件相比，高奖励和高惩罚都减少了被试在周长比较任务中的直觉偏差。与本章第二节的实验相比，在改变奖惩强度后，我们发现高强度的金钱奖励与惩罚都能减少直觉偏差，说明只有唤起足够的动机强度，学生才有动力投入学习活动，从而提高学习效果。

二、社会性奖惩对周长比较任务中直觉偏差的影响

　　在随机呈现奖励与惩罚的条件下，我们发现被试在低社会性奖励条件下的直觉偏差最小，在不一致题目上的反应时最短（本章第四节的实验）；在分开呈现奖励与惩罚的条件下（本章第五节的实验），低奖励使被试在不一致题目上的反应时

更短，这一结果与本章第四节的实验结果是一致的。惩罚的效应也出现了，即与控制条件和低惩罚条件相比，高惩罚条件下被试在不一致题目上的表现更好、反应时更短，而本章第四节的实验则没有发现该效应，说明实验条件的确影响了被试的动机唤醒。但在偏差大小上，这两个实验的结果是一致的，即被试在低社会性奖励下的直觉偏差最小。

本研究发现，金钱奖惩与社会性奖惩的效应是有所不同的。在金钱奖惩条件下，高奖励和高惩罚都能减少被试在周长比较任务中的直觉偏差；但在社会性奖惩条件下，低奖励有利于改善被试在不一致题目上的表现。对于这个结果，目前尚没有恰当的解释。本研究中的低强度用一个绿色头像表示，高强度是在绿色头像旁边加一个向上的箭头表示，这种设计是不是增加了被试的认知负荷，从而导致被试的反应时更长不得而知，未来研究可以进一步探讨此问题，同时也可以增加一项操纵检查，即要求被试对两种形式的刺激做强度评分，看是否操纵成功。此外，本研究仅针对大学生进行了实验，未来可考虑开展发展性研究，探讨不同性质的奖惩对中小学生学习的影响，这类研究更有实践价值。

三、结论

大学生在周长比较任务中仍然存在"面积大，则周长长"的直觉偏差，奖惩敏感性不会影响大学生在周长比较任务中的表现。高强度的金钱奖励与惩罚都能减少直觉偏差，但在社会性动机线索下，只有低奖励能够改善大学生在不一致题目上的表现。

参 考 文 献

北京语言学院语言教学研究所. (1986). 现代汉语频率词典. 北京: 北京语言学院出版社.

丹尼尔·卡尼曼, 保罗·斯洛维奇, 阿莫斯·特沃斯基. (2013). 不确定状况下的判断: 启发式和偏差. 方文等译. 北京: 中国人民大学出版社.

付馨晨, 李晓东. (2017). 认知抑制——问题解决研究的新视角. *心理科学*, 40(1), 58-63.

谷莉, 白学军, 王芹. (2015). 奖惩对行为抑制及程序阶段中自主生理反应的影响. *心理学报*, 47(1), 39-49.

江荣焕. (2016). 比例推理的过度使用及其认知机制: 一项发展性的负启动研究. 硕士学位论文, 深圳大学.

江荣焕, 李晓东. (2017). 比例推理的过度使用及其认知机制: 一项发展性的负启动研究. *心理学报*, 49(6), 745-758.

金志成, 张禹, 盖笑松. (2002). 在抑制分心物干扰效应上学困生和学优生的比较. *心理学报*, 34(3), 229-234.

李德明, 刘昌, 李贵芸. (2003). 数字工作记忆广度的毕生发展及其作用因素. *心理学报*, 35(1), 63-68.

李晓东. (1998). 外在奖赏对内在动机的影响及其教育意义. *教育理论与实践*, 18(3), 50-54.

李晓东. (2020). *教育心理学(第二版)*. 北京: 北京大学出版社.

李晓东, 陈亚萍. (2014). 认知抑制与数学比较任务中的非理性偏差. *第十七届全国心理学学术会议*, 北京.

李晓东, 林崇德. (2002). 小学 3—6 年级学生解决比较问题的研究. *心理科学*, 25(3), 270-274, 380.

李晓东, 江荣焕, 钱玉娟. (2014). 中小学生对比例推理的过度使用. *数学教育学报*, 23(6), 73-77.

李晓东, 聂尤彦, 庞爱莲, 林崇德. (2003). 工作记忆对小学三年级学生解决比较问题的影响. *心理发展与教育*, 19(3), 41-45.

李晓东, 张向葵, 沃建中. (2002). 小学三年级数学学优生与学困生解决比较问题的差异. *心理学报*, 34(4), 400-406.

刘昌. (2004). 数学学习困难儿童的认知加工机制研究. *南京师大学报(社会科学版)*, (3), 81-88, 103.

刘耀中, 唐志文(2012). 类别决策直觉加工的事件相关电位研究. *暨南大学学报(哲学社会科学版)*, (4), 96-101.

王斌强, 张银燕, 杨玲. (2019). 金钱惩罚促进 Stroop 任务中的行为表现. *心理科学*, *42*(6), 1389-1395.

王恩界. (2012). 奖惩敏感度量表中文版用于大学生的信效度分析. *中国学校卫生*, 33(6), 694-696.

王宴庆, 陈安涛, 胡学平, 尹首航. (2019). 奖赏通过增强信号监测提升认知控制. *心理学报*, *51*(1), 48-57.

张丽华, 尚小铭. (2011). 数学学优生与学困生两种抑制能力的比较研究. *辽宁师范大学学报(社会科学版)*, *34*(1), 34-37.

Alonso, D., & Fernández-Berrocal, P. (2003). Irrational decisions: Attending to numbers rather than ratios. *Personality and Individual Differences*, *35*(7), 1537-1547.

Alonso-Díaz, S., Piantadosi, S. T., Hayden, B. Y., & Cantlon, J. F. (2018). Intrinsic whole number bias in humans. *Journal of Experimental Psychology*: *Human Perception and Performance*, *44*(9), 1472-1481.

Amso, D., & Johnson, S. P. (2005). Selection and inhibition in infancy: Evidence from the spatial negative priming paradigm. *Cognition*, *95*(2), B27-B36.

Anderson, N. J. (2002). *The role of Metacognition in Second Language Teaching and Learning. ERIC Digest*. Washington: Education Resources Information Centre.

Arend, I., & Henik, A. (2015). Choosing the larger versus choosing the smaller: Asymmetries in the size congruity effect. *Journal of Experimental Psychology*: *Learning Memory and Cognition*, *41*(6), 1821-1830.

Attridge, N., & Inglis, M. (2015). Increasing cognitive inhibition with a difficult prior task: Implications for mathematical thinking. *ZDM*, *47*(5), 723-734.

Aïte, A., Berthoz, A., Vidal, J., Roëll, M., Zaoui, M., Houdé, O., & Borst, G. (2016). Taking a third-person perspective requires inhibitory control: Evidence from a developmental negative priming study. *Child Development*, *87*(6), 1825-1840.

Azhari, N. (1998). Using the intuitive rule "same of A, same of B" in conservation tasks. Unpublished manuscript, Tel Aviv University, Israel.

Babai, R., Eidelman, R., & Stavy, R. (2012). Preactivation of inhibitory control mechanisms hinders intuitive reasoning. *International Journal of Science and Mathematics Education*, *10*(4), 763-775.

Babai, R., Nattiv, L., & Stavy, R. (2016). Comparison of perimeters: Improving students' performance by increasing the salience of the relevant variable. *ZDM, 48*(3), 367-378.

Babai, R., Sekal, R., & Stavy, R. (2010a). Persistence of the intuitive conception of living things in adolescence. *Journal of Science Education and Technology, 19*(1), 20-26.

Babai, R., Shalev, E., & Stavy, R. (2015). A warning intervention improves students' ability to overcome intuitive interference. *ZDM, 47*(5), 735-745.

Babai, R., Younis, N., & Stavy, R. (2014). Involvement of inhibitory control mechanisms in overcoming intuitive interference. *Neuroeducation, 3*(1), 1-9.

Babai, R., Brecher, T., Stavy, R., & Tirosh, D. (2006a). Intuitive interference in probabilistic reasoning. *International Journal of Science and Mathematics Education, 4*(4), 627-639.

Babai, R., Levyadun, T., Stavy, R., & Tirosh, D. (2006b). Intuitive rules in science and mathematics: A reaction time study. *International Journal of Mathematical Education in Science and Technology, 37*(8), 913-924.

Babai, R., Zilber, H., Stavy, R., & Tirosh, D. (2010b). The effect of intervention on accuracy of students' responses and reaction times to geometry problems. *International Journal of Science and Mathematics Education, 8*(1), 185-201.

Bago, B., & de Neys, W. (2017). Fast logic? . Examining the time course assumption of dual process theory. *Cognition, 158*, 90-109.

Bago, B., & de Neys, W. (2019). The intuitive greater good: Testing the corrective dual process model of moral cognition. *Journal of Experimental Psychology: General, 148*(10), 1782-1801.

Baier, F., Decker, A. T., Voss, T., Kleickmann, T., Klusmann, U., & Kunter, M. (2019). What makes a good teacher? The relative importance of mathematics teachers' cognitive ability, personality, knowledge, beliefs, and motivation for instructional quality. *British Journal of Educational Psychology, 89*(4), 767-786.

Bailey, D. H., Hoard, M. K., Nugent, L., & Geary, D. C. (2012). Competence with fractions predicts gains in mathematics achievement. *Journal of Experimental Child Psychology, 113*(3), 447-455.

Balodis, I. M., & Potenza, M. N. (2015). Anticipatory reward processing in addicted populations: A focus on the monetary incentive delay task. *Biological Psychiatry, 77*(5), 434-444.

Bardach, L., & Klassen, R. M. (2020). Smart teachers, successful students? A systematic review of the literature on teachers' cognitive abilities and teacher effectiveness. *Educational Research Review, 30*, 100312.

Barrett, L. F., Tugade, M. M., & Engle, R. W. (2004). Individual differences in working memory capacity and dual-process theories of the mind. *Psychological Bulletin, 130*(4), 553-573.

Baumert, J., Kunter, M., Blum, W., Brunner, M., Voss, T., Jordan, A., et al. (2010). Teachers' mathematical knowledge, cognitive activation in the classroom, and student progress. *American Educational Research Journal, 47*(1), 133-180.

Baylor, A. L. (2002). Expanding preservice teachers' metacognitive awareness of instructional planning through pedagogical agents. *Educational Technology Research and Development*, *50*(2), 5-22.

Begolli, K. N., Booth, J. L., Holmes, C. A., & Newcombe, N. S. (2020). How many apples make a quarter? The challenge of discrete proportional formats. *Journal of Experimental Child Psychology*, *192*, 104774.

Beilock, S. L., & DeCaro, M. S. (2007). From poor performance to success under stress: Working memory, strategy selection, and mathematical problem solving under pressure. *Journal of Experimental Psychology: Learning, Memory, and Cognition*, *33*(6), 983-998.

Bentin, S., & McCarthy, G. (1994). The effects of immediate stimulus repetition on reaction time and event-related potentials in tasks of different complexity. *Journal of Experimental Psychology: Learning, Memory, and Cognition*, *20*(1), 130-149.

Bilouk, I. (2015). The impact of short stories as an extrinsic reward in an intensive reading environment on learners' intrinsic motivation. *Al Athar*, (23), 1-12.

Boehler, C. N., Schevernels, H., Hopf, J. M., Stoppel, C. M., & Krebs, R. M. (2014). Reward prospect rapidly speeds up response inhibition via reactive control. *Cognitive, Affective and Behavioral Neuroscience*, *14*(2), 593-609.

Bohner, G., Moskowitz, G. B., & Chaiken, S. (1995). The interplay of heuristic and systematic processing of social information. *European Review of Social Psychology*, *6*(1), 33-68.

Boksem, M. A. S., Meijman, T. F., & Lorist, M. M. (2005). Effects of mental fatigue on attention: An ERP study. *Cognitive Brain Research*, *25*(1), 107-116.

Bonato, M., Fabbri, S., Umiltà, C., & Zorzi, M. (2007). The mental representation of numerical fractions: Real or integer? *Journal of Experimental Psychology: Human Perception and Performance*, *33*(6), 1410-1419.

Bonner, C., & Newell, B. R. (2010). In conflict with ourselves? An investigation of heuristic and analytic processes in decision making. *Memory & Cognition*, *38*(2), 186-196.

Booth, J. L., & Newton, K. J. (2012). Fractions: Could they really be the gatekeeper's doorman? *Contemporary Educational Psychology*, *37*(4), 247-253.

Borko, H., & Livingston, C. (1989). Cognition and improvisation: Differences in mathematics instruction by expert and novice teachers. *American Educational Research Journal*, *26*(4), 473-498.

Borst, G., Aïte, A., & Houdé, O. (2015). Inhibition of misleading heuristics as a core mechanism for typical cognitive development: Evidence from behavioural and brain-imaging studies. *Developmental Medicine & Child Neurology*, *57*(S2), 21-25.

Borst, G., Simon, G., Vidal, J., & Houdé, O. (2013a). Inhibitory control and visuo-spatial reversibility in Piaget's seminal number conservation task: A high-density ERP study. *Frontiers in Human Neuroscience*, 7, 920.

Borst, G., Poirel, N., Pineau, A., Cassotti, M., & Houdé, O. (2013b). Inhibitory control efficiency in a Piaget-like class-inclusion task in school-age children and adults: A developmental negative priming study. *Developmental Psychology*, 49(7), 1366-1374.

Botvinick, M., & Braver, T. (2015). Motivation and cognitive control: From behavior to neural mechanism. *Annual Review of Psychology*, 66(1), 83-113.

Boyer, T. W., & Levine, S. C. (2012). Child proportional scaling: Is 1/3=2/6=3/9=4/12? *Journal of Experimental Child Psychology*, 111(3), 516-533.

Boyer, T. W., & Levine, S. C. (2015). Prompting children to reason proportionally: Processing discrete units as continuous amounts. *Developmental Psychology*, 51(5), 615-620.

Boyer, T. W., Levine, S. C., & Huttenlocher, J. (2008). Development of proportional reasoning: Where young children go wrong. *Developmental Psychology*, 44(5), 1478-1490.

Braver, T. S., Krug, M. K., Chiew, K. S., Kool, W., Westbrook, J. A., Clement, N. J., et al. (2014). Mechanisms of motivation-cognition interaction: Challenges and opportunities. *Cognitive, Affective, and Behavioral Neuroscience*, 14(2), 443-472.

Borst, G., Poirel, N., Pineau, A., Cassotti, M., & Houdé, O. (2012). Inhibitory control in number-conservation and class-inclusion tasks: A neo-Piagetian inter-task priming study. *Cognitive Development*, 27(3), 283-298.

Bruin, K. J., Wijers, A. A., & van Staveren, A. S. J. (2001). Response priming in a Go/Nogo task: Do we have to explain the Go/Nogo N_2 effect in terms of response activation instead of inhibition? *Clinical Neurophysiology*, 112(9), 1660-1671.

Bryant, P. (1992). Arithmetic in the cradle. *Nature*, 358, 712-713.

Bull, R., Espy, K. A., & Wiebe, S. A. (2008). Short-term memory, working memory, and executive functioning in preschoolers: Longitudinal predictors of mathematical achievement at age 7 years. *Developmental Neuropsychology*, 33(3), 205-228.

Byron, K., & Khazanchi, S. (2012). Rewards and creative performance: A meta-analytic test of theoretically derived hypotheses. *Psychological Bulletin*, 138(4), 809-830.

Casey, B. J., Tottenham, N., Liston, C., & Durston, S. (2005). Imaging the developing brain: What have we learned about cognitive development? *Trends in Cognitive Sciences*, 9(3), 104-110.

Cassotti, M., & Moutier, S. (2010). How to explain receptivity to conjunction-fallacy inhibition training: Evidence from the Iowa Gambling Task. *Brain and Cognition*, 72(3), 378-384.

Cassotti, M., Aïte, A., Osmont, A., Houdé, O., & Borst, G. (2014). What have we learned about the processes involved in the Iowa Gambling Task from developmental studies? *Frontiers in Psychology*, 5, 915.

Chaiken, S., & Ledgerwood, A. (2012). A theory of heuristic and systematic information processing. In P. A. M. van Lange, A. W. Kruglanski, & E. T. Higgins(Eds.), *Handbook of Theories of Social Psychology*(pp. 247-266). Thousand Oaks: Sage.

Chen, S., Duckworth, K., & Chaiken, S. (1999). Motivated heuristic and systematic processing. *Psychological Inquiry*, *10*(1), 44-49.

Christou, K. P. (2015). Natural number bias in operations with missing numbers. *ZDM*, *47*(5), 747-758.

Christou, K. P., & Vosniadou, S. (2012). What kinds of numbers do students assign to literal symbols? Aspects of the transition from arithmetic to algebra. *Mathematical Thinking and Learning*, *14*(1), 1-27.

Christou, K. P., Pollack, C., van Hoof, J., & van Dooren, W. (2020). Natural number bias in arithmetic operations with missing numbers—A reaction time study. *Journal of Numerical Cognition*, *6*(1), 22-49.

Cimpian, A. (2015). The Inherence Heuristic: Generating Everyday Explanations. In R. Scott & S. Kosslyn(Eds.), *Emerging Trends in the Social and Behavioral Sciences(*pp. 1-15). New York: John Wiley and Sons.

Clair-Thompson, H. L., & Gathercole, S. E. (2006). Executive functions and achievements in school: Shifting, updating, inhibition, and working memory. *Quarterly Journal of Experimental Psychology*, *59*(4), 745-759.

Clark, C. A. C., Pritchard, V. E., & Woodward, L. J. (2010). Preschool executive functioning abilities predict early mathematics achievement. *Developmental Psychology*, *46*(5), 1176-1191.

Clarke, D. M., & Roche, A. (2009). Students' fraction comparison strategies as a window into robust understanding and possible pointers for instruction. *Educational Studies in Mathematics*, *72*(1), 127-138.

Clarke, S., & Beck, J. (2021). The number sense represents(rational)numbers. *The Behavioral and Brain Sciences*, *44*, e178.

Covey, T. J., Shucard, J. L., & Shucard, D. W. (2017). Event-related brain potential indices of cognitive function and brain resource reallocation during working memory in patients with Multiple Sclerosis. *Clinical Neurophysiology, 128*(4), 604-621.

Cramer, K. A., Post, T., & Currier, S. (1993). Learning and teaching ratio and proportion: Research implications: Middle grades mathematics. In D. Owens(Ed.), *Research Ideas for the Classroom*: *Middle Grades Mathematics*(pp. 159-178). New York: MacMillan Publishing Company.

Cramer, K. A., Post, T. R., & delMas, R. C. (2002). Initial fraction learning by fourth- and fifth-grade students: A comparison of the effects of using commercial curricula with the effects of using the rational number project curriculum. *Journal for Research in Mathematics Education*, *33*(2),

111-144.

Cremers, H. R., Veer, I. M., Spinhoven, P., Rombouts, S. A., & Roeiofs, K. (2015). Neural sensitivity to social reward and punishment anticipation in social anxiety disorder. *Frontiers in Behavioral Neuroscience, 8*, 439.

Curwen, M. S., Miller, R. G., White-Smith, K. A., & Calfee, R. C. (2010). Increasing teachers' metacognition develops students' higher learning during content area literacy instruction: Findings from the read-write cycle project. *Issues in Teacher Education, 19*(2), 127-151.

D'Amore, B., & Fandiño Pinilla, M. I. (2005). Historia y epistemología de la Matemática como bases éticas universales. *Acta Scientiae, 7*(1), 7-16.

Darolia, R., & Wydick, B. (2011). The economics of parenting, self-esteem and academic performance theory and a test. *Economica, 78*(310), 215-239.

Daurignac, E., Houdé, O., & Jouvent, R. (2006). Negative priming in a numerical Piaget-like task as evidenced by ERP. *Journal of Cognitive Neuroscience, 18*(5), 730-736.

de Bock, D., Verschaffel, L., & Janssens, D. (1998). The predominance of the linear model in secondary school students' solutions of word problems involving length and area of similar plane figures. *Educational Studies in Mathematics, 35*(1), 65-83.

de Bock, D., van Dooren, W., Janssens, D., & Verschaffel, L. (2002). Improper use of linear reasoning: An in-depth study of the nature and the irresistibility of secondary school students' errors. *Educational Studies in Mathematics, 50*(3), 311-334.

de Bock, D., van Dooren, W., Janssens, D., & Verschaffel, L. (2007). *The Illusion of Linearity: From Analysis to Improvement*(Vol. 41). New York: Springer Science & Business Media.

de Corte, E., Verschaffel, L., & Pauwels, A. (1990). Influence of the semantic structure of word problems on second graders' eye movements. *Journal of Educational Psychology, 82*(2), 359-365.

de Haas, M., & Conijn, R. (2020). *Carrot or stick: The effect of reward and punishment in robot assisted language learning.* ACM/IEEE International Conference on Human-Robot Interaction, Cambridge.

de Neys, W. (2012). Bias and conflict: A case for logical intuitions. *Perspectives on Psychological Science, 7*(1), 28-38.

de Neys, W. (2017). Bias, conflict, and fast logic: Towards a hybrid dual process future? In W. de Neys(Ed.), *Dual Process Theory 2.0*(pp. 47-65). London: Routledge.

de Neys, W. (2013). Conflict detection, dual processes, and logical intuitions: Some clarifications. Thinking & Reasoning, 20(2), 169-187.

de Neys, W., & Osman, M. (2013). *New Approaches in Reasoning Research.* London: Psychology Press.

de Neys, W., Rossi, S., & Houdé, O. (2013). Bats, balls, and substitution sensitivity: Cognitive misers are no happy fools. *Psychonomic Bulletin & Review, 20*(2), 269-273.

de Neys, W., Lubin, A., & Houdé, O. (2014). The smart nonconserver: Preschoolers detect their number conservation errors. *Child Development Research,* (2014), 1-7.

de Neys, W., Cromheeke, S., & Osman, M. (2011). Biased but in doubt: Conflict and decision confidence. *PLoS One, 6*(1), e15954.

de Pascalis, V., Varriale, E., Fulco, M., & Fracasso, F. (2014). Mental ability and information processing during discrimination of auditory motion patterns: Effects on P3 and mismatch negativity. *International Journal of Psychophysiology, 94*(2), 177-178.

Degrande, T., Verschaffel, L., & van Dooren, W. (2019). To add or to multiply? An investigation of the role of preference in children's solutions of word problems. *Learning and Instruction, 61*(1), 60-71.

Degrande, T., Verschaffel, L., & van Dooren, W. (2020). To add or to multiply in open problems? Unraveling children's relational preference using a mixed-method approach. *Educational Studies in Mathematics, 104*(3), 405-430.

Denes-Raj, V., & Epstein, S. (1994). Conflict between intuitive and rational processing: When people behave against their better judgment. *Journal of Personality and Social Psychology, 66*(5), 819-829.

Denison, S., Reed, C., & Xu, F. (2013). The emergence of probabilistic reasoning in very young infants: Evidence from 4.5- and 6-month-olds. *Developmental Psychology, 49*(2), 243-249.

Denison, S., Trikutam, P., & Xu, F. (2014). Probability versus representativeness in infancy: Can infants use naïve physics to adjust population base rates in probabilistic inference? *Developmental Psychology, 50*(8), 2009-2019.

Desmet, L., Grégoire, J., & Mussolin, C. (2010). Developmental changes in the comparison of decimal fractions. *Learning and Instruction, 20*(6), 521-532.

DeWolf, M., & Vosniadou, S. (2011). *The whole number bias in fraction magnitude comparisons with adults.* Proceedings of the 33rd Annual Meeting of the Cognitive Science Society, Boston.

DeWolf, M., & Vosniadou, S. (2015). The representation of fraction magnitudes and the whole number bias reconsidered. *Learning and Instruction, 37*, 39-49.

DeWolf, M., Bassok, M., & Holyoak, K. J. (2015). Conceptual structure and the procedural affordances of rational numbers: Relational reasoning with fractions and decimals. *Journal of Experimental Psychology: General, 144*(1), 127-150.

DeWolf, M., Grounds, M. A., Bassok, M., & Holyoak, K. J. (2014). Magnitude comparison with different types of rational numbers. *Journal of Experimental Psychology: Human Perception and Performance, 40*(1), 71-82.

Diamond, A. (2013). Executive functions. *Annual Review of Psychology*, *64*, 135-168.

Diao, L., Qi, S., Xu, M., Li, Z., Ding, C., Chen, A., Zheng, Y., & Yang, D. (2016). Neural signature of reward-modulated unconscious inhibitory control. *International Journal of Psychophysiology*, *107*, 1-8.

Donkers, F. C., & van Boxtel, G. J. (2004). The N2 in go/no-go tasks reflects conflict monitoring not response inhibition. *Brain and Cognition*, *56*(2), 165-176.

Duffy, S., Huttenlocher, J., & Levine, S. (2005). It is all relative: How young children encode extent. *Journal of Cognition and Development*, *6*(1), 51-63.

Durkin, K., & Rittle-Johnson, B. (2015). Diagnosing misconceptions: Revealing changing decimal fraction knowledge. *Learning and Instruction*, *37*(4), 21-29.

Epstein, S. (1994). Integration of the cognitive and the psychodynamic unconscious. *American Psychologist*, *49*(8), 709-724.

Epstein, S., Pacini, R., Denes-Raj, V., & Heier, H. (1996). Individual differences in intuitive-experiential and analytical-rational thinking styles. *Journal of Personality and Social Psychology*, *71*(2), 390-405.

Etxegarai, U., Portillo, E., Irazusta, J., Koefoed, L., & Kasabov, N. (2019). A heuristic approach for lactate threshold estimation for training decision-making: An accessible and easy to use solution for recreational runners. *European Journal of Operational Research*, *291*(2), 427-437.

Evans, J. (1998). Matching bias in conditional reasoning: Do we understand it after 25 years? *Thinking and Reasoning*, *4*(1), 45-110.

Evans, J. (2006). The heuristic-analytic theory of reasoning: Extension and evaluation. *Psychonomic Bulletin & Review*, *13*(3), 378-395.

Evans, J. (2007). On the resolution of conflict in dual process theories of reasoning. *Thinking and Reasoning*, *13*(4), 321-339.

Evans, J. (2008). Dual-processing accounts of reasoning, judgment, and social cognition. *Annual Review of Psychology*, *59*(1), 255-278.

Evans, J. (2010). Intuition and reasoning: A dual-process perspective. *Psychological Inquiry*, *21*(4), 313-326.

Evans, J., & Over, D. (1997). Rationality in reasoning: The problem of deductive competence. *Cahiers de Psychologie Cognitive*, *16*(1-2), 3-38.

Evans, J., & Stanovich, K. (2013). Dual-process theories of higher cognition: Advancing the debate. *Perspectives on Psychological Science*, *8*(3), 223-241.

Falk, R., Yudilevich-Assouline, P., & Elstein, A. (2012). Children's concept of probability as inferred from their binary choices—Revisited. *Educational Studies in Mathematics*, *81*(2), 207-233.

Fernández, C., Llinares, S., & Valls, J. (2012a). Learning to notice students' mathematical thinking through on-line discussions. *ZDM*, *44*(6), 747-759.

Fernández, C., Callejo de la Vega, M. L., & Márquez Torres, M. (2014a). Conocimiento de los estudiantes para maestro cuando interpretan respuestas de estudiantes de primaria a problemas de división-medida. *Enseñanza de Las Ciencias. Revista de Investigación y Experiencias Didácticas*, *32*(3), 407-424.

Fernández, C., de Bock, D., Verschaffel, L., & van Dooren, W. (2014b). Do students confuse dimensionality and "directionality"? *The Journal of Mathematical Behavior*, *36*, 166-176.

Fernández C., Llinares S., Modestou, M., & Gagatsis, A. (2010). Proportional reasoning: How task variables influence the development of students' strategies from primary to secondary school. *Acta Didactica Universitatis Comenianae Mathematics*, *10*, 1-18.

Fernández, C., Llinares, S., van Dooren, W., de Bock, D., & Verschaffel, L. (2011). Effect of number structure and nature of quantities on secondary school students' proportional reasoning. *Studia Psychologica*, *53*(1), 69-81.

Fernández, C., Llinares, S., van Dooren, W., de Bock, D., & Verschaffel, L. (2012b). The development of students' use of additive and proportional methods along primary and secondary school. *European Journal of Psychology of Education*, *27*(3), 421-438.

Filsecker, M., & Hickey, D. (2014). A multilevel analysis of the effects of external rewards on elementary students' motivation, engagement and learning in an educational game. *Computers and Education*, *75*, 136-148.

Fischbein, E. (1987). *Intuition in Science and Mathematics*: *An Educational Approach*. Dordrecht: D Reidel Publishing Company.

Fischbein, E. (1999). Intuitions and schemata in mathematical reasoning. *Educational Studies in Mathematics*, *38*, 11-50.

Fischbein, E., & Gazit, A. (1984). Does the teaching of probability improve probabilistic intuitions? *Educational Studies in Mathematics*, *15*(1), 1-24.

Fischbein, E., Deri, M., Nello, M., & Marino, M. (1985). The role of implicit models in solving verbal problems in multiplication and division. *Journal for Research in Mathematics Education*, *16*(1), 3-17.

Frings, C., Feix, S., Röthig, U., Brüser, C., & Junge, M. (2007). Children do show negative priming: Further evidence for early development of an intact selective control mechanism. *Developmental Psychology*, *43*(5), 1269-1273.

Fu, X., Li, X., Xu, P., & Zeng, J. (2020). Inhibiting the whole number bias in a fraction comparison task: An event-related potential study. *Psychology Research and Behavior Management*, *13*, 245-255.

Fuad, M., Suyanto, E., & Muhammad, U. (2021). Can "reward and punishment" improve student motivation? *European Online Journal of Natural and Social Sciences, 10*(1), 165-171.

Gagatsis, A., Modestou, M., Elia, I., & Spanoudes, G. (2009). Structural modeling of developmental shifts in grasping proportional relations underlying problem solving in area and volume. *Acta Didactica Universitatis Comenianae, Mathematics, 9*, 9-23.

Gajewski, P., & Falkenstein, M. (2013). Effects of task complexity on ERP components in Go/Nogo tasks. *International Journal of Psychophysiology, 87*(3), 273-278.

Galfano, G., Rusconi, E., & Umiltà, C. (2003). Automatic activation of multiplication facts: Evidence from the nodes adjacent to the product. *The Quarterly Journal of Experimental Psychology: Section A, 56*(1), 31-61.

Galfano, G., Mazza, V., Angrilli, A., & Umiltà, C. (2004). Electrophysiological correlates of stimulus-driven multiplication facts retrieval. *Neuropsychologia, 42*(10), 1370-1382.

Gathercole, S. E., Pickering, S. J., Knight, C., & Stegmann, Z. (2004). Working memory skills and educational attainment: Evidence from national curriculum assessments at 7 and 14 years of age. *Applied Cognitive Psychology, 18*(1), 1-16.

Gelman, R. (1972). Logical capacity of very young children : Number invariance. *Child Development, 43*(1), 75-90.

Gigerenzer, G., & Todd, P. (1999). *Simple Heuristics That Make Us Smart.* New York: Oxford University Press.

Gillard, E., Schaeken, W., van Dooren, W., & Verschaffel, L. (2011). Conflict-monitoring and the intuitive error in quantitative reasoning. *Studia Psychologica, 53*(4), 385-401.

Gillard, E., van Dooren, W., Schaeken, W., & Verschaffel, L. (2009a). Proportional reasoning as a heuristic-based process: Time constraint and dual task considerations. *Experimental Psychology, 56*(2), 92-99.

Gillard, E., van Dooren, W., Schaeken, W., & Verschaffel, L. (2009b). Processing time evidence for a default-interventionist model of probability judgments. *Proceedings of the Annual Meeting of the Cognitive Science Society, 31*, 1792-1797.

Gillard, E., van Dooren, W., Schaeken, W., & Verschaffel, L. (2009c). Dual Processes in the Psychology of Mathematics Education and Cognitive Psychology. *Human Development, 52*(2), 95-108.

Girelli, L., Delazer, M., Semenza, C., & Denes, G. (1996). The representation of arithmetical facts: Evidence from two rehabilitation studies. *Cortex, 32*(1), 49-66.

Gogtay, N., Giedd, J. N., Lusk, L., Hayashi, K. M., Greenstein, D., Vaituzis, A. C., et al. (2004). Dynamic mapping of human cortical development during childhood through early adulthood. *Proceedings of the National Academy of Sciences of the United States of America, 101*(21), 8174-8179.

Greenberg, J. (1966). Language universals. In T. Sebock(Ed.), *Current Trends in Linguistics*(Vol. 3, pp. 61-112). The Hague: Mouton.

Greenhouse, I., & Wessel, J. R. (2013). EEG signatures associated with stopping are sensitive to preparation. *Psychophysiology*, *50*(9), 900-908.

Greer, B. (2009). Helping children develop mathematically. *Human Development, 52*(2), 148-161.

Gundersen, S., & McKay, M. (2019). Reward or punishment? An examination of the relationship between teacher and parent behavior and test scores in the Gambia. *International Journal of Educational Development, 68*(1), 20-34.

Hasher, L., Stoltzfus, E. R., Zacks, R. T., & Rypma, B. (1991). Age and Inhibition. *Journal of Experimental Psychology*: *Learning, Memory, and Cognition, 17*(1), 163-169.

Hattikudur, S., & Alibali, M. W. (2010). Learning about the equal sign: Does comparing with inequality symbols help? *Journal of Experimental Child Psychology 107*(1), 15-30.

Hegarty, M., Mayer, R. E., & Monk, C. A. (1995). Comprehension of arithmetic word problems: A comparison of successful and unsuccessful problem solvers. *Journal of Educational Psychology*, *87*(1), 18-32.

Hendijani, R., & Steel, P. (2020). Motivational congruence effect: How reward salience and choice influence motivation and performance. *Cogent Business and Management, 7*(1), 1-21.

Hilbig, B. E., & Pohl, R. F. (2009). Ignorance- versus evidence-based decision making: A decision time analysis of the recognition heuristic. *Journal of Experimental Psychology*: *Learning, Memory, and Cognition, 35*(5), 1296-1305.

Hines, T. M. (1990). An odd effect: Lengthened reaction times for judgments about odd digits. *Memory & Cognition, 18*(1), 40-46.

Hino, K., & Kato, H. (2019). Teaching whole-number multiplication to promote children's proportional reasoning: A practice-based perspective from Japan. *ZDM, 51*(1), 125-137.

Hoch, S., Reinhold, F., Strohmaier, A., & Reiss, K. (2018). *The Possibility to Use Benchmarking Strategies Speeds up Adults' Response Times in Fraction Comparison Tasks*. Dortmund: Universitätsbibliothek.

HodnikČadež, T., & Škrbec, M. (2011). Understanding the concepts in probability of pre-school and early school children. *Eurasia Journal of Mathematics, Science and Technology Education, 7*(4), 263-279.

Hoemann, H. W., & Ross, B. M. (1971). Children's understanding of probability concepts. *Child Development, 42*(1), 221.

Hoffmann, A., Marhenke, R., & Sachse, P. (2022). Sensory processing sensitivity predicts performance in an emotional antisaccade paradigm. *Acta Psychologica, 222*(4), 103463.

Hopf, J. M., Vogel, E., Woodman, G., Heinze, H. J., & Luck, S. J. (2002). Localizing visual discrimination processes in time and space. *Journal of Neurophysiology, 88*(4), 2088-2095.

Houdé, O. (2000). Inhibition and cognitive development: Object, number, categorization, and reasoning. *Cognitive Development, 15*(1), 63-73.

Houdé, O. (2007). First insights on "neuropedagogy of reasoning". *Thinking and Reasoning, 13*, 81-89.

Houdé, O., & Borst, G. (2014). Measuring inhibitory control in children and adults: Brain imaging and mental chronometry. *Frontiers in Psychology, 5*, 616.

Houdé, O., & Borst, G. (2015). Evidence for an inhibitory-control theory of the reasoning brain. *Frontiers in Human Neuroscience, 9*, 148.

Houdé, O., & Guichart, E. (2001). Negative priming effect after inhibition of number/length interference in a Piaget-like task. *Developmental Science, 4*(1), 119-123.

Houdé, O., Zago, L., Mellet, E., Moutier, S., Pineau, A., Mazoyer, B., & Tzourio-mazoyer, N. (2000). Shifting from the perceptual brain to the logical brain: The neural impact of cognitive inhibition training. *Journal of Cognitive Neuroscience, 12*(5), 721-728.

Houdé, O., Pineau, A., Leroux, G., Poirel, N., Perchey, G., Lanoë, C., et al. (2011). Functional magnetic resonance imaging study of Piaget's conservation-of-number task in preschool and school-age children: A neo-Piagetian approach. *Journal of Experimental Child Psychology, 110*(3), 332-346.

Hsieh, M. T., Lu, H., Chen, L. F., Liu, C. Y., Hsu, S., & Cheng, C. H. (2021). Cancellation but not restraint ability is modulated by trait anxiety: An event-related potential and oscillation study using Go-Nogo and stop-signal tasks. *Journal of Affective Disorders, 299*, 188-195.

Huber, S., Klein, E., Graf, M., Nuerk, H. C., Moeller, K., & Willmes, K. (2015). Embodied markedness of parity? Examining handedness effects on parity judgments. *Psychological Research, 79*(6), 963-977.

Irwin, H. J. (1978). Input encoding strategies and attenuation of stroop interference. *Australian Journal of Psychology, 30*(2), 177-187.

Isquith, P., Roth, R., Kenworthy, L., & Gioia, G. (2014). Contribution of rating scales to intervention for executive dysfunction. *Applied Neuropsychology: Child, 3*(3), 197-204.

Jäger, S., & Wilkening, F. (2001). Development of cognitive averaging: When light and light make dark. *Journal of Experimental Child Psychology, 79*(4), 323-345.

Jeong, Y., Levine, S. C., & Huttenlocher, J. (2007). The development of proportional reasoning: Effect of continuous versus discrete quantities. *Journal of Cognition and Development, 8*(2), 237-256.

Jiang, R., Li, X., Fernández, C., & Fu, X. (2017). Students' performance on missing-value word problems: A cross-national developmental study. *European Journal of Psychology of Education,*

32(4), 551-570.

Jiang, R., Li, X., Xu, P., & Chen, Y. (2019a). Inhibiting intuitive rules in a geometry comparison task: Do age level and math achievement matter? *Journal of Experimental Child Psychology, 186*, 1-16.

Jiang, R., Li, X., Xu, P., & Lei, Y. (2020a). Do teachers need to inhibit heuristic Bias in mathematics problem-solving? Evidence from a negative-priming study. *Current Psychology, 41*(10), 6954-6965.

Jiang, R., Li, X., Xu, P., & Mao, T. (2020b). Why students are biased by heuristics: Examining the role of inhibitory control, conflict detection, and working memory in the case of overusing proportionality. *Cognitive Development, 53*(6), 100850.

Jiang, R., Li, X., Xu, P., Zhong, L., & Lei, Y. (2019b). The role of inhibitory control in overcoming English written-verb inflection errors: Evidence from Chinese ESL learners. *Current Psychology, 40*(11), 5256-5266.

Joliot, M., Leroux, G., Dubal, S., Tzourio-Mazoyer, N., Houdé, O., Mazoyer, B., & Petit, L. (2009). Cognitive inhibition of number/length interference in a Piaget-like task: Evidence by combining ERP and MEG. *Clinical Neurophysiology, 120*(8), 1501-1513.

Kahneman, D. (2011). *Thinking, Fast and Slow*. New York: Farrar, Straus and Giroux.

Kahneman, D., & Frederick, S. (2005). A model of heuristic judgment. In K. J. Holyoak & R. G. Morrison(Eds.), *The Cambridge Handbook of Thinking and Reasoning*(pp. 267-293). Cambridge: Cambridge University Press.

Kahneman, D., & Tversky, A. (1973). On the psychology of prediction. *Psychological Review, 80*(4), 237-251.

Kahneman, D., & Tversky, A. (1982). On the study of statistical intuitions. *Cognition, 11*(2), 123-141.

Karplus, R., Pulos, S., & Stage, E. K. (1983). Early adolescents' proportional reasoning on "rate" problems. *Educational Studies in Mathematics, 14*, 219-233.

Kieran, C. (1992). The learning and teaching of school algebra. In D. A. Grouws(Ed.), *Handbook of Research on Mathematics Teaching and Learning: A Project of the National Council of Teachers of Mathematics*(pp. 390-419). New York: MacMillan Publishing Company.

Kirkpatrick, L. A., & Epstein, S. (1992). Cognitive experiential self-theory and subjective probability: Further evidence for two conceptual systems. *Journal of Personality and Social Psychology, 63*(4), 534-544.

Knuth, E. J., Stephens, A. C., McNeil, N. M., & Alibali, M. W. (2006). Does understanding the equal sign matter? Evidence from solving equations. *Journal for Research in Mathematics Education, 37*(4), 297-312.

Knutson, B., Adams, C. M., Fong, G. W., & Hommer, D. (2001). Anticipation of increasing monetary reward selectively recruits nucleus accumbens. *Journal of Neuroscience*, *21*(16), RC159.

Kok, A. (2001). On the utility of P3 amplitude as a measure of processing capacity. *Psychophysiology*, *38*(3), 557-577.

Koshmider, J. W., & Ashcraft, M. H. (1991). The development of children's mental multiplication skills. *Journal of Experimental Child Psychology*, *51*(1), 53-89.

Krauss, S., Baumert, J., & Blum, W. (2008a). Secondary mathematics teachers' pedagogical content knowledge and content knowledge: Validation of the COACTIV constructs. *ZDM*, *40*(5), 873-892.

Krauss, S., Brunner, M., Kunter, M., Baumert, J., Blum, W., Neubrand, M., & Jordan, A. (2008b). Pedagogical content knowledge and content knowledge of secondary mathematics teachers. *Journal of Educational Psychology, 100*(3), 716-725.

Krebs, R. M., Boehler, C. N., Egner, T., & Woldorff, M. G. (2011). The neural underpinnings of how reward associations can both guide and misguide attention. *Journal of Neuroscience*, *31*(26), 9752-9759.

Kubanek, J., Snyder, L. H., & Abrams, R. A. (2015). Reward and punishment act as distinct factors in guiding behavior. *Cognition*, *139*, 154-167.

Lanoë, C., Vidal, J., Lubin, A., Houdé, O., & Borst, G. (2016). Inhibitory control is needed to overcome written verb inflection errors: Evidence from a developmental negative priming study. *Cognitive Development*, *37*, 18-27.

Leroux, G., Joliot, M., Dubal, S., Mazoyer, B., Tzourio-Mazoyer, N., Houdé, O. (2006). Cognitive inhibition of number/length interference in a Piaget-like task in young adults: Evidence from ERPs and fMRI. *Human Brain Mapping*, *27*(6), 498-509.

Leroux, G., Spiess, J., Zago, L., Rossi, S., Lubin, A., Turbelin, M., et al. (2009). Adult brains don't fully overcome biases that lead to incorrect performance during cognitive development: An fMRI study in young adults completing a Piaget-like task. *Developmental Science*, *12*(2), 326-338.

Lesh, R., Post, T., & Behr, M. (1988). Proportional reasoning. In J. Hiebert, & M. Behr(Eds.), *Number Concepts and Operations in the Middle Grades*(pp. 93-118). National Council of Teachers of Mathematics.

Lewis, A. B., & Mayer, R. E. (1987). Students' miscomprehension of relational statements in arithmetic word problems. *Journal of Educational Psychology*, *79*(4), 363-371.

Li, X., Jiang, R., & Qian, Y. (2014). 5-8 graders' overuse of proportionality on missing-value problems. *Journal on Mathematics Education*, *23*(6), 73-77.

Li, S., Ren, X., Schweizer, K., Brinthaupt, T. M., & Wang, T. (2021). Executive functions as predictors of critical thinking: Behavioral and neural evidence. *Learning and Instruction, 71*,

101376.

Lim, K. H., & Morera, O. (2010). *Addressing impulsive disposition*: *Using non-proportional problems to overcome overgeneralization of proportionality.* Paper presented at the Proceedings of the 13th Annual Conference Research on Undergraduate Mathematics Education, Raleigh.

Liu, R. D., Ding, Y., Zong, M., & Zhang, D. (2014). Concept development of decimals in Chinese elementary students: A conceptual change approach. *School Science and Mathematics, 114*(7), 326-338.

Logan, G. D. (1988). Toward an instance theory of automatization. *Psychological Review, 95*(4), 492-527.

Lubin, A., Houdé, O., & de Neys, W. (2015). Evidence for children's error sensitivity during arithmetic word problem solving. *Learning and Instruction, 40*, 1-8.

Lubin, A., Simon, G., Houdé, O., & de Neys, W. (2014). Inhibition, conflict detection, and number conservation. *ZDM, 47*(5), 793-800.

Lubin, A., Vidal, J., Lanoë, C., Houdé, O., & Borst, G. (2013). Inhibitory control is needed for the resolution of arithmetic word problems: A developmental negative priming study. *Journal of Educational Psychology, 105*(3), 701-708.

Lubin, A., Rossi, S., Lanoë, C., Vidal, J., Houdé, O., & Borst, G. (2016). Expertise, inhibitory control and arithmetic word problems: A negative priming study in mathematics experts. *Learning and Instruction, 45*, 40-48.

Luck, S. J., & Kappenman, E. S. (2012). ERP components and selective attention. In S. J. Luck & E. S. Kappenman(Eds). *The Oxford Handbook of Event-Related Potential Components*(pp. 295-327). New York: Oxford University Press.

Luck, S. J., Woodman, G. F., & Vogel, E. K. (2000). Event-related potential studies of attention. *Trends in Cognitive Sciences, 4*(11), 432-440.

Lutz, K., & Widmer, M. (2014). What can the monetary incentive delay task tell us about the neural processing of reward and punishment? *Neuroscience and Neuroeconomics, 3*, 33-45.

Marchett, P., Medici, D., Vighi, P., & Zaccomer, E. (2005). Comparing perimeters and area. Children's pre-conceptions and spontaneous procedures. *In Proceedings CERME, 4*, 766-776.

Markovits, Z., Eylon, B. S., & Bruckheimer, M. (1986). Functions today and yesterday. *For the Learning of Mathematics, 6*(2), 18-28.

Masson, S., Potvin, P., Riopel, M., & Foisy, L. M. B. (2014). Differences in brain activation between novices and experts in science during a task involving a common misconception in electricity. *Mind, Brain, and Education, 8*(1), 44-55.

Matthews, P. G., & Chesney, D. L. (2015). Fractions as percepts? Exploring cross-format distance effects for fractional magnitudes. *Cognitive Psychology, 78*, 28-56.

Mazzocco, M. M. M., & Devlin, K. T. (2008). Parts and "holes": Gaps in rational number sense among children with vs. without mathematical learning disabilities. *Developmental Science*, *11*(5), 681-691.

McDonough, I. M., & Ramirez, G. (2018). Individual differences in math anxiety and math self-concept promote forgetting in a directed forgetting paradigm. *Learning and Individual Differences, 64*, 33-42.

Meert, G., Grégoire, J., & Noël, M. P. (2010). Comparing the magnitude of two fractions with common components: Which representations are used by 10- and 12-year-olds? *Journal of Experimental Child Psychology*, *107*(3), 244-259.

Megías, P., & Macizo, P. (2015). Simple arithmetic development in school age: The coactivation and selection of arithmetic facts. *Journal of Experimental Child Psychology*, *138*, 88-105.

Megías, P., & Macizo, P. (2016a). Activation and selection of arithmetic facts: The role of numerical format. *Memory and Cognition, 44*(2), 350-364.

Megías, P., & Macizo, P. (2016b). Simple arithmetic: Electrophysiological evidence of coactivation and selection of arithmetic facts. *Experimental Brain Research*, *234*(11), 3305-3319.

Mehler, J., & Bever, T. G. (1967). Cognitive capacity of very young children. *Science, 158*(3797), 141-142.

Meijer, A. M., Aben, B., Reynvoet, B., & van den Bussche, E. (2022). Reactive and proactive cognitive control as underlying processes of number processing in children. *Journal of Experimental Child Psychology*, *215*(6), 105319.

Melinda, I., Susanto, R., Kunci, K., & Reawrd. (2018). Pengaruh reward dan punishment terhadap motivasi belajar siswa. *International Journal of Elementary Education, 2*(2), 81-86.

Merenluoto, K., & Lehtinen, E. (2004). Number concept and conceptual change: Towards a systemic model of the processes of change. *Learning and Instruction*, *14*(5), 519-534.

Mevel, K., Poirel, N., Rossi, S., Cassotti, M., Simon, G., Houdé, O., & de Neys, W. (2015). Bias detection: Response confidence evidence for conflict sensitivity in the ratio bias task. *Journal of Cognitive Psychology*, *27*(2), 227-237.

Mewborn, D. S. (1999). Reflective thinking among preservice elementary mathematics teachers. *Journal for Research in Mathematics Education, 30*(3), 316-341.

Möhring, W., Newcombe, N. S., & Frick, A. (2015). The relation between spatial thinking and proportional reasoning in preschoolers. *Journal of Experimental Child Psychology*, *132*, 213-220.

Moeller, K., Nuerk, H. C., & Willmes, K. (2009). Internal number magnitude representation is not holistic, either. *European Journal of Cognitive Psychology*, *21*(5), 672-685.

Morsanyi, K., & Szücs, D. (2014). The link between mathematics and logical reasoning: Implications for research and education. In S. Chinn(Ed.), *The Routledge International Handbook of Dyscalculia and Mathematical Learning Difficulties*(pp. 101-114). London: Routledge.

Morsanyi, K., & Szücs, D. (2015). Intuition in mathematical and probabilistic reasoning. In R. C. Kadosh & A. Dowker(Eds.), *The Oxford Handbook of Numerical Cognition*(pp. 180-200). Oxford: Oxford University Press.

Moutier, S., & Houdé, O. (2003). Judgement under uncertainty and conjunction fallacy inhibition training. *Thinking and Reasoning, 9*(3), 185-201.

Moyer, R. S., & Landauer, T. K. (1967). Time required for judgements of numerical inequality. *Nature, 215*(5109), 1519-1520.

Neuenschwander, R., Röthlisberger, M., Cimeli, P., & Roebers, C. M. (2012). How do different aspects of self-regulation predict successful adaptation to school? *Journal of Experimental Child Psychology, 113*(3), 353-371.

Newcombe, N. S., Möhring, W., & Frick, A. (2018). How big is many? Development of spatial and numerical magnitude understanding. In A. Henik, & W. Fias(Eds.), *Heterogeneity of Function in Numerical Cognition*(pp. 157-176). London: Elsevier.

Ni, Y., & Zhou, Y. D. (2005). Teaching and learning fraction and rational numbers: The origins and implications of whole number bias. *Educational Psychologist, 40*(1), 27-52.

Nieuwenhuis, S., Yeung, N., van den Wildenberg, W., & Ridderinkhof, K. R. (2003). Electrophysiological correlates of anterior cingulate function in a Go/No-go task: Effects of response conflict and trial type frequency. *Cognitive, Affective and Behavioral Neuroscience, 3*(1), 17-26.

Nuerk, H. C., Weger, U., & Willmes, K. (2001). Decade breaks in the mental number line? Putting the tens and units back in different bins. *Cognition, 82*(1), B25-B33.

Nunes, T., & Csapó, B. (2011). Developing and assessing mathematical reasoning. In B. Csapó & M. Szendrei(Eds.), *Framework for Diagnostic Assessment of Mathematics*(pp.17-56). Budapest: Nemzeti Tankönyvkiadó.

Obersteiner, A., Alibali, M. W., & Marupudi, V. (2020). Complex fraction comparisons and the natural number bias: The role of benchmarks. *Learning and Instruction, 67*, 101307.

Obersteiner, A., van Dooren, W., van Hoof, J., & Verschaffel, L. (2013). The natural number bias and magnitude representation in fraction comparison by expert mathematicians. *Learning and Instruction, 28*, 64-72.

Obersteiner, A., van Hoof, J., Verschaffel, L., & van Dooren, W. (2016). Who can escape the natural number bias in rational number tasks? A study involving students and experts. *British Journal of Psychology, 107*(3), 537-555.

O'Grady, S., & Xu, F. (2020). The development of nonsymbolic probability judgments in children.

Child Development, 91(3), 784-798.

Ortiz, A. M. (2015). Examining students' proportional reasoning strategy levels as evidence of the impact of an integrated LEGO robotics and mathematics learning experience. *Journal of Technology Education, 26*(2), 46-69.

Osman, M., & Stavy, R. (2006). Development of intuitive rules: Evaluating the application of the dual-system framework to understanding children's intuitive reasoning. *Psychonomic Bulletin & Review, 13*, 935-953.

Pacini, R., & Epstein, S. (1999). The relation of rational and experiential information processing styles to personality, basic beliefs, and the ratio-bias phenomenon. *Journal of Personality and Social Psychology, 76*(6), 972-987.

Padmala, S., & Pessoa, L. (2011). Reward reduces conflict by enhancing attentional control and biasing visual cortical processing. *Journal of Cognitive Neuroscience, 23*(11), 3419-3432.

Parris, B.A., Sharma, D., Weekes, B.S., Momenian, M., Augustinova, M., & Ferrand, L. (2019). Response modality and the Stroop task. *Experimental Psychology, 66*(5), 361-367.

Paynter, C. A., Reder, L. M., & Kieffaber, P. D. (2009). Knowing we know before we know: ERP correlates of initial feeling-of-knowing. *Neuropsychologia, 47*(3), 796-803.

Pennycook, G., Fugelsang, J. A., & Koehler, D. J. (2015). What makes us think? A three-stage dual-process model of analytic engagement. *Cognitive Psychology, 80*, 34-72.

Pessoa, L. (2009). How do emotion and motivation direct executive control? *Trends in Cognitive Sciences, 13*(4), 160-166.

Petit, G., Kornreich, C., Noël, X., Verbanck, P., & Campanella, S. (2012). Alcohol-related context modulates performance of social drinkers in a visual Go/No-go task: A preliminary assessment of event-related potentials. *PLoS One, 7*(5), e37466.

Piaget, J., & Inhelder, B. (1951). *La genèse de l'idée de hasard chez l'enfant.* [The Genesis of the Idea of Chance in the Child]. Paris: Presses Universitaires de France.

Piaget, J., & Inhelder, B. (1975). *The Origin of the Idea of Chance in Children.* New York: Norton & Company.

Pina, V., Castillo, A., Cohen Kadosh, R., & Fuentes, L. J. (2015). Intentional and automatic numerical processing as predictors of mathematical abilities in primary school children. *Frontiers in Psychology, 6*(2), 375.

Plummer, P., DeWolf, M., Bassok, M., Gordon, P. C., & Holyoak, K. J. (2017). Reasoning strategies with rational numbers revealed by eye tracking. *Attention, Perception, & Psychophysics, 79*(5), 1426-1437.

Poirel, N., Borst, G., Simon, G., Rossi, S., Cassotti, M., Pineau, A., & Houdé, O. (2012). Number conservation is related to children's prefrontal inhibitory control: An fMRI study of a piagetian task. *PLoS One, 7*(7), e40802.

Polich, J. (2007). Updating P300: An integrative theory of P3a and P3b. *Clinical Neurophysiology, 118*(10), 2128-2148.

Portugal, A., Afonso, A. S., Caldas, A. L., Maturana, W., Mocaiber, I., & Machado-Pinheiro, W. (2018). Inhibitory mechanisms involved in Stroop-matching and stop-signal tasks and the role of impulsivity. *Acta Psychologica, 191*, 234-243.

Posthuma, B. (2012). Mathematics teachers' reflective practice within the context of adapted lesson study. *Pythagoras, 33*(3), 1-9.

Pritchard, V. E., & Neumann, E. (2009). Avoiding the potential pitfalls of using negative priming tasks in developmental studies: Assessing inhibitory control in children, adolescents, and adults. *Developmental Psychology, 45*(1), 272-283.

Redick, T. S., Heitz, R. P., & Engle, R. W. (2007). Working memory capacity and inhibition: Cognitive and social consequences. In D. S. Gorfein & C. M. MacLeod(Eds.), *Inhibition in Cognition*(pp. 125-142). Washington: American Psychological Association.

Ren, K., & Gunderson, E. A. (2019). Malleability of whole-number and fraction biases in decimal comparison. *Developmental Psychology, 55*(11), 2263-2274.

Ren, K., & Gunderson, E. A. (2021). The dynamic nature of children's strategy use after receiving accuracy feedback in decimal comparisons. *Journal of Experimental Child Psychology, 202*, 105015.

Resnick, L. B. (1989). Developing mathematical knowledge. *American Psychologist, 44*(2), 162-169.

Rivera, S. M., Reiss, A. L., Eckert, M. A., & Menon, V. (2005). Developmental changes in mental arithmetic: Evidence for increased functional specialization in the left inferior parietal cortex. *Cerebral Cortex, 15*(11), 1779-1790.

Roell, M., Viarouge, A., Houdé, O., & Borst, G. (2017). Inhibitory control and decimal number comparison in school-aged children. *PLoS One, 12*(11), e0188276.

Roell, M., Viarouge, A., Houdé, O., & Borst, G. (2019a). Inhibition of the whole number bias in decimal number comparison: A developmental negative priming study. *Journal of Experimental Child Psychology, 177*, 240-247.

Roell, M., Viarouge, A., Hilscher, E., Houdé, O., & Borst, G. (2019b). Evidence for a visuospatial bias in decimal number comparison in adolescents and in adults. *Scientific Reports, 9*(1), 1-9.

Rosell-Negre, P., Bustamante, J. C., Fuentes-Claramonte, P., Costumero, V., Llopis-Llacer, J. J., & Barró S-Loscertales, A. (2016). Reward contingencies improve goal-directed behavior by enhancing posterior brain attentional regions and increasing corticostriatal connectivity in cocaine addicts. *PLoS One, 11*(12), e0167400.

Rossi, S., Vidal, J., Letang, M., Houdé, O., & Borst, G. (2019). Adolescents and adults need inhibitory control to compare fractions. *Journal of Numerical Cognition*, *5*(3), 314-336.

Rousselet, G. A., Fabre-Thorpe, M., & Thorpe, S. J. (2002). Parallel processing in high-level categorization of natural images. *Nature Neuroscience*, *5*(7), 629-630.

Rudski, J. M., & Volksdorf, J. (2002). Pictorial versus textual information and the ratio-bias effect. *Perceptual and Motor Skills*, *95*(2), 547-554.

Rydell, R. J., McConnell, A. R., Mackie, D. M., & Strain, L. M. (2006). Of two minds: Forming and changing valence-inconsistent implicit and explicit attitudes. *Psychological Science*, *17*(11), 954-958.

Schneider, M., Grabner, R. H., & Paetsch, J. (2009). Mental number line, number line estimation, and mathematical achievement: Their interrelations in grades 5 and 6. *Journal of Educational Psychology*, *101*(2), 359-372.

Seib-Pfeifer, L. E., Koppehele-Gossel, J., & Gibbons, H. (2019). On ignoring words—Exploring the neural signature of inhibition of affective words using ERPs. *Experimental Brain Research*, *237*(9), 2397-2409.

Siegler, R. S. (1995). How does change occur: A microgenetic study of number conservation. *Cognitive Psychology*, *28*(3), 225-273.

Siegler, R. S. (2007). Cognitive variability. *Developmental Science*, *10*(1), 104-109.

Siegler, R. S., & Lortie-Forgues, H. (2015). Conceptual knowledge of fraction arithmetic. *Journal of Educational Psychology*, *107*(3), 909-918.

Siegler, R. S., & Pyke, A. A. (2013). Developmental and individual differences in understanding of fractions. *Developmental Psychology*, *49*(10), 1994-2004.

Siegler, R. S., Thompson, C. A., & Schneider, M. (2011). An integrated theory of whole number and fractions development. *Cognitive Psychology*, *62*(4), 273-296.

Siegler, R. S., Fazio, L. K., Bailey, D. H., & Zhou, X. (2013). Fractions: The new frontier for theories of numerical development. *Trends in Cognitive Sciences*, *17*(1), 13-19.

Sloman, S. A. (1996). The empirical case for two systems of reasoning. *Psychological Bulletin*, *119*(1), 3-22.

Smith, C. L., Solomon, G. E. A., & Carey, S. (2005). Never getting to zero: Elementary school students' understanding of the infinite divisibility of number and matter. *Cognitive Psychology*, *51*(2), 101-140.

Soltész, F., Goswami, U., White, S., & Szűcs, D. (2011). Executive function effects and numerical development in children: Behavioural and ERP evidence from a numerical Stroop paradigm. *Learning and Individual Differences, 21*(6), 662-671.

Spinillo, A. G. (2002). Children's use of part-part comparisons to estimate probability. *The Journal of*

Mathematical Behavior, 21(3), 357-369.

Spinillo, A. G., & Bryant, P. E. (1991). Children's proportional judgments: The importance of "half" . *Child Development, 62*(3), 427-440.

Spinillo, A. G., & Bryant, P. E. (1999). Proportional reasoning in young children: Part-part comparisons about continuous and discontinuous quantity. *Mathematical Cognition, 5*(2), 181-197.

Stacey, K., Helme, S. U. E., Steinle, V., Baturo, A., Irwin, K., & Bana, J. (2001). Preservice teachers' knowledge of difficulties in decimal numeration. *Journal of Mathematics Teacher Education, 4*(3), 205-225.

Stafylidou, S., & Vosniadou, S. (2004). The development of students' understanding of the numerical value of fractions. *Learning and Instruction, 14*(5), 503-518.

Stanovich, K. E. (2018). Miserliness in human cognition: The interaction of detection, override and mindware. *Thinking and Reasoning, 24*(4), 423-444.

Stavy, R., & Babai, R. (2008). Complexity of shapes and quantitative reasoning in geometry. *Mind, Brain, and Education, 2*(4), 170-176.

Stavy, R., & Babai, R. (2010). Overcoming intuitive interference in mathematics: Insights from behavioral, brain imaging and intervention studies. *ZDM, 42*(6), 621-633.

Stavy, R., & Tirosh, D. (2000). *How Students(Mis-)Understand Science and Mathematics: Intuitive Rules.* New York: Teachers College Press.

Stavy, R., Goel, V., Critchley, H., & Dolan, R. (2006a). Intuitive interference in quantitative reasoning. *Brain Research, 1073*, 383-388.

Stavy, R., Babai, R., Tsamir, P., Tirosh, D., Lin, F., & Mcrobbie, C. (2006b). Are intuitive rules universal? *International Journal of Science and Mathematics Education, 4*(3), 417436.

Stuss, D. T., Binns, M. A., Murphy, K. J., & Alexander, M. P. (2002). Dissociation within the anterior attentional system: Effects of task complexity and irrelevant information on reaction time speed and accuracy. *Neuropsychology, 16*(4), 500-513.

Supply, A. S., van Dooren, W., Lem, S., & Onghena, P. (2020). Assessing young children's ability to compare probabilities. *Educational Studies in Mathematics, 103*(1), 27-42.

Szkudlarek, E., & Brannon, E. M. (2021). First and second graders successfully reason about ratios with both dot arrays and arabic numerals. *Child Development, 92*(3), 1011-1027.

Szűcs, D., & Soltész, F. (2007). Event-related potentials dissociate facilitation and interference effects in the numerical Stroop paradigm. *Neuropsychologia, 45*(14), 3190-3202.

Tian, J., & Siegler, R. S. (2018). Which type of rational numbers should students learn first? *Educational Psychology Review, 30*(2), 351-372.

Tipper, S. P. (1985). The negative priming effect: Inhibitory priming by ignored objects. *The*

Quarterly Journal of Experimental Psychology Section A, 37(4), 571-590.

Tipper, S. P., Driver, J., & Weaver, B. (1991). Short report: Object-centred inhibition of return of visual attention. *The Quarterly Journal of Experimental Psychology Section A, 43*(2), 289-298.

Tipper, S. P., Bourque, T. A., Anderson, S. H., & Brehaut, J. C. (1989). Mechanisms of attention: A developmental study. *Journal of Experimental Child Psychology, 48*(3), 353-378.

Tirosh, D., & Stavy, R. (1999). Intuitive rules: A way to explain and predict students' reasoning. *Educational Studies in Mathematics, 38*(1-3), 51-66.

Tirosh, D., & Tsamir, P. (2020). Intuition in Mathematics Education. In Leman, S. (Ed.)*Encyclopedia of Mathematics Education*(pp.428-433). Cham: Springer International Publishing.

Tjoe, H., & de la Torre, J. (2014). On recognizing proportionality: Does the ability to solve missing value proportional problems presuppose the conception of proportional reasoning? The *Journal of Mathematical Behavior, 33*(1), 1-7.

Toplak, M. E., West, R. F., & Stanovich, K. E. (2011). The cognitive reflection test as a predictor of performance on heuristics-and-biases tasks. *Memory & Cognition, 39*(7), 1275-1289.

Torbeyns, J., Schneider, M., Xin, Z., & Siegler, R. S. (2015). Bridging the gap: Fraction understanding is central to mathematics achievement in students from three different continents. *Learning and Instruction, 37*, 5-13.

Tronsky, L. N. (2005). Strategy use, the development of automaticity, and working memory involvement in complex multiplication. *Memory and Cognition, 33*(5), 927-940.

Trujillo, L. T., Allen, J. J. B., Schnyer, D. M., & Peterson, M. A. (2010). Neurophysiological evidence for the influence of past experience on figure-ground perception. *Journal of Vision, 10*(2), 1-21.

Tun, P. A., & Lachman, M. E. (2008). Age differences in reaction time and attention in a national telephone sample of adults: Education, sex, and task complexity matter. *Developmental Psychology, 44*(5), 1421-1429.

Vamvakoussi, X., & Vosniadou, S. (2004). Understanding the structure of the set of rational numbers: A conceptual change approach. *Learning and Instruction, 14*(5), 453-467.

Vamvakoussi, X., & Vosniadou, S. (2010). How many decimals are there between two fractions? Aspects of secondary school students' understanding of rational numbers and their notation. *Cognition and Instruction, 28*(2), 181-209.

Vamvakoussi, X., van Dooren, W., & Verschaffel, L. (2012). Naturally biased? In search for reaction time evidence for a natural number bias in adults. *The Journal of Mathematical Behavior, 31*(3), 344-355.

Vamvakoussi, X., van Dooren, W., & Verschaffel, L. (2013). Brief report. educated adults are still affected by intuitions about the effect of arithmetical operations: Evidence from a reaction-time study. *Educational Studies in Mathematics, 82*(2), 323-330.

Vamvakoussi, X., Christou, K. P., Mertens, L., & van Dooren, W. (2011). What fills the gap between discrete and dense? Greek and Flemish students' understanding of density. *Learning and Instruction*, *21*(5), 676-685.

van Deyck, B. (2001). Correlatie en regressie: Een lesmodule voor de behandeling van een statistisch probleem in de derde graad van het secundair onderwijs [Correlation and regression: A lesson module for treating a statistical problem in the tertiary grades of secondary education]. Unpublished master's thesis, University of Leuven, Belgium.

van Dooren, W., de Bock, D., & Verschaffel, L. (2010a). From addition to multiplication ... and back: The development of students' additive and multiplicative reasoning skills. *Cognition and Instruction*, *28*(3), 360-381.

van Dooren, W., de Bock, D., Evers, M., & Verschaffel, L. (2009). Students' overuse of proportionality on missing-value problems: How numbers may change solutions. *Journal for Research in Mathematics Education*, *40*(2), 187-211.

van Dooren, W., de Bock, D., Vleugels, K., & Verschaffel, L. (2010b). Just answering ... or thinking? Contrasting pupils' solutions and classifications of missing-value word problems. *Mathematical Thinking and Learning*, *12*(1), 20-35.

van Dooren, W., van Hoof, J., Lijnen, T., & Verschaffel, L. (2012). *Searching for a whole number bias in secondary school students—A reaction time study on fraction comparison*. Proceedings of the 36th Conference of the International Group for the Psychology of Mathematics Education, Taipei.

van Dooren, W., de Bock, D., Depaepe, F., Janssens, D., & Verschaffel, L. (2003). The illusion of linearity: Expanding the evidence towards probabilistic reasoning. *Educational Studies in Mathematics*, *53*(2), 113-138.

van Dooren, W., de Bock, D., Hessels, A., Janssens, D., & Verschaffel, L. (2004). Remedying secondary school students' illusion of linearity: A teaching experiment aiming at conceptual change. *Learning and Instruction*, *14*(5), 485-501.

van Dooren, W., de Bock, D., Hessels, A., Janssens, D., & Verschaffel, L. (2005). Not everything is proportional: Effects of age and problem type on propensities for overgeneralization. *Cognition and Instruction*, *23*(1), 57-86.

van Hoof, J., Janssen, R., Verschaffel, L., & van Dooren, W. (2015a). Inhibiting natural knowledge in fourth graders: Towards a comprehensive test instrument. *ZDM*, *47*(5), 849-857.

van Hoof, J., Vandewalle, J., Verschaffel, L., & van Dooren, W. (2015b). In search for the natural number bias in secondary school students' interpretation of the effect of arithmetical operations. *Learning and Instruction*, *37*, 30-38.

van Hoof, J., Verschaffel, L., Ghesquière, P., & van Dooren, W. (2017). The natural number bias and its role in rational number understanding in children with dyscalculia. Delay or deficit? *Research in Developmental Disabilities, 71*, 181-190.

Varma, S., & Karl, S. R. (2013). Understanding decimal proportions: Discrete representations, parallel access, and privileged processing of zero. *Cognitive Psychology, 66*(3), 283-301.

Vecchiato, G., Susac, A., Margeti, S., de Vico Fallani, F., Maglione, A. G., Supek, S., Planinic, M., & Babiloni, F. (2013). High-resolution EEG analysis of power spectral density maps and coherence networks in a proportional reasoning task. *Brain Topography, 26*(2), 303-314.

Veling, H., & Aarts, H. (2011). Changing impulsive determinants of unhealthy behaviours towards rewarding objects. *Health Psychology Review, 5*(2), 150-153.

Verguts, T., & Fias, W. (2005). Interacting neighbors: A connectionist model of retrieval in single-digit multiplication. *Memory & Cognition, 33*(1), 1-16.

Verschaffel, L., de Corte, E., & Pauwels, A. (1992). Solving compare problems: An eye movement test of Lewis and Mayer's consistency hypothesis. *Journal of Educational Psychology, 84*(1), 85-94.

Vogel, E. K., & Luck, S. J. (2000). The visual N1 component as an index of a discrimination process. *Psychophysiology, 37*(2), 190-203.

Vuilleumier, P., Schwartz, S., Duhoux, S., Dolan, R. J., & Driver, J. (2005). Selective attention modulates neural substrates of repetition priming and "implicit" visual memory: Suppressions and enhancements revealed by fMRI. *Journal of Cognitive Neuroscience, 17*(8), 1245-1260.

Wager, T. D., Vazquez, A., Hernandez, L., & Noll, D. C. (2005). Accounting for nonlinear BOLD effects in fMRI: Parameter estimates and a model for prediction in rapid event-related studies. *NeuroImage, 25*(1), 206-218.

Waldhauser, G. T., Johansson, M., & Hanslmayr, S. (2012). Alpha/beta oscillations indicate inhibition of interfering visual memories. *Journal of Neuroscience, 32*(6), 1953-1961.

Wang D., Liu, T., & Shi, J. (2017). Development of monetary and social reward processes. *Scientific Reports, 7*(1), 1-10.

Wang, D., Liu, T., & Shi, J. (2020). Neural dynamic responses of monetary and social reward processes in adolescents. *Frontiers in Human Neuroscience, 14*, 141.

Wang, J., Liu, R. D., Star, J., Zhen, R., Liu, Y., & Hong, W. (2021). Do students respond faster to inequalities with a greater than sign or to inequalities with a less than sign: Spatial-numerical association in inequalities association in inequalities. *Journal of Cognition and Development, 22*(4), 605-618.

Ward, N., Hussey, E., Alzahabi, R., Gaspar, J. G., & Kramer, A. F. (2021). Age-related effects on a novel dual-task Stroop paradigm. *PLoS One, 16*(3), e0247923.

West, R., & Alain, C. (2000). Age-related decline in inhibitory control contributes to the increased

Stroop effect observed in older adults. *Psychophysiology, 37*(2), 179-189.

Westerberg, H., Hirvikoski, T., Forssberg, H., & Klingberg, T. (2004). Visuo-spatial working memory span: A sensitive measure of cognitive deficits in children with ADHD. *Child Neuropsychology, 10*(3), 155-161.

Wilson, N. S., & Bai, H. (2010). The relationships and impact of teachers' metacognitive knowledge and pedagogical understandings of metacognition. *Metacognition and Learning, 5*(3), 269-288.

Wright, I., Waterman, M., Prescott, H., & Murdoch-Eaton, D. (2003). A new Stroop-like measure of inhibitory function development: Typical developmental trends. *Journal of Child Psychology and Psychiatry, 44*(4), 561-575.

Wynn, K. (1992). Addition and subtraction by human infants. *Nature, 358*(6389), 749-750.

Yechiam, E., & Hochman, G. (2013). Loss-aversion or loss-attention: The impact of losses on cognitive performance. *Cognitive Psychology, 66*(2), 212-231.

Zeligman, L., & Zivotofsky, A. Z. (2020). A novel variation of the Stroop task reveals reflexive supremacy of peripheral over gaze stimuli in pro and anti saccades. *Consciousness and Cognition, 85*(2), 103020.

Zhang, L., Wang, Q., Lin, C., Ding, C., & Zhou, X. (2013). An ERP study of the processing of common and decimal fractions: How different they are. *PLoS One, 8*(7), e69487.

Zhou, X., Chen, C., Lan, C., & Qi, D. (2008). Holistic or compositional representation of two-digit numbers? Evidence from the distance, magnitude, and SNARC effects in a number-matching task. *Cognition, 106*(3), 1525-1536.

Zhu, Y., Zhang, L., Leng, Y., Pang, R., & Wang, X. (2019). Event-related potential evidence for persistence of an intuitive misconception about electricity. *Mind, Brain, and Education, 13*(2), 80-91.